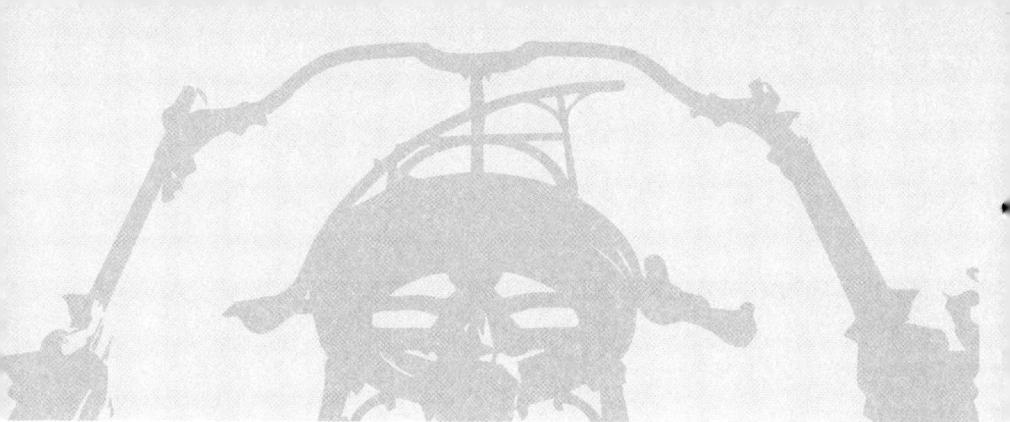

冀域古代科技文化研究

贾建梅　王儒◎著

上海三联书店

目　录

工作汇报会的讲话中指出:"京津冀地缘相接、人缘相亲,地域一体、文化一脉,历史渊源深厚、交往半径相宜,完全能够相互融合、协同发展。"京津冀作为中华文明五千年活化石级区域,具有丰厚的历史文化资源,涵盖了人类起源、军事战争、游牧文明、农耕文明、海洋文明、古代赵国、燕国、封建王朝首都、近代洋务、现代革命等几乎人类文明的方方面面。京津冀协同发展已经上升为重大国家发展战略,研究京津冀区域的文化认同应该是其协同发展的重要组成部分。

2 冀文化研究与京津冀文化融合创新研究

河北工业大学是地处天津的河北省属重点高校,为河北省经济社会发展和文化繁荣服务责无旁贷。2010 年成立的河北工业大学冀文化研究所,确定了以"冀"为服务对象,以"冀域"古代文化为重点范围的研究规划。研究所依托马克思主义理论学科建立冀文化研究平台,着眼于挖掘河北文化资源,服务河北文化建设,培养冀文化研究人才。每年组织青年教师和冀文化研究方向硕士研究生、思想政治教育专业本科生,有计划地开展社会实践和文化普查调研活动。

2014 年京津冀协同发展上升为国家重大发展战略,河北省高校人文社会科学重点研究基地——河北工业大学京津冀文化融合与创新研究中心成立。中心"立足京津冀协同发展前沿,锐意一体化文化融合创新",将京文化、津文化、冀文化比较研究作为研究重点,以文化认同和融合创新为京津冀一体化服务为宗旨,策划开展三个方向的研究:(1)京津冀"元文化"研究;(2)京津冀文化比较研究;(3)京津冀文化融合与创新研究。本成果是京津冀"元文化"研究的部分内容。

3 传统文化与文化基因

关于"文化基因"的假设最早是由美国人类学家克罗伯和克拉克

序　言

1　冀、冀域与京津冀

　　"冀"源于古代冀州。由于古冀州曾经是大于今日河北省的行政区划,尽管 5000 年来其区划多有变化,但居于今日河北省核心区域则始终未变,冀之名称也经久未息,所以成为河北省的简称。

　　"冀域"主要是指古代社会京津冀尚未确切划分之前的整个冀州区域,包括今日河北省、北京市和天津市。冀州历史悠久,上古时期,黄帝划野分州,冀为"九州之一",大禹治水后,重新划分九州,冀为"九州之首"。而京津是后来才分化出去的。公元前 1045 年,北京成为蓟、燕等诸侯国的都城。天津则因漕运而兴起,1404 年才正式筑城。研究京津冀古代文化不可避免地要寻根溯源到古代冀州区域,但是,由于文化同源、区域交织,很多文化现象很难截然分清,因而,用古代冀域概念挖掘京津冀的文化现象具有合理性。

　　现在的"京津冀"是指北京市、天津市和河北省三个省级区划,均处于古代冀域范围内,为了行文方便,本书正文的"冀域"就是指的京津冀区域。京津冀三地地缘相近、文化同源,构成一个相互联系的有机共同体。习近平总书记在 2014 年 2 月 26 日听取京津冀协同发展

洪提出,他们借用生物遗传这一概念,认为不同地方文化是否存在像
"生物基因"一样的遗传因子,在一定地理隔离的条件下,逐渐累积形
成,从而文化特征变得更加明显。什么是文化基因?文化是一个大
概念,有一种学说认为,凡是人为的而非自然产生的东西都是文化,
即是说凡是经过人化的东西,打上人类劳动改造痕迹的东西都涵盖
在文化的内涵中,包括物质的和非物质的。文化因素浩如烟海,不是
所有的因素都能起基因作用的。笔者认为文化基因应该是沉淀于一
个国家和民族的历史中,代表这个国家和民族血脉的文化特质、世代
传承、相对稳定的文化元素和文化精髓。它渗透于一个国家和民族
的语言文字、宗教信仰、生活习惯等方方面面。

文化基因存在于传统文化之中。中国传统文化是中华民族所创
造的物质财富和精神财富的总和,源远流长、博大精深。但博大精深
并非庞杂无章,我们可以从浩瀚的中国文化元素中总结概括出世代
相传、生生不息、相对稳定的中国传统文化的基本精神,这就是文化
基因。

关于中国传统文化的基本精神,学者们有不同的说法,如张岱年
先生认为刚健有为、和与中、崇德利用、天人协调等。也有人概括为
相互联系的四个方面:理性精神;自由精神;求实精神;应变精神。
英国学者李约瑟曾在剑桥大学的寓所说过:从5世纪到15世纪,中
国古代科学技术曾经对人类做出伟大的贡献,绝不是四大发明,而是
阴阳协调、整体和谐、直觉顿悟、有机论的思维模式。英国历史学家
汤因比说,避免人类自杀之路,在这点上现在各民族中具有最充分准
备的,是两千年来培育了独特思维方法的中华民族。这种"独特思维
方法",就是天人合一、允执厥中、仁者爱人、以和为贵、和而不同、众
缘和合,其核心是"和","礼之用,和为贵,先王之道斯为美"。

冀域是中华文明的重要发祥地,文化基因的发端可追溯到炎黄

两大部族在冀域的冲突和融合中播下的和合统一、多元包容精神。冀域文化既有价值观念的稳定性,又有内部构成的多元性。中华文化基因库中的阴阳协调、整体和谐、多元包容、仁爱、忧患意识、天人合一、以民为本、团结统一、爱好和平、勤劳勇敢、刚健有为、革故鼎新、厚德载物、创新等都能在这里找到渊源和踪迹。

我们是世界民族之林中具有最充分准备的民族,有五千年培育的独特思维方法,记载和传承在我们的集体记忆里,积淀成中华民族最深沉的精神基因,代表着中华民族独特的精神标识。

文化基因既有精华也有糟粕,深深隐藏于语言文字、宗教信仰、生活习惯之中,需要我们去提取、挖掘、提炼和筛选。通过对传统文化的去粗取精、去伪存真,创造性转化和创新性发展,激活我们的优秀文化基因,格物致知、知行合一、经世致用、古为今用,有效增强我们整个民族内心的动力、强身壮体的抗体和慎终追远的定力。

文化是精神的载体,精神是民族的灵魂。纵览世界史,一个民族的崛起或复兴,常常以民族文化的复兴和民族精神的崛起为先导。一个民族的衰落或覆灭,往往以民族文化的颓废和民族精神的萎靡为先兆。中华民族的文化传统,因应着促进新的文明复兴的时代要求。中华民族的伟大复兴,要在现代化的艰难进程中实现,要靠民族精神的坚实支撑和强力推动。现代化呼唤时代精神,民族复兴呼唤民族精神。

4　冀域古代科技文化的实证创新特质

冀域古代科技文化在长期的历史发展过程中,形成了辩证、实用、实证的思维方式,创新、艺术、仁德的价值追求等鲜明的科技文化特质,这些特质与冀域古代的地理环境特征、经济发展状况、社会政治影响以及思想文化元素相联系,并受其影响。

　　阴阳对立统一的辩证思维。中医学的发展与中国文化的发展是
一脉相承的,它是在中国哲学的基础上建立起来的,阴阳对立统一的
辩证整体思维也与中国哲学联系密切。冀域古代医学成就在中国传
统医学成就中占据重要地位,是中国传统医学璀璨成果中浓墨重彩
的一笔。阴阳对立统一的辩证思维是冀域古代医学科技为代表的冀
域古代科技思想辉煌的一页。冀域古代著名医学人物扁鹊、刘完素、
李杲、王清任等等创造和发展的中医诊断思路,始终将人作为一个整
体看待,无论是病机、病理,还是诊断、治疗,时时处处着眼和体现出
阴阳对立统一的观点,突出阴阳辩证的整体思维。正是他们将人体
看成一个相互联系的有机系统和整体,将病症进行阴阳识别,才创立
了古代中医理论与实践的辉煌。

　　贴近生产的实用理念。冀域古代的许多科技成就都是与社会
生产的实践密切相联系的,科技成就的产生也是基于当时的社会
历史需要、地理环境背景应运而生的。历法的修订是为了更好地
服务于农业生产;桥梁的修建为了方便河流两岸间的沟通往来;水
利科技是为了军事、农业及政治统治的需要。所以,"实用理念"是
冀域古代科技发展的一个主流思路,科技成果的产生大部分是为
了迎合当时军事形势的需要、社会生产的需要以及统治利益的
需要。

　　实证性科技意识。冀域古代科技成果之所以璀璨辉煌,在中
国古代科技史甚至在世界科技史上都占据一席之地,是因为冀域
古代科技成就的卓越性是建立在"实证性"科技意识之上的,难能
可贵的是具有了自觉的实证精神。郭守敬在创立《授时历》之初就
提出了"历之本在于测验,而测验之器莫先于仪表"的理论;郦道元
坚持"实证性"的科学意识纠正前人诠释地名的许多错误;扁鹊旗
帜鲜明地反对"信巫不信医",不束缚于前人的医学思想,坚持实际

临床观察的结果,并强调将医学与解剖生理学联系起来,确保了其医学理论和实践的科学性。在以定性分析为思维传统,以社会伦理研究为意识重点的中国封建体制下,这种"实证性"的科学意识显得尤为珍贵。

艺术性思维渗透于科技创新之中。冀域古代科学家的科技创新建立在"唯物主义"的哲学基础之上,不仅具体的科技内容充满创新精神,还将艺术性思维纳入表现形式的理性设计之中,使得科技成果具有了艺术性表现形式。艺术性思维是冀域古代科技文化特质中难能可贵的,体现在桥梁设计、编制天文历法等各个方面。例如,广济桥、洛阳桥、卢沟桥上的雕刻图案装饰,寓意吉祥平安、祈求减少水患,而赵州桥桥顶上饕餮的雕刻图案设计,真可谓独具匠心,具有减少桥面人员停留的作用。再如,郭守敬柜香漏与屏风香漏的计时器设计,线香被巧妙地镶嵌在柜式工艺品或屏风之中,融艺术性、科学性与适用性于一身,既可准确报时,还能发出幽香,并具有观赏性。

"仁德重生"的价值追求。"仁德重生"是中国传统医学的核心价值追求,是中国古代科技伦理中的优良传统,也是中华民族最重要的文化基因之一。冀域古代作为政治中心,封建意识对大众的影响较深,儒家思想作为中国两千多年封建社会的主流意识形态,其仁政的思想早已深入人心,由"仁"而引申出来的仁德、重生的价值观念也在历朝历代的更迭中延续下来。不仅仅在医学中如此,治水、造桥、建筑无处不表现出中国的"仁德重生"的价值追求。"仁德重生"是中国科技文化的特色基因——中国人不管是处理人与人的关系还是处理人与自然的关系,都自觉做到以人为本,研究物理也要重视社会伦理,既要见物,也要见人,也要讲"仁",这种以人为本的"天人关系",比西方见物不见人的科技观念要科学的多,进步的多。虽然近代以来中国没有"识时务"地钻研"物"理、战胜自然，从而错失了工业文明阶段迅速暴富的良机，但"仁德重生"的价值追求对于人类社会的可持续发展，对于人类文明内涵的积淀，具有历史必然性，将日益显现其神圣的光环。

贾建梅　王　儒

2017 年 4 月于河北工业大学京津冀文化融合与创新研究中心

1　冀域古代科技文化研究报告

　　科学技术是第一生产力,科技文化是社会文化系统中的重要组成部分。研究古代京津冀地区(以下称冀域)科技文化,借鉴其优秀品质,规避其时代缺陷,对当前京津冀协同发展大背景下的文化协同建设,特别是三地的科技文化协同发展有着重要的作用。

1.1　研究目的和意义

1.1.1　研究目的

　　中国正在进行社会主义现代化建设,文化建设是其主要组成部分。博古通今,古为今用是文化建设的重要路径。京津冀协同发展大背景下,文化协同是其必然要求。随着京津冀协同发展上升为国家发展的重大战略,冀文化的研究就成为一个重要的研究方向,对冀域古代科技文化的研究则是冀文化研究的一个重要组成部分。

　　“科学技术与社会的协调发展是当今世界、更是中国的最迫切的问题。在中国现代化的历史中,处理科学技术与社会的协调发展方面的许多经验和教训应该总结。”[1]冀域古代科技成就斐然,涌现出一大批科技成果和科技人物。但是,我们不能沉溺于辉煌的过去,要从辉煌的历史文化中挖掘具有普遍意义的经验以资借鉴,找到对于

1

今天文化建设的重要启示。梳理冀域古代科技文化所取得的主要成果,研究和思考这一区域的文化特质,分析影响该区域文化特质的要素,"古为今用",为制定推进京津冀科技发展的政策、建设当代优秀的区域科技文化提供可借鉴的理论分析和经验总结,就成为一个重要的研究课题。

1.1.2 研究意义

当前,科学技术正在大步地前进,而科技文化建设却相对滞后,出现了科技发展与科技文化建设步调不一致的矛盾。科技发展过程中的生态危机、资源开发、科技成果的应用都涉及科技文化的问题。当代科技发展过程中唯科学主义的过度推崇和人文精神的缺失是科技发展中的弊端,当代科技文化建设中的问题也日益显现。"以史为鉴",研究历史是为了更好地借鉴历史经验,指导现在的发展。冀域古代科技在中国古代科技中绽放着璀璨的光芒,并且显示出了独特的科技文化特质,充分研究冀域古代科技文化,可以指导当代科技文化建设。

(1)理论意义

第一,本课题研究可以丰富科技文化内容的研究。科技文化关乎着整个社会文化建设。研究冀域古代科技文化,是研究我国传统文化的一部分,本课题通过对冀域古代科技文化主要形态的概括梳理、科技文化特质的提炼和特质影响要素的分析与解读,可以丰富科技文化研究的内容,在一定意义上弘扬了祖国优秀传统文化。

第二,本课题研究可以丰富京津冀文化建设内容。研究冀域古代科技文化的历史发展,系统梳理冀域古代具有重要影响的科技代表人物、科技文化成果、科技文化的基本特质等相关内容,可以帮助人们对冀域科技文化有一个全面深入的了解,从而丰富京津冀文化建设内容。同时,通过对冀域古代科技文化及相关元素进行分析,并概括总结这一区域的科技文化特征,探索其文化价值以及对现代科技发展的启示,可以从一定意义上为京津冀文化协同发展、区域多元文化建设提供历史和理论支撑。

(2)实践意义

当今世界的竞争不仅仅是经济的竞争,也是文化的竞争。一个国家的文化软实力在很大程度上决定着这个国家发展的高度。当前,中国正在进行社会主义现代化建设,文化建设是其主要组成部分。文化建设不仅是一个国家和民族软实力的象征,也是一个国家和民族的精神家园。博古通今,古为今用是文化建设的重要路径。深入研究冀域古代的科技文化成果,挖掘其中具有普遍意义的经验以资借鉴,对于当前社会主义文化建设具有刻不容缓的实践意义。

第一,本课题研究有利于促进京津冀文化融合。一是冀域古代的河北地区科学技术历史起源较早,是探索文化融合与科学技术关系的珍贵标本,还是考察政治、经济与文化的中心辐射与科学技术发展的有效对象。二是作为冀域古代范围内的京津地区虽然历史渊源不能比拟河北地区,但是,京、津都拥有各自的文化特色,具有科技文化发源的文化基础。北京在历史上曾为六朝古都,是中央、文明的象征;天津虽然相比于河北、北京历史较短,但津文化发源于漕运文化,漕运活动使得各种文化、资源较快地相互融合,为科技文化的发展提供了基础。三是从物质层面上看,冀域古代的科技文化十分丰富,以史为鉴,挖掘冀域古代科技文化的内在特质和经验启示,对于推动当前文化建设,尤其是在京津冀协同发展这个大前提下,挖掘古代科技文化的精华,有利于促进京津冀文化融合。

第二,本课题研究可以为区域科技文化建设提供有益借鉴。今天,京津冀一体化协同发展已经上升为国家发展战略,文化协同发展是其题中之义。在京津冀协同发展战略给出的定位中,北京作为科技创新中心、天津作为先进制造研发基地、河北作为产业转型升级试验区。可见,科技在三地协同发展中的重要地位。冀域古代在悠久的历史中,沉淀出优秀的科技文化成果,通过深入研究冀域古代科技文化的发展过程、影响要素,总结梳理这一区域的科技文化成就,探索其文化特质,继而明确其成败得失的经验教训,有利于推进今天的京津冀文化协同发展,为指导区域文化建设提供有益借鉴。因此,研究冀域古代科技文化,"以史为镜",从历史的经验教训中得出现代启示,对于结合三地的文化特征制定可行性的发展规划及政策措施,推动京津冀区域科技文化建设具有一定的实践意义。

1.2　国内外研究现状

1.2.1　国内研究现状

（1）对科技文化概念的研究

第一,对文化、科技文化概念的研究。按照《辞海》的解释,"文化,广义指人类在社会实践中所获得的物质、精神的生产能力和创造的物质、精神财富的总和。狭义指精神生产能力和精神产品,包括一切社会意识形式:自然科学、技术科学、社会意识形态。"文化的概念十分宽泛,对文化概念严格及准确的界定很难,许多学者对文化进行过概念界定,但说法始终不够统一。汪劢在《浙江科技文化的历史演进及当代价值》中提及,从宏观上看,文化属于一种社会现象,是人们长期社会活动形成的产物;同时,文化又是一种历史现象,来自于社会历史的长期沉淀。[2]

关于科技文化,更是一个众说纷纭的概念。吕乃基教授在《科技文化与中国现代化》一书中提及,"科技文化是指科技不仅是一种认识活动,而且它本身也是一种文化现象,科技文化即科技之精神本性的理论表现或理论形态。"[3]李建珊教授在《科技文化的起源与发展》

一书中认为,人类在长期的认识世界并改造世界的过程中,使得自身的生活方式不断变化、变革,在这种特殊活动中所获得的能力及其产物的总和叫作科技文化。[4]杨怀中教授在《科技文化:中国社会现代化的必然选择》一文中认为,科技文化首先是一个相对而言较独立的亚文化系统,其次是历史发展的必然结果。[5]

第二,对科技文化内容的分类。关于文化的分类。冯辉在《关于文化的分类》中提出,"文化的分类从广义分,二分法:物质文化与精神文化。三分法:加上行为文化,四分法:再加上制度文化。"[6]首先,物质层面:杨藻镜在《从第二语言教学看语言与文化——论语言文化教学原则在中国俄语教学中的贯彻》一文中提及,现在学术界一般认为,文化分为三种层面:表层、中层和深层。表层文化又可以称为器物文化或者物质文化。[7]宁波大学的牛新生从文化的性质出发,认为:物质文化主要是指实物用品,它们经过人类加工或制造而成。[8]其次,精神层面:栗志刚在《民族认同的精神文化内涵》中指出,精神文化主要以意识、观念等形态存在,主要包括了"个人和社会、民族群体的所有精神活动及其成果。"[9]刘雪在《文化分类问题研究综述》中指出,宁波大学的牛新生认为,精神文化是指体现人类文明的一切文化因素。[10]最后,制度层面:钱斌在《制度文化概论》一文中提及,"制度性文化,指人类制定的一系列行为规范。它包括两个方面:一是强制性较高的规范,如方针、政策、规则、章程、纪律、法律等;一是强制性较弱的行为规范,如风俗、习惯、禁忌、道德等。这是我们界定制度文化的基础。"

关于科技文化的分类。科技文化作为文化的一个子系统,科技文化内容的分类与文化内容的分类基本保持一致。潘建红在《科技文化:内涵、层次与特质》一文中认为,科技文化已经不仅存在于生产之中,更渗透到了生活领域,并且形成了由器物、制度、精神三个层面组成的相对独立的亚文化体系。[11]汪劼在《浙江科技文化的历史演进及当代价值》一文中认为,"与文化的层次相对应,科技文化也可以分为器物、制度和精神三个层面。"[12]

(2) 对中国古代科技文化的研究

华夏文明源远流长,在长期的历史发展中,中国古代形成了璀璨的科技文化成果,而且由于中国古代科技文化与哲学以及政治文化它们三者之间的紧密关联性,导致中国古代科技文化也呈现出自己独有的特点。

第一,关于中国古代科技文化的历史分期。洪晓楠在《中国古代科技文化的特质》一文中认为,中国古代科技文化大致可分为三个时期:奠基时期、大发展时期以及衰落时期。(1)奠基时期:在秦汉、三国、两晋和南北朝期间得以建立和初步发展。(2)大发展时期:从唐宋开始到元代结束。(3)衰落时期:即15—17世纪,僵化的封建社会濒于衰落。[13]

第二,关于中国古代科技文化的特质。洪晓楠在《中国古代科技文化的特质》一文中提及,"中国古代科技文化具有以下特点:实用理性、工匠传统。"[14]

① 实用理性。张馨元在《中国古代科技文化及其当代价值》一文中认为,实用观念是中国古代科技文化的一个明显特质,这个观念随着生产的发展而产生。[15]王渝生在《传统文化与中国科技发展》一文中提及,"中国古代科技具有强烈的实用性。"[16]在中国古代,很少有人去研究与实际生产联系不紧密的理性抽象问题。张丽在《儒家人本科技观对我国古代科学技术发展的影响研究》一文中提及,"由于实用理性的发展促使中国古代的实用技术即与人民的衣食、保健和道德伦理相关的实用技术十分发达,主要表现在农耕技术、医学技术和天文学技术等几个方面的实用技术十分发达。"[17]洪晓楠在《中

国古代科技文化的特质》一文中提及,中国古代天文学的发达与维护封建统治的需要密不可分。古代历代统治者重视天文历法,是基于对全国农业生产实施宏观控制以维护国家利益的考虑。[18]徐成蛟在《儒家价值观对中国古代科技发展的影响研究》一文中提及,"在儒家伦理至上的价值取向下,一切以'实用'为目的,对中国古代科技的发展起到了积极的作用。"[19]张洁在《论中国古代科技发展的文化缺陷》一文中提及,"具有强烈实用特征的中国古代科学技术,则因受外界的影响,而成为道德伦理和权势的附属物。"[20]

②工匠传统。洪晓楠在《中国古代科技文化的特质》一文中提及,在古代技术性的科技活动中,例如冶炼、印刷等方面,工匠获得了最基本的自然知识和技术经验,并以口授的方式将这些知识和经验传承了下来。"这种传统在中国古代文化中得到了较为全面的展现。"[21]中国古代的科学,有的从诞生之日起历经数千年,仍然处在经验的水平上,而未能上升到理论。张卫平在《浅谈中国古代科学技术发展的缺陷》一文中认为,在古代科技发展中,工匠是基础性力量,是实用科技的直接创造者,但由于工匠自身文化素养方面的局限,很难将技术的经验性提炼到系统的、理论化的层面,"也不具备实现知识系统化和理论化的条件"[22]。在中国古代科学活动中,往往偏重工艺技术和经验知识的总结、归纳。古代科学家很少进行量化的分析,缺乏科学技术由经验形态上升为理论知识的提炼。者丽艳在《浅谈中国传统科技观及其对中国古代科技发展的影响》一文中认为,中国古代科技的发展主要是建立在现实生产和社会需要的基础之上,这种情况在技术的发展上表现更为明显,"流传下来的大量科技著作,大多是对某一时代科技状况的直接记载,不太重视理论探索"[23]。

第三,中国古代科技文化的理论缺陷。洪晓楠在《中国古代科技文化的特质》一文中认为,中国古代文化的封闭性、文化的政治化反映了古代科技文化在理论方面的缺陷。[24]

① 文化的封闭性。中国古代封建统治者实行了"重本抑末"、"重农轻商"的政策,在小农经济和家庭手工业的基本经济结构下,人们的生活基本上能够自给自足,张馨元在《中国古代科技文化及其当代价值》一文中认为,在中国古代没有交换而导致市场缺位,但市场却是科学技术产生的原动力。[25]

② 文化的政治化。中国古代的科技活动,在很大一部分上是适应统治阶级的需要进行的。在统治阶级的直接干预下优势明显,弊端也比较突出。在封建中央集权的体制下,适应统治阶级发展需要的科技,例如历法,可以集中全国的优势资源进行大规模的发展。但同样,统治阶级不急需的其他科技则发展相对滞后,科技活动的政治色彩严重。

③ 重伦理轻科技。张志巧在《"天人合一"思想对中国古代科技的消极影响》一文中提及,"哲学的伦理化倾向限制了科学技术的发展"。[26]他认为,在中国古代,自然科学、社会科学和思维科学相混淆,并没有明确地区分开来,哲学的伦理取向对科技的影响深刻,人们往往注重的是人伦的问题而不是对自然的探讨。[27]在中国古代,这种重伦理轻科技的价值观,对中国古代科技的发展有着很远的影响,也奠定了中国古代科技发展的基调。在这种价值观下产生了许多的学术传统,例如"学而优则仕",这使得绝大部分古代的知识分子走向了竞争仕途的道路,科举制度逐渐沦为统治阶级向知识分子灌输伦理的一种工具。在"万般皆下品,唯有读书高"的价值取向影响下,古人按着对社会贡献的大小进行了士、农、工、商的排序。这样就使科技发展慢慢地丢掉了人才基础。而在西方,"由于自然哲学强调事物的本质和规律是不以人的意志为转移等思想,导致和产生了科学发展的两大支柱:逻辑和理性。"[28]但中国传统哲学与西方自然哲

学则截然不同：中国传统哲学中注重伦理道德的分量远远超过对自然探索的热情，使得原先一些中国古代自然哲学思想，例如墨家的几何学、道家的天道观等还是在社会伦理的不断侵蚀中失去了方向。

（3）国内对冀域古代科技文化的研究

到目前为止，国内还没有对冀域古代范围内的科技文化进行系统的研究。

1.2.2　国外研究现状

（1）关于科学与科技文化

第一，什么是科学。科学是人类在积极地适应、改造、调控自然过程中所表现出来的精神力量的主要构成。马克思在《1844 年经济学—哲学手稿》中阐释了科学的属性，他认为，自然科学和艺术一样，"是人的精神的无机界，是人必须事先进行加工以便享用和消化的精神食粮。"[29] 德国的哲学家卡西尔在《人论》一书中认为"科学是人类智力文化发展中的最后一步，可以被看作是人类文化最高最独特的成就。"[30] 英国的社会学家贝尔纳在《科学的社会功能》一书中认为，"科学的产生主要是为了满足我们的需求，科学也是我们满足物质需求的最主要手段。"[31]

第二，什么是科技文化。英国学者斯诺在《两种文化》一书中提及，"科学文化不仅是智力意义上的文化，也是人类学意义上的文化。贯穿于任何其他精神模式之中，诸如宗教、政治和阶级模式。"[32] 早期，学者们推出的主要是科学文化，在这之后又出现了技术文化的相关概念，"从科学与技术的概念和社会发展趋势上看，两者也只是侧重点有所不同，彼此之间有着千丝万缕的内外在纠缠。"[33] 1992 年美国教授皮克林编辑了《作为实践和文化的科学》，特别强调了科学实践和科学文化的重要性，提出科学是一种实践基础上认识和调整人类和自然关系的文化。[34] 德国学者哈贝马斯在《作为意识形态的技术与科学》一书中认为:"科技文化的产生原因是由研究者的素质形成创造的,欧洲社会发展的目的就是为了让这种科技文化形成。"[35]英国学者马尔凯在《科学与知识社会学》一书中指出:"科技文化是一种不受环境干扰的标准社会规范和行为约束的形式,这种规则是典型的明确目标的。"[36]

(2)对中国古代科技文化的研究

国外对冀域范围内的科技文化研究目前还处于空白阶段。

在国外学者对中国古代科技文化的研究中,英国科学家李约瑟认为中国古代的四大发明影响深刻,对人类的发展产生了重要影响,他也对中国古代科技成就给予了高度评价,在其著作《中国科学技术史》一书中提及"中国在公元三世纪到十三世纪之间保持一个西方所望尘莫及的科学知识水平。"[37]马克思也对中国的四大发明给予了极高的评价,"火药、指南针、印刷术是预告资产阶级社会到来的三大发明。火药把骑士阶层炸得粉碎,指南针打开世界市场并建立殖民地,而印刷术变成新教的工具,总的来说,变成科学复兴的手段,变成对精神发展创造必要前提的最强大杠杆。"[38]英国剑桥大学教授劳埃德在《古代世界的现在思考——透视希腊、中国的科学与文化》一书中,将古代希腊的科技文化和中国古代的科技文化作为对比的同时为推进现代的社会和政治问题的争论,提供了一定的看法。他在书中写道:"两个伟大的古代文明,中国和希腊,各自进行了意义深远、发人深省的研究,今天,无论是在我们自身智力操作和努力中,还是在政治、道德和教育方面所面临的困难中,我们仍能从两个伟大文明的古代研究中深受教益。"[39]

1.2.3 研究述评

(1)研究取得的成果

目前,中外对科技文化的研究内容丰富,研究角度多样,体现了时代特征,也取得了丰硕的成果。在对中国古代科技文化的研究中,成果大都是侧重科技文化的精神层面研究,对中国古代科技文化物质层面的研究成果居中,对中国古代科技文化制度层面的研究最少。在现阶段的研究中,对中国古代科技文化的研究也大都是与中国传统文化相联系。在研究中,对科学、技术、科技文化等基本理论多有论述,不仅认真地阐释了概念,而且对中国古代科学技术的起源、发展阶段、科技文化的基本内容与特质都有所研究。针对中国古代科技文化的缺陷,研究中也提出了与之相对的理论分析和解决对策。但同时,此项研究也存在着一些欠缺及不足之处,仍有很多需要继续研究和探讨的领域。

(2)研究需要解决的问题

第一,虽然对中国古代科技文化的研究已经取得丰富成果,研究范围全面,但对于某一时期或者某一地域范围内的科技文化研究较为少见,对中国古代科技文化的研究普遍范围较广,但深度不够,对古代科技文化中出现的问题鲜有系统的、成熟的研究。

第二,在对中国古代科技文化的研究中,对科技思想等精神文化层面研究虽然涉及较多,也都与中国古代传统文化研究相结合,但是缺乏对古代科技文化背后中的文化基因的挖掘。对中国古代科技文化的研究,主要是将包括传统文化在内的社会政治、思想文化等影响因素考虑到古代科技文化研究之中,与此相关的地理环境、经济发展状况等方面因素涉及较少,不能全面、系统地深入剖析中国古代科技文化中的深刻内涵。

第三,在中国古代科技文化的研究成果中,从古代科技发展研究中应该得到对当代科技发展的启示研究相对较少,这方面研究成果还不够充实。

本课题的研究重点将转为更为深入和系统的研究。本课题的研究试图通过系统地梳理冀域古代科技文化的主要形态,提炼出冀域古代科技文化的主要特质,并分析解剖影响冀域古代科技文化特质的地理环境、经济发展状况、社会政治、思想文化等因素,根据冀域古代科技文化的主要形态、特质及影响要素,从而探索冀域古代科技文化的现代启示,以期能够丰富对古代科技文化的研究成果,对京津冀文化协同发展提供一点理论支撑。

2 冀域古代科技文化的发展过程

冀域古代曾长期是我国经济、政治、文化发展的中心,其中科技成就、科技人物、科技制度、科技思想都呈现出丰富的优秀成果。任何事物都是一个发展变化的过程,研究冀域古代科技文化发展过程及主要成就是提炼科技文化特质的基础。

2.1 冀域及其古代科技文化

2.1.1 冀域界定

（1）古代"冀州"

"冀"是以早期九州之首冀州为基础,经过五千年的兴衰发展至今为今天的河北之冀。"上古时期的冀州,位列九州之首,地域广阔,为中华民族最初发源之地,对中华民族的发展有着至关重要的影响。"[40]《尚书·禹贡》记载:"大禹分天下为九州分别是徐州、冀州、兖州、青州、扬州、荆州、梁州、雍州和豫州"。[41] 而后,随着各代王朝的几经更迭,冀州的地域界限也在不断发生着变化,从唐朝以后,冀州行政区域越来越小,逐渐退出全国大区、九州之首的地位,取而代之悄然变成了今日的河北,"冀"即为河北的观念基本稳定。"河北省春秋战国时属燕、赵、中山及魏、齐等国,汉为幽、冀等州,唐称河北道,宋称河北东路、河北西路,元代又分为真定、保定、顺德、广平等路,明时称北直隶,清谓直隶,1928 年改称河北省至今。"[42]

(2)现代之"冀"

现代之"冀"指的是河北省,河北,简称冀,"河北位于东经 113°27′至 119°50′,北纬 36°05′至 42°40′之间,地处华北,漳河以北,东临渤海、内环京津,西为太行山地,北为燕山山地,燕山以北为张北高原,其余为河北平原,面积为 18.88 万平方千米。东南部、南部衔山东、河南两省,西倚太行山与山西省为邻,西北与内蒙古自治区交界,东北部与辽宁接壤。辖石家庄、唐山、邯郸等 11 个地级市,省会为石家庄。"[43]

(3)本课题"冀域"

本课题中的"冀域"是指以九州之首的冀州为基础,经过五千年兴衰变迁发展至今,包括今日河北省、北京市和天津市的区域。

为什么使用"冀域"概念?京津冀协同发展已经上升为重大国家发展战略,研究京津冀区域的科技文化应该是一个重要组成部分。本课题的研究对象主要是古代京津冀没有明确划分前的现今河北省地区。将其命名"冀域"的根据是历史上的"冀州"曾包括现在的京津冀地区。另外。研究这一区域的古代科技文化,也是为了与今日河北之"冀"区别开来。再者,有学者已经提出了以京津冀为对象的文化研究,河北省文化称谓为"冀文化"研究。所以,本课题的"冀域"所指就是古代京津冀区域。

关于"地域文化",杨善民、韩铎在其所著的《文化哲学》中认为,地域文化是在长期的历史发展过程中,凭借着一定的地理形势而形成的,"得以与其他地方区别开来的语言、风俗、宗教、生活方式和生产方式"[44]。因此,地域文化包括三层含义:地理形势、历史发展、内容与特征。科技文化则是地域文化中的一个方面。冀域古代科技文化是以燕赵文化为主体,将后来形成的京、津文化包含进来,以这个

14

地区古代科技为载体的区域文化。

2.1.2　科技与科技文化

（1）科学技术

在《辞海》中，对科学的解释如下，"它是反映自然、社会、思维等的客观规律的分科的知识体系。"杨生在《论科学和技术的关系》中认为，科学应该由实验事实、基本概念、原理及定律、演绎体系以及具备逻辑和谐性，可预见性和可检验性的理论体系这五部分组成。[45]眭纪刚在《科学与技术：关系演进与政策涵义》中指出，麦金将科学与技术做了如下区分：科学的根本作用就在于拓展人类的实践领域，它是一种致力于创造工艺的人类活动形式。[46]

在《辞海》中，对技术的解释如下，"人类在利用自然和改造自然的过程中积累起来并在生产劳动中体现出来的经验和知识。"科学与技术这两者之间的联系不可分割，在一个特定的范围内共同存在。"科学提供知识，技术提供应用这些知识的手段与方法。"[47]从研究目标的层面上看，科学的目标是求真，是揭示客观世界的本质和规律的活动；技术的目标则更注重贴近实际应用，力求在现实中控制客观世界，协调人与自然之间的关系，技术是科学在现实中的应用。

科技分为科学和技术两个概念，科学是经过总结、归纳、提炼的知识体系，它经过严谨的逻辑推理、论证，并以理性的形式表现；技术是人类在改造世界的客观实践活动中，根据自身的实践经验或者科学原理指导创造出来的种种经验、方法、技巧等。健康的科技应该是兼具科学与技术的完善整体，而科技则是一个有机整体的文化模式的组成部分。纵览漫长的科技发展史，在古代中国，技术占了相当大的比例，古代少有成体系的理论科学，但医学除外。在古代中国，科技发展的趋势与当今不同。当今科技发展的趋势是：首先，研究出理论科学；其次，将理论科学转变到技术层面；最后，再将其应用于生产实践。而在古代中国则恰恰相反,人们往往是在生产实践中总结出相应的经验和技术,再将这种经验和技术归纳总结,流传下来,少数学科能够将这种经验和技术提炼到理论科学层面。

（2）科技文化

李建珊教授在《科技文化的起源与发展》一书中认为,"科技文化是指人类在科学技术这种认识和改造世界、并使自身生活方式不断变革的特殊活动中所获得的能力及其产物的总和。"[48]吕乃基教授在《科技文化与中国现代化》一书中认为,科技文化是一种活动,更重要的是,它更是一种文化现象,科技精神本性的理论形态可以称之为科技文化。[49]英国学者马尔凯在《科学与知识社会学》一书中指出:"科技文化是一种不受环境干扰的标准社会规范和行为约束的形式,这种规则是典型的明确目标的。"[50]同时,李建珊教授还提出,完善的科技文化应该由四个层次组成:器物、制度、行为规范以及价值观,这四个层次共同构成了一个完整的社会亚文化系统,"这些层次的结合与互动,形成科技文化的统一而有机的整体"[51]。

"从严格意义上说,'科技文化'的形成是工业革命以后的事情。"[52]科技文化也经历了一个从无到有、从最初萌芽到慢慢成熟的发生发展过程。文化背景是培育科技文化的土壤,成熟的科技文化是植根于一定的文化背景之上的。在一个成熟的科技文化形成之前,科技文化的萌芽、胚种等因素往往包含于人类文化之中,正是这些因素为科技文化的形成提供了来源,因此这些因素应该值得去发掘和探索。"我们称存在于人类早期文化之中并作为科技文化之前身或来源的其他文化因素的总和为'古代科技文化'。"[53]李建珊教授还认为,当前阶段研究的古代科技文化,在本质上属于一种共同文化,或者叫作混合文化。

综而概之,科技文化是在科技发展过程中形成的一种文化形态,是科学技术产生发展过程中形成的各种成果的总和。作为一种文化形态不仅是社会经济、政治的反映,也反作用于经济、政治生活。科技文化与科学技术及其一定社会历史条件下的经济状况、政治制度、思想文化等影响因素息息相关。完整的科技文化是以一定的文化背景为基础的,科技文化作为一种文化形态,又大致可以分为:器物、制度、精神三个层面。

本课题主要研究的是冀域古代科技文化的发展过程、主要成就、基本特质及现代启示。在主要成就方面分为:科技学术成果、科技物质文化、科技制度文化以及科技精神文化。力图从主要成就入手总结概括出冀域古代科技文化的基本特质及影响要素,提出现代启示。

（3）科技与科技文化的关系

科技文化与科学技术是两个既相互区分又相互联系的范畴。

科技文化与科学技术是有区别的:科技文化是在科技发展过程中形成的一种文化形态,是科学技术产生发展过程中形成的各种成果的总和,包含物质、制度、精神等多个层面。与此同时,科学技术是由两个概念复合而成的,包含科学与技术。科学是对客观世界的认知,是反映客观事实和客观规律的知识体系及其相关的活动。主要分为自然科学、社会科学和思维科学。技术有广义和狭义之分,广义的技术包括生产技术和非生产技术。狭义的技术是指生产技术,即人类改造自然、进行生产的方法与手段。

在科技发展过程中,往往历史底蕴深厚、科技成果璀璨的地区能够形成具有一定特质的科技文化。科学技术是形成科技文化的一个基础条件,科学技术是包含于科技文化之中的。科技文化包含的内容、层面相比于科学技术更为宽泛。再者,科技文化是科学技术的精神内核、是科学技术在文化层面上的一种价值取向,而科学技术则是科技文化的一种外在表现形式。

科技文化与科学技术是有联系的：科技文化物质层面的表现形式主要体现为科学技术，而科学技术又可细分为科学和技术两个概念，科学主要表现为理论体系，从科学概念的角度看，科学在科技文化中的物质和精神两个层面具有涉及；而技术主要表现为现实中具体的科技实现形式，技术则属于科技文化中的物质层面。

科学技术是科技文化的子集，科学技术在长期的发展中，与产生这种科学技术的经济、地理、政治、思想文化等因素相联系，孕育出具有当地特色文化基因的科学技术，科学技术与这些影响科学技术发展的因素结合在一起，共同形成了科技文化，科技文化是一个宏观的概念，科学技术是科技文化的物质形式，科学技术在一定程度上体现了科技文化，科技文化则是科学技术与影响科学技术发展的因素及其他的总结概括。

2.1.3 冀域古代科技文化

（1）冀域古代科技延绵不断

冀域历史悠久，铸就了其灿烂辉煌的文化底蕴，冀域在其历史发展过程中，孕育并积淀了深厚的历史文化，科技活动是构成社会活动的一环，科技活动始终在冀域古代历史中有所体现，贯穿于冀域古代的历史活动当中。科技发展过程中形成的科技成就构成了科技文化的主体，科技文化发展过程的研究是以科技发展过程及呈现的主要科技成就为主要线索的。

冀域古代科技文化的发展过程大致可分为：萌芽时期、顶峰时期以及缓慢时期；冀域古代科技文化的主要成就可分为：科技学术成果、科技物质文化、科技制度文化及科技精神文化。冀域古代科技文化的主要成就丰富多彩，科技人物及其成果在中国乃至世界科技发展史上都占据举足轻重的地位。再者，冀域古代科技文化在发展过程中也形成了相应的科技制度文化和科技精神文化。

（2）冀域古代科技文化内容丰富

冀域古代科学技术的历史绵延不绝，出现了一批具有全国乃至世界一流影响力的科技人物和科技成果。冀域古代的科技起源较早，随后经过不断发展，科技紧随着社会发展的脚步。冀域古代科技发展的历史脉络与中国古代科技发展的历史脉络基本一致。洪晓楠认为，"中国以农学、医学、天文学和算术为主要内容的古代科技文化体系在秦汉、三国、两晋和南北朝期间得以建立和初步发展。中国古代科学技术体系的成熟和发展的鼎盛时期，即从唐宋开始到元代结束的这段时间。明清以后，其科学技术发展缓慢，以至近代落后于西方。"[54] 其中，冀域古代从商至隋唐时期，科技逐渐发展，各个学科领域基本都有所涉及，萌芽时期的科技体系逐渐在慢慢形成；中国古代科技发展顶峰的宋元时期，有许多科技成果和科技人物是出自冀域古代，例如将中国古代天文学推向顶峰的郭守敬及其主持编写的《授时历》，"宋元数学四大家"中的李冶、朱世杰，"金元医学四大家"中的刘完素、李杲，所以，中国古代科技发展顶峰时期的科技成果和人物往往也是以冀域为代表的，中国古代科技发展的顶峰和冀域古代科技发展的顶峰在时间上保持一致；明清时期，冀域古代科技发展较顶峰时期发展速度有所下降，进入到缓慢发展时期。根据上述研究成果，可以将冀域古代科技发展划分为萌芽时期、顶峰时期、缓慢时期三个时间阶段进行分类总结。在从商至隋唐时期，冀域古代科技逐渐发展；至宋、元时期，冀域古代科技到达发展的顶峰；而后，至明、清时期冀域古代科技的发展速度逐渐缓慢。

2.2 冀域古代科技文化发展历程

2.2.1 科技发展萌芽时期

冀域古代科技发展的萌芽期是在商至隋唐时期。冀域古代的冶炼技术起源最早可以追溯到商、周时期，"在河北唐山大城山龙山文化遗址中发现了红铜制造的铜器"[55]。"1972年，在河北藁城县出土了一件商代的铁刃铜钺。"[56]现出土的战国晚期兵器中，例如在河北易县燕下都遗址中发现的兵器就多数经过淬火技术的处理，这就证明了在战国晚期阶段，冀域范围内的淬火技术已广泛应用在军事用途上。"河北省兴隆燕国遗址发现了一批战国时期的铁范，用铁范甚至可以铸出壁厚仅三毫米不到的薄壁铸铁件。"[57]这些铁范大多制作精制，特别是这些铁范的范壁较薄，且厚度均匀。这既减轻了铁范的重量，从而方便操作；又有利于铸件各部分冷却匀称，保证铸件的质量。此外，这些铁范中的大多数又都是复合范，其结构相当复杂，可铸造比较复杂的工具和器物。"且从其锄范使用铁内芯插入以形成锄柄孔来看，当时的铁范铸造技术确已相当熟练。"[58]同时，现河北的邯郸市在这时期是著名的冶铁手工业中心。在社会生产方面，铁制器具的使用率已很高，"河北庄村赵国遗址出土的铁农具已占全部农具的65%"[59]。这初步说明，铁农具在农业生产中已占主导地位。西周时期，医生作为一种专职出现，并且医事制度逐渐地建立起来，这都为医疗水平的突破和医药经验的积累提供了重要的基础。"1973年，在河北藁城商代晚期遗址中曾发现种子30余枚，经鉴定均为药用的核仁和郁季仁。"[60]战国时期的扁鹊总结了切脉、望色、闻声、问病的四诊合参法，为中国医学的发展奠定了基础。春秋战国时期，由于新的生产关系的形成以及整个社会的开放，使得技术与科学有可能在不受更多控制或约束的条件下取得突破性进展，新的生产关系大大解放了生产力，同时也就必然大大解放了被禁锢着的技术和科学潜能。而当社会处于愚昧和无知的状态时，这种突破性的进展是无法不可能实现的。例如，在商代，医与巫是不分开的；到了西周时期，医与巫才分开。迷信的色彩始终笼罩在医术之中，这势必阻碍医学大踏步地向前发展。

东汉时期的崔寔是冀州安平人,他著有《四民月令》一书,"该书设计了大量农业生产和手工事务方面的内容,它按照一年十二个月的顺序有计划地安排了一个庄园地主的家庭事务,尤其是《四民月令》中只以节令和物候为标准来安排农业、手工业的操作和生产"[61],这基本摆脱了古代月令所遵循的以"天人感应"为主的迷信特点,这是一个明显的进步。

到了三国、两晋、南北朝时期,出现了数学大家祖冲之,他的圆周率计算数值远远处在当时世界的领先水平,同样,祖冲之在天文学上也有所建树,完成了《大明历》的修订工作;其子祖暅在数学方面也建树颇丰。《水经注》的出现让冀域古代科技在地学方面有了浓墨重彩的一笔。在隋、唐之前,冀域古代科技的发展逐渐在加速,虽然涌现出一部分卓越的科技成就和科技人物,但是,冀域古代科技在隋、唐之前并没有形成体系,科技学科优秀成果的涌现比较单一。因此,商至隋唐时期科技文化发展还处于萌芽时期。

2.2.2　科技发展顶峰时期

冀域古代科技经过商至隋、唐时期的发展,至宋、元时期,冀域古代科技发展已到达顶峰。宋、元时期许多的科技成就在当时全国范围内遥遥领先,甚至领先于当时的世界水平。在数学和医学方面,"宋元数学四大家"和"金元医学四大家"中都有两位是冀域古代的科技人物。其中朱世杰在数学四元高次方程理论方面的贡献领先于西方四五百年。在天文学方面,元初的郭守敬在天文学观测仪器的制作和历法的修订均有卓越的贡献,其中最著名的就是他主持修订了《授时历》。《授时历》是我国古代最精确和使用最久的历法,且精度极高:它规定的一年时间比地球公转一周的实际时间仅仅相差26秒,以同样的精度为基准,《授时历》比欧洲的《格里历》领先了整整

300年。同时,郭守敬在水利方面也有所成就,他在北京附近主持修建了用来解决大运河北段通惠河水源不足的白浮堰工程。在桥梁建筑方面,隋唐中期建造的赵州桥举世闻名,设计理念和施工难度在当时世界上均首屈一指,是世界桥梁史上"敞肩拱"的首创,相比于欧洲建造大跨度敞肩拱桥,赵州桥领先了近1300年。同样,位于现北京城南的卢沟桥,建造于金朝,是中国古代桥梁史上的又一杰出代表,与赵州桥、洛阳桥并称"中国古代三大名桥"。三大名桥的其中两座都位于冀域古代范围,可见冀域古代桥梁建筑理念和施工技术在全国范围乃至当时世界范围内的领先水平。

作为中国古代的科技优势学科:天文学、数学和医学,冀域古代的这些学科在宋元时期均达到当时全国的领先水平与隋、唐时期之前相比较,冀域古代科技的发展更成体系,表现较为明显的就是医学和数学两个科技学科,具有突出贡献的科技人物和成就不再单一。冀域古代科技从隋、唐到宋元时期,理论科学的发展不仅达到顶峰,例如数学、天文学等,应用技术的发展也达到了一个很高的高度,例如在赵州桥敞肩拱的施工过程中,桥台是建立在承载力非常小的地基之上,在当时条件下,建造如此大跨度的石拱桥,施工难度可想而知,这在另一方面反映了当时建造过程中高超的建造技术。冀域古代科技发展到宋元时期,科技成果璀璨,学科体系也较萌芽时期完善,这一时期冀域古代科技文化处于顶峰时期。

2.2.3 科技文化缓慢发展

至明、清时期,冀域古代科技的发展速度明显变慢,虽然也有突出的科技人物及成就,但是其影响力和作用无法比拟宋元时期的顶峰时期,并且这些科技人物及成就也难成体系,与宋元时期相比较也相差甚远。

至明、清时期,首先是封建社会"抑商"政策不断加深,这种不断加深的政策阻碍了科技的发展,封建政府不鼓励、抑制工商业的发展,在这种政策下,人们只需要增加劳动力就可以达到增加产量的目的,因此,科技的进步与否对于增产无关紧要,此时期偶尔的渐进式科技进步,与同时期的西方科技进步速度已不可同日而语。其次,中国传统文化本身就存在重仕途、轻科技的社会价值导向,到明清时期,封建制度已发展到顶峰,在社会大环境下,对自然世界的探索在封建伦理价值的影响下一步步迷失,这样一来,冀域古代至明清时期,科技发展大不如之前的历史时期,发展速度明显缓慢。

明清时期在建筑科技方面,北京故宫建筑群显示了中国古代建筑的辉煌成就,其中,拼合梁柱构件技术是明、清木结构技术的一项重要成果;另外,北京天坛建筑物的声学效应,是明清时期建筑声学上的一大成就;铸造于明代永乐年间的北京大钟寺内的万钧钟,从锻造技术和规模上看,在当时世界上是很先进的。在医学方面,清代的医学家王清任为中国解剖学和医学思想的发展做出了很大的贡献,他充满实践和创新精神,他医学的研究特色在于注重细致的临床观察,并大胆地突破前人的医学思想,为推动中国解剖学的发展做出了贡献。在水利方面,明代汪应蛟等人也先后在天津兴修水利、开垦水田。地学方面,清政府在康熙帝的主持下,完成了《律历渊源》的编订和《黄舆全览图》的绘制。明清时期农学的主要成就是清代乾隆初年的《授时通考》一书。尽管明清时期的在建筑科技、医学、水利、地学、农学都有卓越的成就,但是这些科技人物及成就的继承性和传承性不够,与中国封建社会科技发展的大趋势一致,冀域古代科技的发展速度逐渐变慢。

总之,明清之际,冀域古代科技发展受封建社会"重农抑商"的发展理念及"重仕途、轻科技"的社会价值导向的影响进一步加剧,因此这一时期科技文化的发展进入缓慢时期。

3 冀域古代科技学术成果——数学

冀域古代科技成果中数学成就非常突出，出现了祖冲之、李冶、朱世杰等一批世界级数学家，研究他们成长、成才路程和数学史上的杰出贡献，对于挖掘冀域数学理论研究过程中的科技文化具有重要意义。

3.1 祖冲之创"祖率"

3.1.1 祖冲之其人

祖冲之，出生于建康（今南京），祖籍范阳郡遒县（今河北涞水县）。"其祖父祖昌，是刘宋的大匠卿——掌管土木建筑的官员。父亲是奉朝清，学识渊博。"[62]在科技活动中，祖冲之重视对文献资料和观测记录的收集，但他"不虚推古人"，在其科技研究中，没有被前人的科技成果所束缚，像他自己所说的那样，每每"亲量圭尺，躬察仪漏，目尽毫厘，心穷筹策"。他在学术上富有批判精神，在收集掌握大量文献资料的基础之上，坚持实证性的探索，在数学和天文学上造诣很深，推动了中国古代数学和天文学的进步。祖冲之计算出了精确度相当高的圆周率近似值，准确到小数点以后七位数，不仅如此，他还计算出圆周率的上限和下限，即圆周率（π）：3.1415926＜π＜

3.1415927,这无疑开了先河,世界上又把圆周率称为"祖率"。[63]

西晋末期,北方发生大规模战乱,祖冲之的先辈从河北迁徙到江南,并在江南定居下来。祖冲之从小就受到很好的家庭教育。爷爷给他讲"斗转星移",父亲领他读经书典籍,家庭的熏陶,耳濡目染,加之自己的勤奋,使他对自然科学和文学、哲学,特别是天文学产生了浓厚的兴趣,在青年时代就有了博学的名声。祖冲之曾在著作中自述说,从很小的时候起便"专功数术,搜烁古今"。他把从上古时起直至他生活的时代止的各种文献、记录、资料,几乎全都搜罗来进行考察。

由于祖冲之博学多才的名声,被南朝宋孝武帝派至当时朝廷的学术研究机关华林学省做研究工作,后来又到总明观任职。当时的总明观是全国最高的科研学术机构,相当于现在的中国科学院。总明观内分设文、史、儒、道、阴阳5门学科,实行分科教授制度,请来各地有名望的学者任教,祖冲之就是其一。在这里,祖冲之接触了大量国家藏书,包括天文、历法、术算方面的书籍,具备了借鉴与拓展的先决条件。

461年(南朝宋大明五年),祖冲之担任南徐州(今江苏镇江)刺史府里的从事,先后任南徐州从事吏、公府参军。祖冲之在这一段期间,虽然生活很不安定,但是仍然继续坚持学术研究,并且取得了很大的成就。

464年(南朝宋大明八年),祖冲之被调到娄县(今江苏昆山市东北)作县令。之后又到建康(今江苏南京),担任谒者仆射的官职。从这时起,一直到南朝齐初年,他花了较大的精力来研究机械制造,重造出了用铜制机件传动的指南车,发明了一天能走百里的"千里船"和"木牛流马"、水碓磨(利用水力加工粮食的工具),还设计制造过漏壶(古代计时器)和巧妙的欹器。

494 年(南朝齐隆昌元年)到 498 年(南朝齐建武五年)之间,他担任长水校尉的官职。当时他写了一篇《安边论》,建议政府开垦荒地,发展农业,增强国力,安定民生,巩固国防。齐明帝看到后想令他"巡行四方,兴造大业,可以利百姓者",后因南齐的统治已经无法再维持下去。国家政权摇摇欲坠,再加上南北朝之间的连年战争,祖冲之良好的政治主张无法在国家内部施行,更无法实现了。

500 年(南朝齐永元二年),这位卓越的大科学家去世,享年 72 岁。他的天文历法心血之作《大明历》在 510 年(梁武帝天监九年)才以《甲子元历》之名颁行。

祖冲之的晚年,正值南齐后期,统治阶级内部矛盾尖锐,政治黑暗,社会动荡不安。在这种情况下,祖冲之的研究方向有了很大的变化。他着重研究文学和社会科学,同时也比较关心政治。

3.1.2 祖冲之精确计算圆周率

在祖冲之那个时代,算盘还未出现,人们普遍使用的计算工具叫算筹,它是一根根几寸长的方形或扁形的小棍子,有竹、木、铁、玉等各种材料制成。通过对算筹的不同摆法,来表示各种数目,叫作筹算法。如果计算数字的位数越多,所需要摆放的面积就越大。用算筹来计算不像用笔,笔算可以留在纸上,而筹算每计算完一次就得重新摆动以进行新的计算;只能用笔记下计算结果,而无法得到较为直观的图形与算式。因此只要一有差错,比如算筹被碰偏了或者计算中出现了错误,就只能从头开始。

在数学上,祖冲之算出圆周率(π)的真值,相当于精确到小数第 7 位,简化成 3.1415926,祖冲之因此入选世界纪录协会,成为世界第一位将圆周率值计算到小数点后 7 位的科学家。祖冲之为求得圆周率的精准数值,就需要对九位有效数字的小数进行加、减、乘、除和开方运算等十多个步骤的计算,而每个步骤都要反复进行十几次,开方运算有 50 次,最后计算出的数字达到小数点后十六七位。祖冲之还给出圆周率(π)的两个分数形式：22/7(约率)和 355/113(密率),其中密率精确到小数第 7 位。祖冲之对圆周率数值的精确推算值,对于中国乃至世界是一个重大贡献,后人将"约率"用他的名字命名为"祖冲之圆周率",简称"祖率"。

圆周率的应用很广泛,尤其是在天文、历法方面,凡牵涉到圆的一切问题,都要使用圆周率来推算。如何正确地推求圆周率的数值,是世界数学史上的一个重要课题。中国古代数学家们对这个问题十分重视,研究也很早。在《周髀算经》和《九章算术》中就提出径一周三的古率,定圆周率为三,即圆周长是直径长的三倍。此后,经过历代数学家的相继探索,推算出的圆周率数值日益精确。东汉张衡推算出的圆周率值为 3.162。三国时王蕃推算出的圆周率数值为3.155。魏晋的著名数学家刘徽在为《九章算术》作注时创立了新的推算圆周率的方法——割圆术,将圆周率的值为边长除以 2,其近似值为 3.14;并且说明这个数值比圆周率实际数值要小一些。刘徽以后,探求圆周率有成就的学者,先后有南朝时代的何承天,皮延宗等人。何承天求得的圆周率数值为 3.1428,皮延宗求出圆周率值为 22/7≈3.14。

祖冲之认为自秦汉以至魏晋的数百年中研究圆周率成绩最大的学者是刘徽,但并未达到精确的程度,于是他进一步精益钻研,去探求更精确的数值。

根据《隋书·律历志》关于圆周率(π)的记载："宋末,南徐州从事史祖冲之,更开密法,以圆径一亿为一丈,圆周盈数三丈一尺四寸一分五厘九毫二秒七忽,朒数三丈一尺四寸一分五厘九毫二秒六忽,正数在盈朒二限之间。密率,圆径一百一十三,圆周三百五十五。约率,圆径七,周二十二。"祖冲之把一丈化为一亿忽,以此为直径求圆周率。他计算的结果共得到两个数：一个是盈数（即过剩的近似值），为 3.1415927；一个是朒数（即不足的近似值），为 3.1415926。盈朒两数可以列成不等式，如：3.1415926（朒）＜π（真实的圆周率）＜3.1415927（盈），这表明圆周率应在盈朒两数之间。按照当时计算都用分数的习惯，祖冲之还采用了两个分数值的圆周率。一个是355/113（约等于 3.1415927），这一个数比较精密，所以祖冲之称它为"密率"。另一个是 22/7（约等于 3.14），这一个数比较粗疏，所以祖冲之称它为"约率"。

3.1.3 "祖率"的重大意义

祖冲之所计算出的圆周率数值在世界数学史上领先了 1000 年，"直到一千年后，阿拉伯数学家阿尔·卡西 1427 年在《算术之钥》中、法国数学家维叶特于 1540—1603 年才求出更精确的数值。欧洲直到十六世纪才由德国人鄂图和荷兰人安托尼兹算出同样的结果。"[64]

祖冲之在圆周率方面的研究，有着积极的现实意义，他的研究适应了当时生产实践的需要。他亲自研究度量衡，并用最新的圆周率成果修正古代的量器容积的计算。古代有一种量器叫作"釜"，一般的是一尺深，外形呈圆柱状，祖冲之利用他的圆周率研究，求出了精确的数值。他还重新计算了汉朝刘歆所造的"律嘉量"，利用"祖率"校正了数值。以后，人们制造量器时就采用了祖冲之的"祖率"数值。

祖冲之与其子祖暅合写了《缀术》一书，《缀术》五卷被收入著名的《算经十书》中。《隋书》评论"学官莫能究其深奥，故废而不理"，认为《缀术》理论十分深奥，计算相当精密，学问很高的学者也不易理解它的内容，在当时是数学理论书籍中最难的一本。

在《缀术》中，祖冲之提出了"开差幂"和"开差立"的问题。"差幂"一词在刘徽为《九章算术》所做的注中就有了，指的是面积之差。

"开差幂"即是已知长方形的面积和长宽的差,用开平方的方法求它的长和宽,它的具体解法已经是用二次代数方程求解正根的问题。而"开差立"就是已知长方体的体积和长、宽、高的差,用开立方的办法来求它的边长;同时也包括已知圆柱体、球体的体积来求它们的直径的问题。所用到的计算方法已是用三次方程求解正根的问题了,三次方程的解法以前没有过,祖冲之的解法是一项创举。《缀术》还曾流传至朝鲜和日本,在朝鲜、日本古代教育制度、书目等资料中,都曾提到《缀术》。

《宋史·楚衍传》中说"于《九章》《缉古》《缀术》《海岛》诸算经尤得其妙。天圣(1023—1031)初造新历"。

3.2 李冶著述"天元术"

3.2.1 李冶其人

(1) 出身于学者家庭

李冶(1192～1279),原名李治,字仁卿,号敬斋,河北真定人。[65]

父亲李遹为大兴府推官。李遹是位博学多才的学者,曾在大兴府尹胡沙虎手下任推官。李冶有两个同父异母的弟兄,兄名澈,刘氏所生;弟名滋,崔氏所生;还有两个同胞姐妹。李冶原名叫李治,因为朝廷禁止平民和古代帝王同名,而他的名字又和唐高宗的名字相同,于是就减去了一个点,改名叫李冶。

李冶自幼聪敏,喜爱读书,曾在元氏县(今河北省元氏县)求学,对数学和文学都很感兴趣。《元朝名臣事略》中说:"公(指李冶)幼读书,手不释卷,性颖悟,有成人之风。"

李冶出生的时候,金朝正由盛而衰。章宗即位(1190)后,官僚政治日趋腐败。由于管理不善,酿成了连年水灾。再加上对外战争及任意挥霍,金朝出现了财政危机,于是滥发纸币,致使物价飞涨,国虚民穷。泰和八年(1208),金章宗病死,卫绍王允济即皇帝位。这时蒙古军队加紧向金朝进攻,腐朽的金朝内已潜伏着亡国的危机。李遹的上司胡沙虎是一个深得朝廷宠信的奸臣,"声势炎炎,人莫敢仰视",动辄打骂同僚,欺压百姓,甚至"虐杀不辜"。李遹见他无恶不作,常常据理力争,置个人生死祸福于度外。只因为官谨慎,才免遭毒手。李遹为了防备不测,便把老小送回故乡栾城。这时李冶正值童年,他没有随家人回乡而独自到栾城的邻县元氏求学去了。至宁元年(1213),由于胡沙虎篡权乱政,李遹被迫辞职,隐居阳翟(今河南禹县),从此不再过问政事。他吟诗作画,在当地颇有名声。

父亲的正直为人及好学精神对李冶深有影响。在李冶看来,学问比财富更可贵。他说:"积财千万,不如薄技在身",又说:"金璧虽重宝,费用难贮蓄。学问藏之身,身在即有余。"他在青少年时期,对文学、史学、数学、经学都感兴趣,曾与好友元好问外出求学,拜文学家赵秉文、杨云翼为师,不久便名声大振。

(2)流离顿挫中钻研

李冶进士出身,晚年居元氏(今河北元氏)封龙山,从学者甚众。著有《测圆海镜》《益古演段》,对我国古代代数方法天元术(我国古代建立数学高次方程的方法)有重要贡献,是我国流传至今的最早的天元术著作。《测圆海镜》是现在流传下来的一部最早讲述"天元术"的著作,而"《益古演段》则是为初学天元术的人写的一部入门著作"[66]。

金正大七年(1230),李冶赴洛阳应试,被录取为词赋科进士,时人称赞他"经为通儒,文为名家"。同年得高陵(今陕西高陵)主簿官职,但蒙古窝阔台军已攻入陕西,所以没有上任。接着又被调往阳翟附近的钧州(今河南禹县)任知事,为官清廉、正直。

1232年,钧州城被蒙古军队攻破。李冶不愿投降,换上平民服装,北渡黄河避难。这是他一生的重要转折点,将近 50 年的学术生涯便由此开始了。

李冶北渡后流落于山西的忻县、崞县之间,过着"饥寒不能自存"的生活。一年以后(1233),汴京(今河南开封)陷落,元好问也弃官出京,到山西避难。1234 年初,金朝终于为蒙古所灭,李冶与元好问都感到政事已无可为,于是潜心学问。李冶经过一段时间的颠沛流离之后,定居于崞山(今山西崞县)的桐川。1234 年初,金朝终于为蒙古所灭。金朝的灭亡给李冶生活带来不幸,但由于他不再为官,这在客观上使他的科学研究有了充分的时间。

他在桐川的研究工作是多方面的,包括数学、文学、历史、天文、哲学、医学。其中最有价值的工作是对天元术进行了全面总结,写成数学史上的不朽名著——《测圆海镜》。他的工作条件是十分艰苦的,不仅居室狭小,而且常常不得温饱,要为衣食而奔波。但他却以著书为乐,从不间断自己的写作。据《真定府志》记载,李冶"聚书环堵,人所不堪",但却"处之裕如也"。他的学生焦养直说他:"虽饥寒不能自存,亦不恤也",在"流离顿挫"中"亦未尝一日废其业"。经过多年的艰苦奋斗,李冶的《测圆海镜》终于在 1248 年完稿。它是我国现存最早的一部系统讲述天元术的著作。随着高次方程数值求解技术的发展,列方程的方法也相应产生,这就是所谓"开元术"。在传世的宋元数学著作中,首先系统阐述开元术的是李冶的《测圆海镜》。李冶一生著作虽多,但他最得意的还是《测圆海镜》。他在弥留之际对儿子克修说:"吾平生著述,死后可尽燔去。独《测圆海镜》一书,虽九九小数,吾常精思致力焉,后世必有知者。庶可布广垂永乎?"

(3)封龙山讲学著书

1251 年,李冶的经济情况有所好转,他结束了在山西的避难生活,回元氏县封龙山定居,并收徒讲学。李冶的学生越来越多,家里逐渐容纳不下了,于是师生共同努力,在北宋李遹读书堂故基上建起封龙书院。李冶在书院不仅讲数学,也讲文学和其他知识。他呕心沥血,培养出大批人才,并常在工作之余与元好问、张德辉一起游封龙山,被称为"龙山三老"。

李冶晚年居封龙山(今河北省元氏县)下,隐居讲学。元世祖至元初,以翰林学士召,就职期月,以老病辞归。能诗词,有《敬斋集》,今有考订之作《敬斋古今黈》40卷传世。

1257年在开平(今内蒙古正蓝旗)金朝遗老窦默、姚枢、李俊民等多人接受忽必烈召见,忽必烈又派董文用专程去请李冶,说:"素闻仁卿学优才赡,潜德不耀,久欲一见,其勿他辞。"同年五月,李冶在开平见忽必烈,陈述了自己的政治见解:"为治之道,不过立法度、正纪纲而已。纪纲者,上下相维持;法度者,赏罚示惩劝。"在谈到人才问题时,他说:"天下未尝乏材,求则得之,舍则失之,理势然耳。"最后,他向忽必烈提出"辨奸邪、去女谒、屏馋慝、减刑罚、止征伐"五条政治建议,得到忽必烈的赞赏。

李冶会见忽必烈之后,回封龙山继续讲学著书,于1259年写成另一部数学著作——《益古演段》。1260年,忽必烈即皇帝位,是为元世祖。第二年七月建翰林国史院于开平,聘请李冶担任清高而显要的工作——翰林学士知制诰同修国史。但李冶却以老病为辞,婉言谢绝了。从时代背景及李冶思想分析,他拒绝应聘的原因有二。第一,蒙古统治者没有接受李冶"止征伐"的建议,而是大举攻宋,从而引起李冶不满;第二,忽必烈初登帝位,其弟阿里不哥不服,起兵反抗,蒙古统治区陷入连年内战。李冶是不愿在这种动荡的局势下作官的。他说:"世道相违,则君子隐而不仕。"

忽必烈降服阿里不哥、平定蒙古内乱后,再召李冶为翰林学士知制诰同修国史。李冶于至元二年(1265)来到燕京(今北京),勉强就职,参加修史工作。但他不久便感到翰林院里思想不自由,处处都要秉承统治者的旨意而不能畅所欲言。因此,他在这里工作一年之后便以老病辞职了。李冶是个追求思想自由的人,尤其不愿在学术上唯命是从。他说:"翰林视草,唯天子命之;史馆秉笔,以宰相监之。特书佐之流,有司之事,非作者所敢自专而非非是是也。今者犹以翰林、史馆为高选,是工诶誉而善缘饰者为高选也。吾恐识者羞之。"

李冶辞职后一直在封龙山下讲学著书。他在晚年完成的《敬斋古今黈》与《泛说》是两部内容丰富的著作。《泛说》一书今已不存,据《元朝名臣事略》中引文及书名判断,《泛说》是李冶记录对各种事物见解的随感录。《敬斋古今黈》则是李冶的读书笔记,"上下千古,博极群书",在文史方面颇有独到见解。另外,李冶做过不少诗,其中有五首保存在《元诗选癸集》中。从这些诗来看,李冶的文学造诣相当深。李冶还著有《文集》40 卷与《璧书丛削》12 卷,均已失传。1279年,李冶病逝。

3.2.2 李冶在数学上的贡献

（1）发展"天元术"

李冶的数学研究以天元术为主攻方向。这时天元术虽已产生,但还不成熟,就像一棵小树一样,需要人精心培植。李冶用自己的辛勤劳动,使它成长为一棵枝繁叶茂的大树。

所谓天元术,就是一种用数学符号列方程的方法,"立天元一为某某"相当于今"设 x 为某某"是一致的。在中国,列方程的思想可追溯到汉代的《九章算术》,书中用文字叙述的方法建立了二次方程,但没有明确的未知数概念。到唐代,王孝通已经能列出三次方程,但仍是用文字叙述的,而且尚未掌握列方程的一般方法。经过北宋贾宪、刘益等人的工作,求高次方程正根的问题解决了。随着数学问题的日益复杂,迫切需要一种普遍的建立方程的方法,天元术便在北宋应运而生了,洞渊、石信道等都是天元术的先驱。但直到李冶之前,天元术还是比较幼稚的,记号混乱、复杂,演算烦琐。例如李冶在东平(今山东省东平县)得到的讲天元术的算书中,还不懂得用统一符号表示未知数的不同次幂,它"以十九字识其上下层,曰仙、明、霄、汉、垒、层、高、上、天、人、地、下、低、减、落、逝、泉、暗、鬼。"这就是说,以"人"字表示常数,人以上九字表示未知数的各正数次幂(最高为九次),人以下九字表示未知数的各负数次幂(最低也是九次),其运算之繁可见一斑。从稍早于《测圆海镜》的《铃经》等书来看,天元术的作用还十分有限。

李冶在前人的基础上,将天元术改进成一种更简便而实用的方法。当时,北方出了不少算书,除《铃经》外,还有《照胆》《如积释锁》《复轨》等,这无疑为李冶的数学研究提供了条件。特别值得一提的是,他在桐川得到了洞渊的一部算书,内有九客之说,专讲勾股容圆问题。此书对他启发甚大。为了能全面、深入地研究天元术,李冶把勾股容圆(即切圆)问题作为一个系统来研究。他讨论了在各种条件下用天元术求圆径的问题,写成《测圆海镜》十二卷,这是他一生中的最大成就。

李冶总结并完善了天元术,使之成为中国独特的半符号代数。这种半符号代数的产生,要比欧洲早300年左右。他的《测圆海镜》是天元术的代表作,而《益古演段》则是普及天元术的著作。天元术是设未知数并列方程的方法,用以研究直角三角形内切圆和旁切圆的性质。由于他在数学上的贡献,与杨辉、秦九韶、朱世杰并称为"宋元数学四大家"。

天元术并非李冶的独创,而是从金代起便在中国北方开始萌芽。据祖颐在《四元玉鉴后序》中的记载,李冶以前研究天元术的学者至少有蒋周、李文一、石信道、刘汝谐、李德载等等,但并未提到李冶。

而除李冶之外,其他早期天元术的著作也已经失传。1303 年朱世杰的《四元玉鉴》问世,其中将天元术扩展为含有天元、地元、人元和物元的"四元术",即四元高次方程组的解法,将天元术发展到了一个新的高度。

明代算学比起宋元时期并没有什么进展,尤其是天元术因为艰深难懂而少人研究,几近失传。明代顾应祥曾经撰写《测圆海镜分类释术》,在序中称细考《测圆海镜》,如求直径即以二百四十为天元,半径则以一百二十为天元,既知其数,何用算为? 似不必立可也。每条下细草,虽径立天元一,反复合之,而无下手之处,使后学之士茫然无门路之可入。每章去其细草,立一算术,各以类分之,语义稍繁者,略加芟损,名曰《测圆海镜分类释术》。仔细考查《测圆海镜》,求直径时就令二百四十为天元,求半径的话则令一百二十为天元,既然已经知道了天元的大小,为什么还要设天元呢? 似乎没有必要,完全没有明白天元术中天元为未知数的含义。他认为书中"每道题的演算中,虽然设立天元,但反复查看,觉得无从下手,后来的学习者茫然摸不到门道"。因而将《测圆海镜》中关于立天元列方程的演算全部删去,只留下用开方术解方程的过程,以方便后人学习。李俨认为宋金元发展起来的天元术至此已被遗忘。

18 世纪时,随着西洋算学传入中国,李冶等人的天元术著作才被后来的数学家重新发现。清朝梅毂成(梅文鼎之孙)曾经研读顾应祥的《测圆海镜分类释术》,对其中的天元之术感到不解,后来在研习西方的"借根方"法时发现所谓的"借根"就是"立天元"(都是设未知数),方才重新开始认识天元术。之后,《四元玉鉴》等其他天元术著作也被重新认识。后来的《四库全书》中收录了李潢家藏本的《测圆海镜》。1798 年,清代大藏书家鲍廷博刊印的《知不足斋丛书》中收录了李锐校勘的《测圆海镜细草》十二卷。之后又有焦循和李锐在研究了《测圆海镜》《益古演段》和《术数九章》后写的《天元一释》和《开方通释》两书,用较为明白的语言详细解释了李冶的天元术和秦九韶的正负开方术。至此,天元术和现代的方程论逐渐融合,而18世纪末期以后方程论的研究也开始蓬勃发展。之后的相关作品包括1861年朝鲜数学家南秉哲著的《海镜细草解》、1873年张楚钟的《测圆海镜识别详解》、1896年刘岳云出版的《测圆海镜通释》、1898年叶耀元《测圆海镜解》,还有李善兰的《测圆海镜解》等等。

（2）天元术著作《测圆海镜》

《测圆海镜》不仅保留了洞渊九容公式,即9种求直角三角形内切圆直径的方法,而且给出一批新的求圆径公式。卷一的"识别杂记"阐明了圆城图式中各勾股形边长之间的关系以及它们与圆径的关系,共六百余条,每条可看作一个定理（或公式）,这部分内容是对中国古代关于勾股容圆问题的总结。后面各卷的习题,都可以在"识别杂记"的基础上以天元术为工具推导出来。李冶总结出一套简明实用的天元术程序,并给出化分式方程为整式方程的方法。他发明了负号和一套先进的小数记法,采用了从零到九的完整数码。除O以外的数码古已有之,是筹式的反映。但筹式中遇O空位,没有符号O。从现存古算书来看,李冶的《测圆海镜》和秦九韶《数书九章》是较早使用O的,它们成书的时间相差不过一年。《测圆海镜》重在列方程,对方程的解法涉及不多。但书中用天元术导出许多高次方程（最高为六次）,给出的根全部准确无误,可见李冶是掌握高次方程数值解法的。

《测圆海镜》不仅是我国现存最早的一部天元术著作,而且在体例上也有创新。全书基本上是一个演绎体系,卷一包含了解题所需的定义、定理、公式,后面各卷问题的解法均可在此基础上以天元术为工具推导出来。李冶之前的算书,一般采取问题集的形式,各章

（卷）内容大体上平列。李冶以演绎法著书，这是中国数学史上的一个进步。

《测圆海镜》的成书标志着天元术成熟，对后世有深远影响。元代王恂、郭守敬在编《授时历》的过程中，曾用天元术求周天弧度。不久，沙克什用天元术解决水利工程中的问题，收到良好效果。元代大数学家朱世杰说："以天元演之、明源活法，省功数倍。"清代阮元说："立天元者，自古算家之秘术；而海镜者，中土数学之宝书也。"

（3）普及天元术的《益古演段》

《测圆海镜》的成书标志着天元术成熟，它无疑是当时世界上第一流的数学著作。但由于内容较深，粗知数学的人看不懂。而且当时数学不受重视，所以天元术的传播速度较慢。李冶清楚地看到这一点，他坚信天元术是解决数学问题的一个有力工具，同时深刻认识到普及天元术的必要性。他在结束避难生活、回元氏县定居以后，许多人跟他学数学，这使得他需要编写教学用书，《益古演段》便是在这种情况下写成的。

《测困海镜》的研究对象是离生活较远而自成系统的圆城图式，《益古演段》则把天元术用于解决实际问题，研究对象是日常所见的方、圆面积。李冶大概认识到，天元术是从几何中产生的。因此，为了使人们理解天元术，就需回顾它与几何的关系，给代数以几何解释，而对二次方程进行几何解释是最方便的，于是便选择了以二次方程为主要内容的《益古集》（11世纪蒋周撰）。正如《四库全书·益古演段提要》所说："此法（指天元术）虽为诸法之根，然神明变化，不可端倪，学者骤欲通之，茫无门径之可入。惟因方圆幂积以明之，其理尤届易见。"李冶是很乐于做这种普及工作的，他在序言中说："使粗知十百者，便得入室唉其文，顾不快哉！"

《益古演段》全书64题，处理的主要是平面图形的面积问题，所求多为圆径、方边、周长之类。除四道题是一次方程外,全是二次方程问题,内容安排基本上是从易到难。李冶在完成《测圆海镜》之后写《益古演段》,他对天元术的运用自然会更加熟练。但他却没有像前者那样,完全用天元术解题。书中新旧二术并列,新术是李冶的代数方法——天元术;旧术是蒋周的几何方法——条段法,这是一种图解法,因为方程各项常用一段一段的条形面积表示,所以得名。该书揭示了两者的联系与区别,对我们了解条段法向天元术的过渡、探讨数学发展规律有重要意义。书中常用人们易懂的几何方法对天元术进行验证,这对于人们接受天元术是有好处的。该书图文并茂,深入浅出,不仅利于教学,也便于自学。正如砚坚序中的评价:"说之详,非若溟津黯淡之不可晓;析之明,非若浅近粗俗之无足观。"这些特点,使它成为一本受人们欢迎的数学教材,对天元术的传播发挥了不小的作用。

《益古演段》的价值不仅在于普及天元术,理论上也有创新。首先,李冶善于用传统的出入相补原理及各种等量关系来减少题目中的未知数个数,化多元问题为一元问题。其次,李冶在解方程时采用了设辅助未知数的新方法,以简化运算;该书的问题同《测圆海镜》不同,所求量不是一个而是两个、三个甚至四个。按古代方程理论:"二物者再程,三物者三程,皆如物数程之。"应该用方程组来解,所含方程个数与所求量个数一致。但解二次方程组要比解一元方程困难得多。李冶既已完善了天元术程序,便力图提高它的一般化程度,用以解决各种多元问题。他的主要方法是利用出入相补原理(即"一个平面图形从一处移置他处,面积不变。又若把图形分割成若干块,那么各部分面积的和等于原来图形的面积,因而图形移置前后诸面积间的和、差有简单的相等关系。"——吴文俊语)及等量关系来减少未知数,化多元为一元,找到关键的天元一。一旦这个天元一求出来,其他要求的量就可根据与天元一的关系,很容易求出了。

(4) 方程理论上的创新

李冶由于摆脱了几何思维束缚,在方程理论上取得了四项进展:

第一,他改变了传统的把常数项看作正数的观念,常数项可正可负,而不再拘泥于它的几何意义。

第二,李冶已能利用天元术熟练地列出高次方程。在这里,未知数已具有纯代数意义,二次方并非代表面积,三次方程也并非代表体积。

第三,李冶完整解决了分式方程问题,他已懂得用方程两边同乘一个整式的方法化分式方程为整式方程。

第四,李冶已懂得用纯代数方法降低方程次数。当方程各项含有公因子 xn(n 为正整数)时,李冶便令次数最低的项为实,其他各项均降低这一次数。

此外,李冶还发明了负号,他的负号与现在不同,是数字上画一条斜线。而在国外,德国人是在 15 世纪才引入负号的。李冶还发明了一套相当简明的小数记法,在李冶之前,小数记法离不开数名,如 7.59875 尺记作七尺五寸九分八厘七毫五丝。李冶则取消数名,完全用数码表示小数,纯小数在个位处写 0,带小数于个位数下写步,这种记法在当时算是最先进的。直到 17 世纪,英国数学家 J. 纳普尔(1550—1617)发明小数点后,小数才有了更好的记法。

3.2.3 李冶先进的思想观念

(1) 李冶对数学的看法。和秦九韶一样,李冶并不认为算学是"九九贱技",认为"小数之假所以为大道所归",也就是说"道"既来源于"小数"(技艺),又借"小数"而体现。他曾经在《益古演段》序中说过:"安知轩隶之秘不于是乎始?"(谁知道轩辕隶首得道的秘诀不是始于数学呢?)也许通过对数学这种"小数"的追求也可以达到"技进乎道"的境界。李冶对当时基于道教和理学的数学神秘主义不以为然。在《测圆海镜》的序文中,李冶认为自然之数(数字)虽然不可穷尽但数学的道理(自然之理)是可以推导的,而数学的道理如同黑暗中的光亮一般,只要明白了道理,就可以明白数学的奥妙。

(2) 李冶的文学思想。在文学方面,李冶也是一位著名的文学家,与好友元好问并称"元李"。由于其著作集《文集》已失佚,后世对他主要的文学思想的了解主要来源于他的《泛说》与《敬斋古今黈》。李冶文风严谨。他曾说:"文章有不当为者五,苟作一也,徇物二也,欺心三也,蛊俗四也,不可以示子孙五也。"在《敬斋古今黈》中,他提出了自己的文学主张。他首先认为,写文章应当立足实际,但也要善于联想,不应当穿凿附会,无中生有。李冶还认为,写文章应当善于借鉴吸收前人的精华,为己所用,但他同时也嘲笑盲从古人的态度。对于诗文鉴赏,李冶认为诗文的气质重于文采,重在骨格。

(3) 李冶的哲学思想。李冶在《敬斋古今黈》中阐述了自己对人性的看法。他认为孟子的"性善论"只能说明"万物皆有效善之质",即向善的可能性,而事实上是否向善,则取决于后天的环境。他认为对人的欲望,不可过于约束,也不可不加限制,约束之心太过,就犹如拔苗助长,而放任不理就犹如不耕耘一样,都无法有好的效果。1232年北渡黄河以前,李冶的哲学思想偏于孔孟,信守儒家学说。但北渡之后,他的思想逐渐转为向道家靠拢。从他的读书笔记《敬斋古今黈》中展现的思想看来,他对庄子的思想理解甚为深刻,也很赞同。他对朱熹的理学思想并不全面认同,认为其中不通和有争议的地方也十分多,不应该盲目认同。而他认为"数学虽然是六艺中地位最低的一种技艺,但在实际生活中却是最需要的"的思想,也有可能来源于庄子。

李冶在晚年还写过《敬斋古今黈》与《泛说》两部内容丰富的著

作。《泛说》四十卷一书今已散佚,根据《元朝名臣事略》中的引用文段来看,是一本随感录,记录李冶对世间事物的见解。《敬斋古今黈》是一本读书笔记。另外,李冶生平亦作诗不少,《元诗选癸集》保存有五首。此外李冶还有《文集》四十卷、《璧书丛削》十二卷,均已失传。

20 世纪以来,李冶作为中国历史上重要的数学家,其思想和著作被许多学者所研究。李俨、钱宝琮、梅荣照都曾经对李冶和他的著作进行过研究和考证。孔国平的《李冶传》是第一本全面论述李冶生平及学术成就的专著。白尚恕、李迪、郭书春、沈康身、洪万生等对李冶都有深入的研究。李冶和杨辉、秦九韶、朱世杰一起被认为是宋元时期的四大数学家。

3.3 朱世杰创"四元高次方程理论"

3.3.1 杰出数学家朱世杰

朱世杰(约 13 世纪末至 14 世纪初),字汉卿,号松庭,河北人。[67]"宋元数学四大家之一",人称"燕山朱松庭先生"。中国数学家多兼治历法,而且往往是高官显爵。中国统治阶级多崇尚学者和学问,"学而优则仕",一般来说,学问出名者,都给个官当当。但朱世杰学问虽大并未做过大官,也没有编过历法,所以生平事迹很少流传下来。

朱世杰出生在北京地区,13 世纪后期,他作为数学名家周游大江南北 20 余年,朱世杰最后寓居扬州,从事数学的研究和讲学,他吸引了众多学者聚集在扬州从事学术交流。扬州处于南北交汇之地,各种学术思想在这里融会贯通;当时,扬州的印刷业又十分发达,是全国的书籍出版中心,体现朱世杰数学成就的两部著作《算学启蒙》和《四元玉鉴》,就是于元大德三年(1299 年)和元大德七年(1303 年)在扬州刻印出版的。

《算学启蒙》全书共 3 卷,分为 20 门,收入了 259 个数学问题。全书之首,朱世杰给出了 18 条常用的数学歌诀和各种常用的数学常数,其中包括:乘法九九歌诀、除法九归歌诀(与后来的珠算归除口诀完全相同)、斤两化零歌诀,以及筹算记数法则、大小数进位法、度量衡换算、圆周率、正负数加、减、乘法法则、开方法则等。正文则包括了乘除法运算及其捷算法、增乘开方法、天元术、线性方程组解法、高阶等差级数求和等,全书由浅入深,几乎包括了当时数学学科各方面的内容,形成了一个较完整的体系,可以说是一部很好的数学教科书。清代扬州学者罗士琳说,《算学启蒙》"似浅实深",这样的评论是十分中肯的。

《四元玉鉴》是朱世杰阐述多年研究成果的一部力著。全书共分 3 卷,24 门,288 问,书中所有问题都与求解方程或求解方程组有关,其中四元的问题(需设立四个未知数者)有 7 问,三元者 13 问,二元者 36 问,一元者 232 问。卷首列出了贾宪三角等四种五幅图,给出了天元术、二元术、三元术、四元术的解法范例;后三者分别是二元、三元、四元高次方程组的列法及解法。创造四元消法,解决多元高次方程组问题是该书的最大贡献,书中另一个重大成就是系统解决高阶等差级数求和问题和高次招差法问题。

"西方科学史家认为朱世杰是他所处时代的、同时也是贯穿古今的一位最杰出的数学家。他的《四元玉鉴》则是中国数学著作中最重要的一部,也是世界中世纪最杰出的数学著作之一。"[68]自从《九章算术》提出了多元一次联立方程,多少世纪都没有显著的进步。贾宪、秦九韶、李治只着眼于一元(天元)高次方程。朱世杰集前贤之大成,建立了四元高次方程理论。用天、地、人、物表示四个未知数,相当于现在的 x、y、z、u。在国外,多元方程组虽然也偶然在古代的民族中出现过,例如巴比伦人借助数表处理过某二元二次方程组,[69]但较系统地研究却迟至 16 世纪。"正式讨论多元高次方程组已到 18 世纪,1764 年贝祖提出去消去法去解,1779 年在《代数方程的一般理论》中给出解法"[70],但这已在朱世杰之后四五百年了,可见,在四元高次方程理论方面,朱世杰的贡献要远远早于西方。

13 世纪末,历经战乱的祖国为元王朝所统一,遭到破坏的经济和文化又很快繁荣起来。蒙古统治者为了兴邦安国,便尊重知识,选拔人才,把各门科学推向新的高峰。有一天,风景秀丽的扬州瘦西湖畔,来了一位教书先生,在寓所门前挂起一块招牌,上面用大字写着:"燕山朱松庭先生,专门教授四元术。"不几天,朱世杰门前门庭若市,求知者络绎不绝。朱世杰长期从事数学研究和教育事业,以数学名家周游各地 20 多年,四方登门来学习的人很多。

朱世杰数学代表作有《算学启蒙》(1299)和《四元玉鉴》(1303)。《算学启蒙》是一部通俗数学名著,曾流传海外,影响了朝鲜、日本数学的发展。《四元玉鉴》则是中国宋元数学高峰的又一个标志,其中最杰出的数学创作有"四元术"(多元高次方程列式与消元解法)、"垛积法"(高阶等差数列求和)与"招差术"(高次内插法)。

3.3.2 朱世杰的"四元术"

朱世杰有"中世纪世界最伟大的数学家"之誉。朱世杰在当时天元术的基础上发展出"四元术",也就是列出四元高次多项式方程,以及消元求解的方法。此外他还创造出"垛积法",即高阶等差数列的求和方法,与"招差术",即高次内插法。主要著作是《算学启蒙》与《四元玉鉴》。

朱世杰"以数学名家周游湖海二十余年","踵门而学者云集"(莫若、祖颐:《四元玉鉴》后序)。宋元时期,中国数学鼎盛时期中杰出的数学家有"秦〔九韶〕、李〔冶〕、杨〔辉〕、朱〔世杰〕四大家",朱世杰就是其中之一。朱世杰是一位平民数学家和数学教育家。朱世杰平生勤力研习《九章算术》,旁通其他各种算法,成为元代著名数学家。

元统一中国后,朱世杰曾以数学家的身份周游各地,向他求学的人很多,他到广陵(今扬州)时"踵门而学者云集"。他全面继承了前人数学成果,既吸收了北方的天元术,又吸收了南方的正负开方术、各种日用算法及通俗歌诀,在此基础上进行了创造性的研究,写成以总结和普及当时各种数学知识为宗旨的《算学启蒙》(3 卷),又写成四元术的代表作——《四元玉鉴》(3 卷)。《算学启蒙》由浅入深,从一位数乘法开始,一直讲到当时的最新数学成果——天元术,俨然形成一个完整体系。书中明确提出正负数乘法法则,给出倒数的概念和基本性质,概括出若干新的乘法公式和根式运算法则,总结了若干乘除捷算口诀,并把设辅助未知数的方法用于解线性方程组.《四元玉鉴》的主要内容是四元术,即多元高次方程组的建立和求解方法.秦九韶的高次方程数值解法和李冶的天元术都被包含在内。

3.3.3 朱世杰的数学成就

在宋元时期的数学群英中,朱世杰的工作具有特殊重要的意义。如果把诸多数学家比作群山,则朱世杰是最高大、最雄伟的山峰。站在朱世杰数学思想的高度俯嫩传统数学,会有"一览众山小"之感。朱世杰工作的意义就在于总结了宋元数学,使之在理论上达到新的高度。这主要表现在以下三个领域。

首先是方程理论。在列方程方面,蒋周的演段法为天元术做了准备工作,他已具有寻找等值多项式的思想,洞渊马与信道是天元术的先驱,但他们推导方程仍受几何思维的束缚,李冶基本上摆脱了这种束缚,总结出一套固定的天元术程序,使天元术进入成熟阶段。在解方程方面,贾宪给出增乘开方法,刘益则用正负开方术求出四次方程正根,秦九韶在此基础上解决了高次方程的数值解法问题。至此,一元高次方程的建立和求解都已实现。而线性方程组古已有之,所以具备了多元高次方程组产生的条件。李德载的二元术和刘大鉴的三元术相继出现,朱世杰的四元术正是对二元术、三元术的总结与提高。由于四元已把常数项的上下左右占满,方程理论发展到这里,显然就告一段落了。从方程种类看,天元术产生之前的方程都是整式方程。从洞渊到李冶,分式方程逐渐得到发展。而朱世杰,则突破了有理式的限制,开始处理无理方程。

其次是高阶等差级数的研究。沈括的隙积术开研究高阶等差级数之先河,杨辉给出包括隙积术在内的一系列二阶等差级数求和公式。朱世杰则在此基础上依次研究了二阶、三阶、四阶乃至五阶等差级数的求和问题,从而发现其规律,掌握了三角垛统一公式。他还发现了垛积术与内插法的内在联系,利用垛积公式给出规范的四次内插公式。

最后是几何学的研究。宋代以前,几何研究离不开勾股和面积、体积。蒋周的《益古集》也是以面积问题为研究对象的。李冶开始注意到圆城因式中各元素的关系,得到一些定理,但未能推广到更一般的情形。朱世杰不仅总结了前人的勾股及求积理论,而且在李冶思想的基础上更进一步,深入研究了勾股形内及圆内各几何元素的数量关系,发现了两个重要定理——射影定理和弦幂定理。他在立体几何中也开始注意到图形内各元素的关系。朱世杰的工作,使得几何研究的对象由图形整体深入到图形内部,体现了数学思想的进步。

朱世杰在数学科学上,全面地继承了秦九韶、李冶、杨辉的数学成就,并给予创造性的发展,写出了《算学启蒙》《四元玉鉴》等著名作品,把我国古代数学推向更高的境界,形成宋元时期中国数学的最高峰。《算学启蒙》是朱世杰在元成宗大德三年(1299)刊印的,全书共三卷,20 门,总计 259 个问题和相应的解答。这部书从乘除运算起,一直讲到当时数学发展的最高成就"天元术",全面介绍了当时数学所包含的各方面内容。

它的体系完整,内容深入浅出,通俗易懂,是一部很著名的启蒙读物。这部著作后来流传到朝鲜、日本等国,出版过翻刻本和注释本,产生过一定的影响。而《四元玉鉴》更是一部成就辉煌的数学名著。它受到近代数学史研究者的高度评价,认为是中国古代数学科学著作中最重要的、最有贡献的一部数学名著。《四元玉鉴》成书于大德七年(1303),共三卷,24门,288问,介绍了朱世杰在多元高次方程组的解法——四元术,以及高阶等差级数的计算——垛积术、招差术等方面的研究和成果。

"天元术"是设"天元为某某",即某某为 x。但当未知数不止一个的时候,除设未知数天元(x)外,还需设地元(y)、人元(z)及物元(u),再列出二元、三元甚至四元的高次联方程组,然后求解。这在欧洲,解联立一次方程开始于 16 世纪,关于多元高次联立方程的研究还是 18 至 19 世纪的事了。朱世杰的另一重大贡献是对于"垛积术"的研究。他对于一系列新的垛形的级数求和问题做了研究,从中归纳为"三角垛"的公式,实际上得到了这一类任意高阶等差级数求和问题的系统、普遍的解法。朱世杰还把三角垛公式引用到"招差术"中,指出招差公式中的系数恰好依次是各三角垛的积,这样就得到了包含有四次差的招差公式。

他还把这个招差公式推广为包含任意高次差的招差公式,这在世界数学史上是第一次,比欧洲牛顿的同样成就要早近 4 个世纪。正因为如此,朱世杰和他的著作《四元玉鉴》才享有巨大的国际声誉。近代日本、法国、美国、比利时以及亚、欧、美许多国家都有人向本国介绍《四元玉鉴》。美国已故的著名的科学史家萨顿是这样评说朱世杰的:"(朱世杰)是中华民族的、他所生活的时代的、同时也是贯穿古今的一位最杰出的数学科学家。"《四元玉鉴》是中国数学著作中最重要的,同时也是中世纪最杰出的数学著作之一。它是世界数学宝库中不可多得的瑰宝。"从中可以看出,宋元时期的科学家及其著作,在世界数学史上起到了不可估量的作用。

3.3.4 朱世杰的主要贡献

朱世杰的主要贡献是创造了一套完整的消未知数方法,称为四元消法。这种方法在世界上长期处于领先地位,直到 18 世纪,法国数学家贝祖(Bezout)提出一般的高次方程组解法,才超过朱世杰。除了四元术以外,《四元玉鉴》中还有两项重要成就,即创立了一般的高阶等差级数求和公式及等间距四次内插法公式,后者通常称为招差术. 此书代表着宋元数学的最高水平朱世杰处于中国传统数学发展的鼎盛时期,当时社会上"尊崇算学,科目渐兴",数学著作广为传播。

对多元高次方程组解法、高阶等差级数求和,高次内插法都有深入研究,他著有《算学启蒙》(1299 年)、《四元玉鉴》(1303 年)各 3 卷,在后者中讨论了多达四元的高次联立方程组解法,联系在一起的多项式的表达和运算以及消去法,已接近近代数学,处于世界领先地位,他通晓高次招差法公式,比西方早四百年,中外数学史家都高度评价朱世杰和他的名著《四元玉鉴》。从天元术推广到二元、三元和四元的高次联立方程组,是宋元数学家的又一项杰出的创造。留传至今,并对这一杰出创造进行系统论述的是朱世杰的《四元玉鉴》。《四元玉鉴》成书于 1303 年。全书共 3 卷,24 门,288 问,主要论述高次方程组的解法(这也是朱世杰的最大贡献)、高阶等差级数求和以及高次内插法等内容。是流传至今且对四元术进行系统论述的重要代表作。

在天元术的基础上,朱世杰建立了"四元高次方程理论",他把常数项放在中央(即"太"),然后"立天元一于下,地元一于左,人元一于右,物元一于上","天、地、人、物"这四"元"代表未知数,(即相当于如今的 x、y、z、w）四元的各次幂放在上、下、左、右四个方向上，其他各项放在四个象限中。如果用现代的 x、y、z、w 表示天、地、人、物，那我们可以把朱世杰列高次多元方程的方法表示：而上面的两个图形"四元一次筹式"与"四元二次筹式"所表示的方程分别为：$x+y+z+w=0$。

用上述方法列出四元高次方程后，再联立方程组进行解方程组，方法是用消元方法解答，先择一元为未知数，其他元组成的多项式作为这未知数的系数，然后把四元四式消去一元，变成三元三式，再消去一元变二元二式，再消去一元，就得到只含一元的天元开方式，然后用增乘开方法求得正根。这是线性方法组解法的重大发展，在西方，较有系统地研究多元方程组要等到 16 世纪。高阶等差级数求和与高次内插法也是《四元玉鉴》的重要内容。由许多求和问题中的一系列三角垛公式可归纳得公式。朱世杰给出了上式中当 p＝1，2，…，6 时的公式。此外，还有其他高阶等差级数求和公式。在招差法方面，朱世杰相当于给出了招差公式，这比西方要早 400 多年。

朱世杰不仅是一名杰出的数学家，他还是一位数学教育家，曾周游四方各地，教授生徒 20 余年。并亲自编著数学入门书，称为《算学启蒙》。在《算学启蒙》卷下中，朱世杰提出已知勾弦和、股弦和求解勾股形的方法，补充了《九章算术》的不足。

"燕山朱松庭先生"，是元朝时代的一位杰出的数学家。所写的《四元玉鉴》和《算学启蒙》，是中国古代数学发展进程中的一个重要的里程碑，是中国古代数学的一份宝贵的遗产。13 世纪中叶，朱世杰除了接受北方的数学成就之外，他也吸收了南方的数学成就，尤其是各种日用算法、商用算术和通俗化的歌诀等等。在元灭南宋以前，南北之间的交往，特别是学术上的交往几乎是断绝的。南方的数学家对北方的天元术毫无所知,而北方的数学家也很少受到南方的影响。朱世杰曾"周游四方",莫若(古代数学家)序中有"燕山松庭朱先生以数学名家周游湖海二十余年矣。四方之来学者日众,先生遂发明《九章》之妙,以淑后图学,为书三卷……名曰《四元玉鉴》",祖颐后序中亦有"汉卿名世杰,松庭其自号也。周流四方,复游广陵,踵门而学者云集"。经过长期的游学、讲学等活动,终于在 1299 年和 1303年,在扬州,刊刻了他的两部数学杰作——《算学启蒙》和《四元玉鉴》。杨辉书中的归除歌诀在朱世杰所著《算学启蒙》中有了进一步的发展。

清罗士琳认为:"汉卿在宋元间,与秦道古(即秦九韶)、李仁卿可称鼎足而三。道古正负开方,汉卿天元如积皆足上下千古,汉卿又兼包众有,充类尽量,神而明之,尤超越乎秦、李之上。"清代数学家王鉴也说:"朱松庭先生兼秦、李之所长,成一家之著作。"朱世杰全面继承了并创造性地发扬了天元术、正负开方法等秦、李书中所载的数学成就之外,还囊括了杨辉书中的日用、商用、归除歌诀之类与当时社会生活密切相关的各种算法,并做了新的发展。

由此看来,在朱世杰的工作中,不仅有高次方程的解法,天元术等为代表的北方数学的成就,也包括了杨辉工作中所体现出来的日用、商用算法以及各种歌诀等南方数学的成就,不仅继承了中国古代数学的光辉遗产,而且又作了创造性的发展。朱世杰的工作,在一定意义上讲,可以看作是宋元数学的代表,可以看作是古代筹算系统发展的顶峰。就连西方资产阶级学者们也不能否认这一点,乔治·萨顿说:朱世杰"是汉族的,他所生存的时代的,同时也是贯穿古今的一位最杰出的数学家",说《四元玉鉴》"是中国数学著作中最重要的一部,同时也是中世纪最杰出的数学著作之一"。朱世杰以他自己的杰出著作,把中国古代数学推向更高的境界,为中国古代数学的光辉史册,增加了新的篇章,形成了宋代中国数学发展的最高峰。

在欧洲,解联立一次方程始于16世纪,关于多元高次联立方程的研究则是18、19世纪的事了,朱世杰的"天元术"比欧洲早了400多年。

朱世杰对"垛积术"的研究,实际上得到了高阶等差级数求和问题的普遍的解法。自宋代起我国就有了关于高阶等差级数求和问题的研究,沈括(1031—1095年)和杨辉(1261—1275年)的著作中,都有垛积问题,这些垛积问题有一些就涉及高阶等差级数,朱世杰在《四元玉鉴》中又把这一问题的研究进一步深化,得到了一串三角垛的公式。

《四元玉鉴》是一部成就辉煌的数学名著,是宋元数学集大成者,也是我国古代水平最高的一部数学著作。现代数学史研究者对《四元玉鉴》给予了高度评价。著名科学史专家乔治·萨顿说,《四元玉鉴》"是中国数学著作中最重要的一部,同时也是中世纪最杰出的数学著作之一"。编著《中国科学技术史》的李约瑟这样评价朱世杰和《四元玉鉴》:"他以前的数学家都未能达到这部精深的著作中所包含的奥妙的道理。"

遗憾的是,朱世杰之后,元代再无高深的数学著作出现,汉唐宋元的数学著作很少有新的刻本,很多甚至失传了。

4　冀域古代科技学术成果——天文地理

冀域古代科技成果中天文地理成就非常突出,天文、水利专家郭守敬发明《授时历》;数学家兼天文学家祖冲之编撰《大明历》;地理学家郦道元著《水经注》,创新了一批世界级天文地理学成果。研究他们成长、成才路程和科技发展史上的杰出贡献,对于挖掘冀域古代天文地理研究过程中的科技文化具有重要意义。

4.1　天文、水利专家——郭守敬

4.1.1　郭守敬其人

第元初郭守敬,字若思[71],于金哀宗正大八年(1231 年)生于顺德府的邢台县(今河北省邢台县)。出身于书香门第,自幼随祖父郭荣生活。郭守敬父亲的情况史传未载,有可能是早逝。他是由祖父郭荣抚养成人的。

郭荣是金、元之际一位颇有名望的学者。郭守敬幼承祖父郭荣家学,精通五经,熟知天文、算学,擅长水利技术。在郭荣的教养下,郭守敬从小勤奋好学,在少年时代就养成了很强的动手能力。郭守敬十五六岁时,曾根据书上的一幅插图,用竹篾扎制出一架测天用的浑仪,而且还堆土做了一个土台阶,把竹制浑仪放在上面,进行天文观测。他还曾根据北宋燕肃一幅拓印的石刻莲花漏图，弄清了这种可以保持漏壶水面稳定的、在当时颇为先进的计时仪器的工作原理。

当时，忽必烈（元世祖）的重要谋士、著名学者刘秉忠因居父丧，正于邢台西南的紫金山中结庐读书，从学的人有著名学者张文谦、张易、王恂等人。郭荣与刘秉忠交好，便将少年郭守敬送到刘秉忠门下深造。刘秉忠精通经学和天文学，郭守敬在他那儿获得了颇多的教益。郭荣是一位精通四书五经的儒者，并兼通天文、历法、数学与水利之学，曾有所造诣，祖父对郭守敬日后的成才有一定的影响。齐履谦的《知太史院事郭公行状》称郭守敬"生有异操，不为嬉戏事。"可见，郭守敬自幼便聪颖好学，珍惜时间，向学好思，不像一般小儿喜好嬉戏玩耍。少年时期的郭守敬就对天文学产生了极其浓厚的兴趣，而且跟一般对天文学产生兴趣的儒生大不相同的是：郭守敬并不只是停留在对天文学内涵的书面了解之上，而是更注重于付诸实践；郭守敬还不是对古代盛行的天文与祸福相关的说辞有兴趣，而是更关注与人们的生产、生活密切相关的计时仪器，以及天体运动的规律本身。"少年时期的郭守敬对天文仪器具有很强的理解能力和动手制作的能力，在郭守敬后来的一系列科技活动中，这些都得到了更加充分的体现。"[72]郭守敬以毕生精力从事科学活动，同时，由于郭守敬从少年时代就注重实践、关心百姓的生产生活，这就为其今后在天文学等其他领域的突出成就打下了坚实的基础。其中，郭守敬参与编制的《授时历》于1280年完成，次年正式颁行，它是我国古代最精确和使用最久的历法。1368年，朱元璋灭元，建立明王朝，"刘乃基是朱元璋的主要谋臣，他对授时历之优良早有了解，自知无以出其右，又鉴于新王朝的建立务必改正朔的传统，于是改授时历为大统历，以示受命之意，但实际则原封不动地使用授时历。"[73]况且，自授时历颁行不到20年，便得到了古代朝鲜官方的关注，并开始了努力学习、引进与融会贯通的进程。

郭守敬早年师从刘秉忠、张文谦,官至太史令、昭文馆大学士、知太史院事,世称"郭太史"。著有《推步》、《立成》等十四种天文历法著作。

郭守敬在天文、历法、水利和数学等方面都取得了卓越的成就。他自至元十三年(1276年)起,奉命修订新历法,历时四年,制订出了通行360多年的《授时历》,成为当时世界上最先进的一种历法。为修订历法,郭守敬还改制、发明了简仪、高表等十二种新仪器。

至元元年(1264年),郭守敬奉命修浚西夏境内的古渠,更立闸堰,使当地农田得到灌溉。至元二十八年(1291年),郭守敬任都水监,负责修治元大都至通州的运河,耗时一年,完成了全部工程,定名通惠河,发展了南北交通和漕运事业。

郭守敬成年不久后,受命来安抚邢台一带地方的脱兀脱和刘肃等,发起了整治开挖水流河道的工作。郭守敬根据家传学问,再加上认真的调查勘测,很快就弄清了因战乱而破坏了的河道系统。随后的疏浚整治工程,使蔓延的水泽各归故道,并且在郭守敬的指点之下一举挖出已被埋没了近30年的石桥遗物。这项工程受到了时人的传颂,著名文学家元好问曾专门为此写了一篇《邢州新石桥记》,文中的郭生指的就是年轻的郭守敬。

中统元年(1260年),忽必烈在开平府(后称上都)即位,命张文谦到大名路(今河北省大名县一带)等地担任宣抚司的长官,郭守敬也跟随张文谦一同前往学习。郭守敬所到之处,做了许多河道水利的调查勘测工作。他还在大名召集匠人,浇铸了一套他少年时所探究的莲花漏。大概他把作为装饰性的莲花做了改动,因此改称为宝山漏。

中统三年(1262年),因时任左丞的张文谦的推荐,郭守敬在开平府受到元世祖忽必烈召见,他面陈关于水利的建议六条,每奏一事,忽必烈都点头称是,对他颇为赞赏。随即被忽必烈任命为提举诸路河渠,掌管各地河渠的整修和管理工作。中统四年(1263 年),朝廷加授郭守敬银符,升其为副河渠使。至元元年(1264 年),郭守敬与唆脱颜前往西夏(今甘肃东部、宁夏、内蒙古西部一带)地区视察河渠水道。数月后,张文谦又作为朝廷的代表治理西夏。郭守敬在张文谦的领导和支持下,奉命修浚西夏(今宁夏一带)境内的唐来、汉延等古渠,更立闸堰,使当地的农田得到灌溉,受到西夏百姓的爱戴。当地百姓曾在渠头上为他建立生祠。至元二年(1265 年),升任都水少监。至元十二年(1275 年),丞相伯颜南征,打算建立水运站,命郭守敬视察河北、山东一带可通舟行船的地方,并绘图奏报。至元十三年(1276 年),都水监并入工部,郭守敬任工部郎中。同年,忽必烈根据刘秉忠生前建议,命张文谦等主持修订新历,郭守敬与王恂受命率南北日官进行实测,提出了"历之本在于测验,而测验之器莫先仪表"的正确主张。至元十六年(1279 年),太史局扩建为太史院,王恂任太史令,郭守敬任同知太史院事。等到进呈所制仪表时,对忽必烈详加解说,直到日暮,忽必烈仍未疲倦。同年,在郭守敬的领导下开展了全国范围的天文测量,后世称之为"四海测验"。至元十七年(1280年),《授时历》告成。至元十八年(1281 年),王恂去世,郭守敬承担太史院的全部工作,同时陆续整理成《推步》《立成》等多种著作。至元二十三年(1286 年),升任太史令。至元二十八年(1291 年),有人建议利用滦河和浑河溯流而上,作为向上都运粮的渠道。忽必烈不能决断,派郭守敬去实地勘查。郭守敬探测到中途,就已发现这些建议不切实际。他乘着报告调查结果的机会,提出了许多新建议。其中包括大都运河新方案。忽必烈览奏后,非常高兴,特别重置都水监,由郭守敬任领都水监事一职。至元二十九年(1292 年)春,运河工程动工,开工之日忽必烈命丞相以下官员一律到工地劳动,听郭守敬指挥。此举虽然只是个象征,但却反映了忽必烈对这条运河的重视程度和郭守敬在水利方面的权威。郭守敬领导并开辟了大都(今北京市市区)的白浮堰,开凿了由通州到大都积水潭(今北京什刹海)大运河最北的一段——通惠河的修建工程。他不仅根据大都的地形地貌解决了通惠河的水源问题,而且按地形地貌变化及水位落差,在运河中设闸坝、斗门,解决了河水的水量和水位。至元三十年(1293年)七月,通惠河成。忽必烈从上都(今内蒙古正蓝旗东)回到大都,路过积水潭,见其上"舳舻敝(蔽)水",大悦,亲赐名为通惠河,并赐郭守敬钞一万二千五百贯,命他仍以太史令职兼提调通惠河漕运事。至元三十一年(1294年),郭守敬任昭文馆大学士,兼知太史院事。

大德二年(1298年),有人提议在上都(今内蒙古自治区锡林郭勒盟正蓝旗草原)西北的铁幡竿岭下,开出一条宣泄山洪的渠道,向南通往滦河。元成宗铁穆耳把郭守敬召到上都商议。郭守敬根据地势和历年山洪资料,指出这条宣泄山洪的渠道要宽到五十步至七十步(约80—115米)。但经办此事的人认为郭守敬太夸大事实了,就把他定的宽度缩减了三分之一。谁知次年山洪暴发时,果然因渠道太窄,泛滥成灾,还险些冲及成宗的行帐。

大德七年(1303年),成宗下诏,凡年满70岁的官员皆可退休,唯独郭守敬,因为朝廷还有工作依靠他,不准退休。由此形成了一个新例:太史院的天文官都不退休。

元成宗之后,元朝政权腐朽,统治集团内部斗争日益剧烈,生活穷奢极欲,在这种背景下,郭守敬的创造活动受到极大的限制。与同他当时不断提高的名望相对照,他晚年的创造活动十分沉寂。

元仁宗延祐三年(1316年),郭守敬去世,享年86岁。

4.1.2　郭守敬的科学贡献

（1）大运河

郭守敬提出开挖大运河的建议被忽必烈采纳，于至元二十九年（1292 年）春天动工。整个工程只用了一年半时间，全长一百六十多华里的运河连同全部闸坝工程就完成了。这条运河被命名为通惠河。而自昌平到瓮山泊的一段又特称白浮堰。从此以后，南来的船舶可直驶到大都城中，作为船舶终点码头的积水潭上顿时桅樯如林，热闹非凡。通惠河不但解决了运粮问题，而且促进了南货北销，繁荣了大都城的经济。

通惠河工程从技术上来说最突出的是白浮堰线路的选择。白浮泉的发源地海拔约六十米，高出大都城地势最高的西北角约十米。但因两者之间隔有沙河和清河两条河谷地带，它们的地势都在五十米以下，甚至还不到四十五米。因此，如从白浮泉直线南下，则泉水势必沿河谷东流而下，进不了运河。如果用架渡槽的办法，则也只能引白浮一泉之水，起不了多大作用，却费工甚巨。而郭守敬所选的线路，虽然迂回，却保持了河道较小的水位落差梯度，且可拦截沿途所经的诸多水源，使流入运河中的水能有较大的水量。因为从神山到大都城的直线距离有六十多华里（三十多公里），在这么长的路程上地形有几米的起伏那是很微小的。从这里可以看出，郭守敬的地形测量技术实在是很高超的。当代许多地理学家考察了白浮堰线路之后，对郭守敬的成就无不交口赞誉。

（2）《授时历》

郭守敬对授时历的编制以及后续的天文观测工作做了全面、系统的总结，构成了一个严密、完整的天文历法论著系列，十分出色地展示了中国传统天文学发展高峰的风貌。

至元十六年（1279 年），郭守敬向元世祖忽必烈提议：如今元朝疆域比之前大了很多,不同地区日出日落昼夜长短时间不同、各地的时刻也不同,旧的历法已经不适用了,因此需要进行全国范围的天文观测以编制新的历法。忽必烈接受了郭守敬的建议,派监候官十四人分道而出,分别在二十七个地方进行天文观测,后世称之为"四海测验"。

郭守敬从上都(今多伦)、大都(今北京)开始历经河南转抵南海跋涉数千里,亲自参加了这一路的测验。在其中的 6 个地点,特别测定了夏至日的表影长度和昼、夜的时间长度;测出的北极出地高度平均误差只有 0.35;新测二十八宿距度,平均误差还不到 5′;测定了黄赤交角新值,误差仅 1′多;取回归年长度为 365.2425 日,与现今通行的公历值完全一致。这些观测的结果,都为编制全国适用的历法提供了科学的数据。

在《授时历》创作中,郭守敬虽然有专业分工,他负责制器和测验,但与整个创作中的其他部分以及总体工作,并非全然无关。《授时历》的编制是一件规模较大的集体工作。工作中既有专人分工负责,也有重大问题的集体讨论。《元史》作者除了在王恂、郭守敬的列传中记叙了改历之事外,还在许衡、杨恭懿等人的列传中也做了相当篇幅的叙述。这些叙述中都透露出《授时历》编撰工作的集体性。按照当代科学史家钱宝琮的观点,甚至可认为,早在刘秉忠、张文谦、张易等人同学的时代,他们就对历法问题有过许多探讨。

在估价集体工作的体制下郭守敬的作用时,应注意的是:一方面,郭守敬所分工负责的任务一定会吸收别人的智慧和劳动。例如,关于全天恒星星表的测定就不是哪一个人所能独立完成的。至于在测定七应的工作中,也离不开历法的推算和对数据的处理。另一方面,则应该肯定在整个历法的创新和改革中,也凝结着郭守敬的贡献和智慧。在新历颁行后不久主要骨干王恂等人因先后去世或辞归,唯剩下郭守敬继续工作,一人整理了《授时历》全部文稿。因此郭守敬功不可没。这也就是后人把《授时历》的成就都归于郭守敬的重要原因。

《授时历》推算出的一个回归年为 365.2425 天,即 365 天 5 小时 49 分 12 秒,与地球绕太阳公转的实际时间只差 26 秒钟,和现在世界上通用的《格里高利历》(俗称的阳历)的周期一样,但《格里高利历》是 1582 年(明万历十年)开始使用,比郭守敬的《授时历》晚 300 多年,在国际上产生了一定的影响。

(3)制造天文仪器

郭守敬为完成《授时历》工作创制了十二件天文台上用的仪器,四件可携至野外观测用的仪器,其名载于齐履谦所撰《知太史院事郭公行状》中,分别为简仪、高表、候极仪、浑天象、玲珑仪、仰仪、立运仪、证理仪、景符、窥几、日月食仪以及星晷定时仪十二种(但史书记载中合计仪器总数为十三件,有的研究者认为末一种或为星晷与定时仪两种)。而四件可携式仪器,齐履谦也在《知太史院事郭公行状》全部罗列,分别为正方案、丸表、悬正仪、座正仪。这十六件仪器中,有九件在《元史·天文志》有较详细记载:简仪、候极仪、立运仪、浑象、仰仪、高表、景符、窥几和正方案。其中仅正方案被称为可携式仪器。其中主要的是简仪、赤道经纬和日晷三种仪器结合利用,用来观察天空中的日、月、星宿的运动,改进后的仪器不受仪器上圆环阴影的影响。高表与景符是一组测量日影的仪器,是郭守敬的创新,把过去的八尺改为四丈高表,表上架设横梁,石圭上放置景符透影和景符上的日影重合时,即当地日中时刻,用这种仪器测得的是日心之影,较前测得的日边之影更加精密,这是时刻仪器上一个很大的改进。

而在创编《授时历》工作前后,郭守敬还制造并创作了一些天文仪器,其中多数是计时器或与计时器有关的仪器。前后制作的仪器有：宝山漏、大明殿灯漏（又称七宝灯漏）、灵台水运浑天漏、柜香漏、屏风香漏、行漏等。其中的大明殿灯漏是中国第一架与天文仪器相分离的独立的计时器，在中国钟表发展史上具有重要的意义。

综观郭守敬一生制造的天文仪器，大多具有设计科学、结构巧妙、制造精密、使用方便的特点，而且绝大多数都注意到仪器安装的校正装置。他的创造博得同时代和后世的高度赞扬。王恂是很高傲的人，每见到郭守敬的新创作，皆为之心服。他所制造的部分仪器，后又于清初运回北京。但在 18 世纪康熙、乾隆年间的几次工程中，竟把郭守敬的作品都当作铜材熔毁。

郭守敬在简仪上设计的赤道经纬仪是世界上最早的赤道装置，欧洲直到公元 1598 年才由丹麦天文学家第谷发明类似的装置。郭守敬在简仪中使用了滚柱轴承，以使简仪南端的动赤道环可以灵活地在定赤道环之上运转。西方的类似装置是在 200 年后才由意大利科学家达·芬奇发明的。

虽然郭守敬担任的官职一直是在水利部门，但他的长于制器和通晓天文，是王恂很早就知道的。因此，郭守敬就由王恂的推荐，参加修历，奉命制造仪器，进行实际观测。从此，在郭守敬的科学活动史上又揭开了新的一章，他在天文学领域里发挥了高度的才能。郭守敬首先检查了大都城里天文台的仪器装备。这些仪器都是金朝的遗物。其中浑仪还是北宋时代的东西，是当年金兵攻破北宋的京城汴京（今河南开封）以后，从那里搬运到燕京来的。当初，大概一共搬来了 3 架浑仪。因为汴京的纬度和燕京相差约 4 度多，不能直接使用。金朝的天文官曾经改装了其中的一架。这架改装的仪器在元初也已经毁坏了。郭守敬就把余下的另一架加以改造，暂时使用。另外，天文台所用的圭表也因年深日久而变得歪斜不正。郭守敬立即着手修理，把它扶置到准确的位置。这些仪器终究是太古老了，虽经修整,但在天文观测必须日益精密的要求面前,仍然显得不相适应。郭守敬不得不创制一套更精密的仪器,为改历工作奠定坚实的技术基础。古代在历法制定工作中所要求的天文观测,主要是两类。一类是测定二十四节气,特别是冬至和夏至的确切时刻;用的仪器是圭表。一类是测定天体在天球上的位置,应用的主要工具是浑仪。圭表中的"表"是一根垂直立在地面的标杆或石柱;"圭"是从表的跟脚上以水平位置伸向北方的一条石板。每当太阳转到正南方向的时候,表影就落在圭面上。量出表影的长度,就可以推算出冬至、夏至等各节气的时刻。表影最长的时候,冬至到了;表影最短的时候,夏至来临了。它是我国创制最古老、使用最熟悉的一种天文仪器。

这种仪器看起来极简单,用起来却会遇到几个重大的困难。首先是表影边缘并不清晰。阴影越靠近边缘越淡,到底什么地方才是影子的尽头,这条界线很难划分清楚。影子的边界不清,影长就量不准确。使用圭表时的第二个难题就是测量影长的技术不够精密。古代量长度的尺一般只能量到分,往下可以估计到厘,即十分之一分。按照千年来的传统方法,测定冬至时表影的长,如果量错一分,就足以使按比例推算出来的冬至时刻有一个或半个时辰的出入。这是很大的误差。还有,旧圭表只能观测日影。星、月的光弱,旧圭表就不能观测星影和月影。对这些困难问题,唐、宋以来的科学家们已经做过很多努力,始终没有很好地解决。现在,这些困难又照样出现在郭守敬的面前了。怎么办呢? 郭守敬首先分析了造成误差的原因,然后针对各个原因,找出克服困难的办法。首先,他想法把圭表的表竿加高到 5 倍,因而观测时的表影也加长到 5 倍。表影加长了,按比例推算各个节气时刻的误差就可以大大减少。其次,他创造了一个叫作"景符"的仪器,使照在圭表上的日光通过一个小孔,再射到圭面,那阴影的边缘就很清楚,可以量取准确的影长。再次,他还创造了一个叫作"窥几"的仪器,使圭表在星和月的光照下也可以进行观测。另外,他还改进量取长度的技术,使原来只能直接量到"分"位的提高到能够直接量到"厘"位,原来只能估计到"厘"位的提高到能够估计到"毫"位。郭守敬对圭表进行了这一系列的改进,解决了一系列的困难问题,他的观测工作自然就能比前人做得更好。郭守敬的圭表改进工作大概完成于 1277 年夏天。这年冬天已经开始用它来测日影。因为观测的急需,最初的高表柱是木制的,后来才改用金属铸成。可惜这座圭表早已毁灭,我们现在无法看到了。幸而现在河南省登封县还保存着一座砖石结构的观星台,其中主要部分就是郭守敬的圭表。这圭表与大都的圭表又略有不同,它因地制宜,就利用这座高台的一边作为表,台下用 36 块巨石铺成一条长 10 余丈的圭面。当地人民给这圭表起了一个很豪迈的名称,叫"量天尺"。圭表的改进只是郭守敬开始天文工作的第一步。

浑仪至迟在公元前 2 世纪就已由我国天文家发明了,唐、宋以来历代都有发展。它的结构完全仿照着当时的人们心目中反映出来的那个不断转动着的天体圆球。在这圆球里是许多一重套着一重的圆环。这些圆环有的可以转动,也有不能旋转的。在这些重重叠叠的圆环中间夹着一根细长的管子,叫作窥管。把这根细管瞄准某个星球,从那些圆环上就可以推定这个星球在天空中的位置。因为这个仪器的外形像一个浑圆的球,所以称为浑仪。它是我国古代天文仪器中一件十分杰出的创作。在欧洲,要到 16 世纪左右,才有与我国北宋浑仪同样精细的仪器。但是,这种浑仪的结构也有很大的缺点。一个球的空间是很有限的,在这里面大大小小安装了七八个环,一环套一环,重重掩蔽,把许多天空区域都遮住了,这就缩小了仪器的观测范围。这是第一个大缺点。另外,有好几个环上都有各自的刻度,读数系统非常复杂,观测者在使用时也有许多不方便。这是第二个大缺点。郭守敬就针对这些缺点做了很大的改进。郭守敬改进浑仪的主要想法是简化结构。他准备把这些重重套装的圆环省去一些，以免互相掩蔽，阻碍观测。那时候，数学中已发明了球面三角法的计算，有些星体运行位置的度数可以从数学计算求得，不必要在这浑仪中装上圆环来直接观测。这样，就使得郭守敬在浑仪中省去一些圆环的想法有实现的可能。

郭守敬只保留了浑仪中最主要最必需的两个圆环系统；并且把其中的一组圆环系统分出来，改成另一个独立的仪器；把其他系统的圆环完全取消。这样就根本改变了浑仪的结构。再把原来罩在外面作为固定支架用的那些圆环全都撤除，用一对弯拱形的柱子和另外四条柱子承托着留在这个仪器上的一套主要圆环系统。这样，圆环就四面凌空，一无遮拦了。这种结构，比起原来的浑仪来，真是又实用，又简单，所以取名"简仪"。简仪的这种结构，同现代称为"天图式望远镜"的构造基本上是一致的。在欧洲，像这种结构的测天仪器，要到18世纪以后才开始从英国流传开来。

郭守敬简仪的刻度分划也空前精细。以往的仪器一般只能读到一度的1/4，而简仪却可读到一度的1/36，精密度一下子提高了很多。这架仪器一直到清初还保存着，可惜后来被在清朝钦天监中任职的一个法国传教士纪理安拿去当废铜销毁了。现在只留下一架明朝正统年间(1436～1449年)的仿制品，保存在南京紫金山天文台。郭守敬用这架简仪做了许多精密的观测，其中的两项观测对新历的编算有重大的意义。

一项是黄道和赤道的交角的测定。赤道是指天球的赤道。地球悬空在天球之内，设想地球赤道面向周围伸展出去，和天球边缘相割，割成一个大圆圈，这圆圈就是天球赤道。黄道就是地球绕太阳作公转的轨道平面延伸出去，和天球相交所得的大圆。天球上黄道和赤道的交角。就是地球赤道面和地球公转轨道面的交角。这是一个天文学基本常数。这个数值从汉朝以来一直认定是 24°,1000 多年来始终没有人怀疑过。实际上这个交角年年在不断缩减,只是每年缩减的数值很小,只有半秒,短期间不觉得。可是变化虽小,积累了 1000 多年也就会显出影响来的。黄、赤道交角数值的精确与否,对其他计算结果的准确与否很有关系。因此,郭守敬首先对这沿用了千年的数据进行检查。果然,经他实际测定,当时的黄、赤道交角只有 23°90′。这个是用古代角度制算出的数目。古代把整个圆周分成 1365 度,1 度分作 100 分,用这样的记法来记这个角度就是 23°90′。换成现代通用的 360° 制,那就是 23°33′23″.3。根据现代天文学理论推算,当时的这个交角实际应该是 23°31′58″.0。郭守敬测量的角度实际还有 1′25″.3 的误差。不过这样的观测,在郭守敬当年的时代来讲,那已是难能可贵的了。

　　另一项观测就是二十八宿距度的测定。我国古代在测量二十八宿各个星座的距离时,常在各宿中指定某处星为标志,这个星称为"距星"。因为要用距星作标志,所以距星本身的位置一定要定得很精确。从这一宿距星到下一宿距星之间的相距度数叫"距度"。这距度可以决定这两个距星之间的相对位置。二十八宿的距度,从汉朝到北宋,一共进行过五次测定。它们的精确度是逐次提高的。最后一次在宋徽宗崇宁年间(1102～1106 年)进行的观测中,这二十八个距度数值的误差平均为 0°.15,也就是 9′。到郭守敬时,经他测定的数据,误差数值的平均只有 4′.5,比崇宁年间的那一次降低了一半。这也是一个很难得的成绩。此外,仰仪也是郭守敬制作的经典天文仪器之一。半球的口上刻着东西南北的方向,半球口上用一纵一横的两根竿子架着一块小板,板上开一个小孔,孔的位置正好在半球面的球心上。太阳光通过小孔,在球面上投下一个圆形的象,映照在所刻的线格网上,立刻可读出太阳在天球上的位置。人们可以避免用眼睛逼视那光度极强的太阳本身,就看明白太阳的位置,这是很巧妙的。更妙的是,在发生日食时,仰仪面上的日象也相应地发生亏缺现象。这样,从仰仪上可以直接观测出日食的方向,亏缺部分的多少,以及发生各种食象的时刻等等。虽然伊斯兰天文家在古时候就已经利用日光通过小孔成像的现象观测日食,但他们只是利用一块有洞的板子来观测日面的亏缺,帮助测定各种食象的时刻罢了,还没有像仰仪这样可以直接读出数据的仪器。

王恂、郭守敬等同一位尼泊尔的建筑师阿你哥合作,在大都兴建了一座新的天文台,台上就安置着郭守敬所创制的那些天文仪器。它是当时世界上设备最完善的天文台之一。

(4)治水

郭守敬曾提出,以海平面作为基准,比较大都(今北京市)和汴梁(今河南省开封市)两地地形高下之差,这是地理学上的一个重要概念"海拔"的创始。

第一,郭守敬治水经历。西夏末年,因蒙古与西夏连年征战,水利设施遭到严重破坏,田地荒芜,百姓四处逃难,久负盛名的塞北江南变得疮痍满目。至元元年(1264年),张文谦以中书左丞的身份巡视西夏,全面负责西夏治水工作,时任副河渠使的郭守敬随其前往,视察水利。

郭守敬来西夏后沿黄河两岸勘察地势水情,走访百姓,绘制地图,并提出"因旧谋新、更立闸堰"的方案(即在疏浚旧渠故道的基础上增开新渠、在渠首建闸坝)。忽必烈审批后付诸实施。郭守敬率领民工开挖、疏浚原有河道,修堤建坝,在不到一年的时间里,修复了长达四百余里的唐来渠和长达二百五十余里的汉延渠以及正渠十余条、大小支渠六十八条,同时更立闸坝,以有效控制进渠水量,圆满完成了疏浚修复河渠的任务。郭守敬坚持不懈的努力,使西夏河渠皆通其利,数万顷农田得到了及时灌溉。西夏人民为了感谢郭守敬,在渠上建了郭氏生祠,并立碑记录了此事。

至元二年(1265年),郭守敬自西夏返回中都途中,特地乘舟顺河而下,经四昼夜至东胜(今内蒙古托克托),以自己亲身试航成功证明了此段黄河可以漕运。同时,他还考察了查泊、兀郎海(今内蒙古乌梁素海)一带,认为这里的许多古渠修复后可以利用,并将此事上奏元世祖忽必烈,得到忽必烈的称赞。至元四年(1267年),忽必烈采纳郭守敬的建议,下令在中兴州至东胜黄河段上设立了十处水上驿站。此段漕运的开辟和水上驿站的设置,便利了西夏粮食外运,改善了西夏与上都、大都间的交通,加强了西夏故地与元朝中央的联系。

元朝定都大都(今北京),为保证物资供应,从南方调运大批粮食到大都,大运河是南北交通的重要水路。但大运河只通到通州(今北京市通州区),从通州到北京,全靠陆路运输。在阴雨连绵的季节,人畜的疾病死亡和粮食霉烂损失非常严重,运输效率极低。因此,自金朝起,人们就力图开凿一条从通州直达京城的运河,以解决运粮问题。

通州地势低于大都。开运河,只能从大都引水流往通州,沿途筑一系列牐坝,使南来的船逐级上驶。这样,就必须在大都城周围寻找水源以保证运河的水量。金朝时曾从京西石景山北面的西麻峪村开了一条运河,经过中都注入通州城东的白河。但因浑河中泥沙极多,运河很快淤积;加之夏、秋洪水季节,浑河水极其汹涌,极易泛滥,对运河两岸造成威胁。所以,开凿了15年之后又复把运河上游的口子填塞了。由于金朝开挖的运河,正流经大都城墙的南面。以下往东到通州的一段完全可以利用,因此郭守敬所需解决的只是上游的水源。

早在元世祖中统三年(1262年)郭守敬初见忽必烈时所提的六项水利工程计划中,第一项提的就是此事。他计划把清河的上源中,从玉泉山涌出后东流,经瓮山(今万寿山)南面的瓮山泊(今昆明湖的前身)再向东的那一支流改道向南,注入高粱河,再进入运河。这项计划曾经实施。但因只是一泉之水,只能用于增加大都城内湖池宫苑的用水量,对航运则无裨益。

至元二年(1265年)以后,郭守敬从西夏回京,又提出了修运河的第二个方案。这个方案是利用金人所开浑河的口子,只是另在金人运河的上游开一道分水河,引回浑河。当河水暴涨,危及下游时,就开放分水河闸口,解除对大都城的威胁。同时考虑到浑河水携来的泥沙问题,他撤去了运河上的闸坝,以使泥沙自然运走。这种设想固然有其道理,但大都到通州运河段的水位下降梯度,虽比大都以上的运河段梯度较小,却仍然是相当大的,没有闸坝控制,巨大的粮船就无法逆流而上。因此,这个方案在至元十三年(1276年)实施完成以后,只对运河两岸的农田灌溉及放送西山砍伐木料的作业有所帮助。

此后,郭守敬总结了两个方案失败的教训,并在大都周围仔细地勘测水文和地形起伏情况。只是由于他又被调去修《授时历》,才将此事搁置。

至元二十八年(1291年),有人建议利用滦河和浑河溯流而上,作为向上都运粮的渠道。忽必烈不能决断,派郭守敬去实地勘查。郭守敬探测到中途,就已发现这些建议不切实际。他乘着报告调查结果的机会,提出了许多新建议。其中第一个就是他已筹划多年的大都运河新方案。

第二,郭守敬治水经验。一是郭守敬的正确指导思想,是治水成功的前提条件。郭守敬在治水过程中,始终贯彻灌溉、防洪、漕运三位一体的指导思想,取得了良好的效果。二是郭守敬躬行实践的精神,是治水成功的决定条件。郭守敬一生从事兴修水利事业,不畏艰难,注重调查,勤于实践,为后人所推崇。三是郭守敬执着进取的精神,是治水成功的重要条件。郭守敬在从事水利和建设过程中,具有不怕失败、锲而不舍、执着进取的精神,使他在水利工程建设上取得了显著的成就。

4.1.3　郭守敬的创新特点

郭守敬参与制定的《授时历》除了在天文数据上的进步之外,在计算方法方面也有重大的创造和革新。主要特点有:

(1) 废除上元积年:改用至元十八年(1281 年)天正冬至(即至元十八年开始之前的那个冬至时刻,实际上在至元十七年内)为其主要起算点。其他各种天文周期的历元,均推算出与该冬至时刻的差距,称为相关的“应”。由此形成一个天文常数系统。在这个天文常数系统中,《授时历》提出了七应(气应、转应、闰应、交应、周应、合应、历应)。

(2) 以万分为日法:古代的天文数据都以分数形式来表示。但这种分数方式难以立即比较数值的大小,在历法计算中又需作繁杂的通分运算,很不方便,而且随着天文数据测定的进步,古人实际上已逐渐明白,无法用一个分数来完全准确地表达这个数据的值。因此,从唐代开始就有人企图打破分数表达法的传统。南宫说于唐中宗神龙元年(705 年)编的《神龙历》即以百进制为天文数据的基础。曹士蒍于唐德宗建中年间(780 年—783 年)编的《符天历》更明确提出以万分为日法。但《神龙历》未获颁行。《符天历》只行于民间,被官方天文学家贬称为小历。到《授时历》中始以宏大的革新精神,断然采用以万分为日法的制度,使天文数据的表达方式走上了简洁合理的道路。

（3）发明正确的处理三次差内插法方法：自隋代刘焯以来，天文学家使用二次差内插法来计算日、月等各种非均速的天体运动。但实际上唐代天文学家已发现，许多运动用二次差来计算是不够精确的，必须用到三次差，但关于三次差内插公式却一直没有找到，只能用一些近似公式来代替。《授时历》发明了称之为招差法的方法，解决了这个三百多年未能解决的难题。而且，招差法从原理上来说，可以推广到任意高次差的内插法，这在数据处理和计算数学上是个很大的进步。

（4）发明弧矢割圆术：天文学上有所谓黄道坐标、赤道坐标、白道坐标等等的球面坐标系统。现代天文学家运用球面三角学可以很容易地将一个坐标系统中的数据换算到另一个系统中去。中国古代没有球面三角学，古人是采用近似的代数计算方法来解决问题的。《授时历》采用的弧矢割圆术，将各种球面上的弧段投射到某个平面上，利用传统的勾股公式，求解这些投影线段之间的关系。再利用宋代沈括发明的会圆术公式，由线段反求出弧段长股关系的方法是完全准确的。它们与现今的球面三角学公式在本质上是一致的。

以上这些计算方法上的成就，主要应当归功于王恂，但是，其他学者也为此付出了劳动。特别由于郭守敬是《授时历》的最后整理定稿者，使这些突出的天文学、数学成就得彰后世，故其功不可没。郭守敬在创造的景符、仰仪等天文仪器中反复运用了针孔成像原理，这在中国光学史上也是比较突出的成就，体现了中国古代较高的光学知识应用能力。

4.2 数学家兼天文学家——祖冲之

4.2.1 祖冲之的天文学成就

（1）坚持实际观测

祖冲之是数学大师，在天文学方面，同样成就斐然。在对天文学的研究过程中,祖冲之坚持实际观测,不迷信前人的研究成果,敢于同当时的权臣戴法兴展开历法改革的论战。刘宋大明六年(462年),祖冲之完成了对《大明历》的修订工作,但后来由于内乱而未能采用。在 510 年,在其子祖暅的请求下,《大明历》才得以正式施行。

在古代,中国历法家一向把 19 年定为计算闰年的单位,称为"一章",在每一章里有七个闰年。也就是说,在十九个年头中,要有七个年头是十三个月,这种闰法一直采用了1000 多年。412 年,北凉赵𢾺创作《元始历》,才打破了岁章的限制,规定在六百年中间插入二百二十一个闰月。祖冲之吸取了赵𢾺的理论,加上他自己的观察,认为 19年七闰的闰数过多,每二百年就要差一天,而赵𢾺 600 年二百二十一闰也不十分准确。因此,祖冲之提出了 391 年 144 闰月的新闰法。祖冲之的闰周精密程度极高,按照他的推算,一个回归年的长度为365.2428141 日,与今天的推算值仅相差 46 秒。一直到南宋的《统天历》,才采用了比这更精确的数据。根据物理学原理,刚体在旋转运动时,假如丝毫不受外力的影响,旋转的方向和速度应该是一致的;如果受了外力影响,它的旋转速度就要发生周期性的变化。地球就是一个表面凹凸不平、形状不规则的刚体,在运行时常受其他星球吸引力的影响,因而旋转的速度总要发生一些周期性的变化,不可能是绝对均匀一致的。因此,每年太阳运行一周(实际上是地球绕太阳运行一周),不可能完全回到上一年的冬至点上,总要相差一个微小距离。按现代天文学家的精确计算,大约每年相差 50.2 秒,每七十一年八个月向后移一度。这种现象叫作岁差。

随着天文学的逐渐发展,中国古代科学家们渐渐发现了岁差的现象。西汉的邓平、东汉的刘歆、贾逵等人都曾观测出冬至点后移的现象,不过他们都还没有明确地指出岁差的存在。到东晋初年,天文学家虞喜才开始肯定岁差现象的存在,并且首先主张在历法中引入岁差。他给岁差提出了第一个数据,算出冬至日每五十年退后一度。后来到南朝宋的初年,何承天认为岁差每一百年差一度,但是他在他所制定的《元嘉历》中并没有应用岁差。祖冲之继承了前人的科学研究成果,不但证实了岁差现象的存在,算出岁差是每四十五年十一个月后退一度,而且在他制作的《大明历》中应用了岁差。

经过实际观测,祖冲之发现何承天所编的当时正在执行的《元嘉历》有许多错误,如日月方位距实测值已相差 3 度,冬至、夏至已差了 1 天,五星的出没已差 40 余天,于是他着手编撰《大明历》。祖冲之在《大明历》的编纂中,区分了回归年和恒星年,最早将岁差引进历法,提出了用圭表测量正午太阳影长以定冬至时刻的方法,并采用了 391 年加 144 个闰月的新闰周,推算出一个回归年为 365.24281481 日。一直到南宋的《统天历》,才采用了比这更精确的数据。

祖冲之对木、水、火、金、土等五大行星在天空运行的轨道和运行一周所需的时间,也进行了观测和推算,给出了更精确的五星会合周期。中国古代科学家算出木星(古代称为岁星)每十二年运转一周。西汉刘歆作《三统历》时,发现木星运转一周不足十二年。祖冲之进行了重新测量,得出木星每 84 年超辰一次的结论,即定木星公转周期为 11.858 年(今测为 11.862 年)。并得出更精确多五星会合周期,木星 398.903 日(误差 0.019 日),火星 780.031 日(误差 0.094 日),土星 378.070 日(误差 0.022 日),金星 583.931 日(误差 0.009 日),水星 115.880 日(误差 0.002 日)。

(2) 敢于为真理而斗争。

462 年(南朝宋大明六年),祖冲之把精心编成的《大明历》送给宋孝武帝请求公布实行,宋孝武帝命令懂得历法的官员对这部历法的优劣进行讨论,在讨论过程中,祖冲之遭到了以戴法兴为代表的反对,祖冲之著《历议》一文予以驳斥。在"历议"中,他写下了两句名言:"愿闻显据,以核理实","浮辞虚贬,窃非所惧"。为了明辨是非,他愿意彼此拿出明显的证据来相互讨论,至于那些捕风捉影无根据的贬斥,他丝毫也不惧怕。戴法兴认为,历法中的传统持续下来的方法是"古人制章""万世不易"的;他责骂祖冲之是什么"诬天背经",认为天文和历法是"非凡夫所测"、"非冲之浅虑,妄可穿凿"的。祖冲之却大不以为然,他反驳说,不应该"信古而疑今",假如"古法虽疏,永当循用",那还成什么道理!日月五星的运行"非出神怪,有形可检,有数可推",只要进行精密的观测和研究,孟子所说的"千岁之日至可坐而致也",是完全可以做得到的。最终,宋孝武帝决定在大明九年(465 年)改行新历。

4.2.2　祖冲之的技术发明

祖冲之在机械发明方面也有所建树:发明制造了"指南车、千里船、水碓磨等"。[74]

(1)指南车。在中国古代指南车的名称由来已久,但其机制构造则未见流传。三国时代的马钧曾造指南车,至晋再次亡失。东晋末年刘裕攻长安,得后秦统治者许多器物,其中也有指南车,但"机数不精,虽曰指南,多不审正,回曲步骤,犹须人功正之"。南朝宋昇明年间(477—479 年)萧道成辅政,"使冲之追修古法。冲之改造铜机,圆转不穷而司方如一,马钧以来未有也。"祖冲之所制指南车的内部机件全是铜的,它的构造精巧,运转灵活,无论怎样转弯,木人的手常常指向南方。

(2)水碓磨。祖冲之改良了水碓磨。在西晋初年,杜预改进发明了"连机碓"和"水转连磨"。一个连机碓能带动好几个石杵一起一落地舂米;一个水转连磨能带动八个磨同时磨粉。祖冲之又在这个基础上进一步加以改进,把水碓和水磨结合起来,生产效率就更加提高了。这种加工工具,中国南方有些农村还在使用着。

（3）千里船。祖冲之还设计制造过一种千里船,史载"又造千里船,于新亭江试之,日行百余里"。它可能是利用轮子激水前进的原理造成的,一天能行一百多里。

（4）欹器。祖冲之曾制造过"欹器"。这种器具用来盛水"中则正,满则覆",古人常放置在身边以自警,"晋时杜预有巧思,造欹器三改不成"。南齐永明年间竟陵文宣王萧子良"好古,冲之造欹器献之"。

祖冲之的成就不仅限于自然科学方面,他还精通乐理。对于音律很有研究。祖冲之又著有《易义》《老子义》《庄子义》《释论语》等关于哲学的书籍,都已经失传了。文学作品方面他著有《述异记》,在《太平御览》等书中可以看到这部著作的片段。

4.3 地理学家——郦道元

4.3.1 郦道元其人

郦道元,字善长,范阳涿州(今河北涿州)人。魏孝文帝延兴二年(472年)壬子,郦道元生于涿州郦亭(今河北省涿州市道元村)的一个官宦家庭。他的父亲郦范年少有为,在北魏太武帝时期,任给事东宫,后来他以优秀的战略眼光成了一个优秀的军师,曾经做过平东将军和青州刺史。郦道元少年时期,因父亲郦范担任青州刺史,便跟随父母居住青州(今山东省青州市)。郦道元勤奋好学,广泛阅读各种奇书,年少立志要为西汉后期桑钦编写的地理书籍《水经》作注。在编纂时他引用的历史文献和资料多达480种(前人著作达437种之多),其中属于地理类的就有109种及郦道元亲身考察所得到的资料,还有不少汉、魏时代的碑刻材料。这些书籍和碑刻,后来在历史的变迁中大都已经散佚了,幸而有郦道元的引用转录,才尚存一斑,使我们能够知道这些书籍和碑刻的部分内容。这又是研究我国文明发展历史的极其宝贵的资料。

郦道元在少年时代,就对地理考察有浓厚的兴趣。十几岁时,他随父亲到山东,经常与朋友一起到有山水的地方游览,观察水流的情景。当时,他们游历过临朐县的熏冶泉水,又观看了石井的瀑布。瀑布奔泻而下的水流,激起了滚滚波浪和飞溅的水花,那铿锵有力的巨大音响,在川谷间回荡。这美丽壮观的景色,使郦道元大为陶醉。后来,他在山西、河南、河北做官,经常乘工作之便和公余之暇,留意进行实地的地理考察和调查。凡是他走到的地方,他都尽力搜集当地有关的地理著作和地图,并根据图籍提供的情况,考查各地河流干道和支流的分布,以及河流流经地区的地理风貌。他或跋涉郊野,寻访古迹,追溯河流的源头;或走访乡老,采集民间歌谣、谚语、方言和传说,然后把自己的见闻,详细地记录下来。日积月累,他掌握了许多有关各地地理情况的原始资料。同时,郦道元爱好读书,并以此闻名于世。在日常生活中,书籍是他不可分离的伴侣。他一生中读过许多书,尤其是有关地理记述的书籍,他几乎都读遍。他读书非常严肃、认真,对书中的记载力求弄懂、弄通,对各书中记述同一地方而有出入的问题,更是着意探究其原因。大量地读书,使他具有渊博的学识,成为当时有名的学者。他写了不少著作,都流行于世,可惜后来大都佚亡(包括《本志》《七聘》)了。

通过实地的考察和对地理书籍的研究,郦道元深切感到前人的地理著作,包括《山海经》《禹贡》《汉书·地理志》以及大量的地方性著作,所记载的地理情况都过于简略。三国时有人写了《水经》一书,虽然略具纲领,但却只记河流,不记河流流经地区的地理情况,而且河流的记述也过于简单,并有许多遗漏。更何况地理情况不是固定不变的,随着时间的推移,地理情况也不断发生变化。例如,河流会改道、地名有变更、城镇村落有兴衰等等,特别是人们的劳动会不断改变地面的风貌。因此历史上的地理著作,已经不能满足人们的需要了。郦道元决心动手写一部书,以反映当时的地理面貌和历史变迁的情况。经过郦道元多年的辛苦,终于写成名垂青史的著作《水经注》。

郦道元仕途坎坷,终未能尽其才。其曾任御史中尉、北中郎将等职,还做过冀州长史,鲁阳郡太守,东荆州刺史,河南尹等职务。执法严峻,后被北魏朝廷任命为关右大使。北魏孝昌三年(527年),被萧宝夤部将郭子恢在阴盘驿所杀。郦道元年少时博览奇书,幼时曾随父亲到山东访求水道,后又游历秦岭、淮河以北和长城以南的广大地区,考察河道沟渠,搜集有关的风土民情、历史故事、神话传说,撰《水经注》四十卷。且其文笔隽永,描写生动,既是一部内容丰富多彩的地理著作,也是一部优美的山水散文汇集。可称为我国游记文学的开创者,对后世游记散文的发展影响颇大。另著《本志》十三篇及《七聘》等文,但均已失传。

太和初年,郦道元承袭永宁侯爵位,依例降为伯这一等级。太和十七年(493年)秋季,北魏迁都洛阳,郦道元担任尚书郎。太和十八年(494年),跟随魏孝文帝出巡北方,因执法清正,被提拔为治书侍御史。御史中尉李彪认为道元执法公正严厉,自太傅掾引进为书侍御史。李彪被仆射李冲所弹劾,郦道元也被免职。景明年间(500—503年),郦道元被下放为冀州镇东府长史。郦道元在那里为官3年,为政严酷,人们非常敬畏他,以至于奸人盗贼纷纷逃往他乡,冀州境内大治。后来郦道元又做了鲁阳郡太守,上表朝廷建立学校,推崇教育,教化乡民。朝廷下诏说:"鲁阳原本是南部边境的地区,没有设立过学校。现在可以在那里设立学校,使鲁阳像西汉文翁办学那样成为有文化教养的地区。"郦道元在鲁阳郡的日子,老百姓佩服他的威名,不敢违法。延昌年间(512—515 年),郦道元为东荆州刺史,以威猛为政,就像在冀州一样。当地百姓到朝廷向皇帝告状,告他苛刻严峻,请求前任刺史寇祖礼回来复任。等到寇祖礼回来并派遣戍边士兵七十名送郦道元回京时,两人都因为犯事被罢官。魏孝明帝正光四年(523 年),郦道元担任河南尹,治理京城洛阳。其后,奉诏前往北方各镇,整编相关的官吏,筹备军粮,做好防守边关的必要准备。孝明帝把沃野镇、怀朔镇、薄骨律、武川镇、抚冥镇、柔玄镇、怀荒镇、御夷镇诸镇都改为州,它们的郡、县、戍的名称,令准古城邑。朝廷诏令道元为持节兼黄门侍郎,急速与大都督李崇筹划应设置,裁减去留。恰逢各镇起义叛乱,裁减之事没有结果就返回了。孝昌初年,梁朝派遣将领攻打扬州,刺史元法僧又在彭城反叛。诏令道元为持节、兼侍中、兼行台尚书,调度各军,依照仆射李平的先例。军队到达涡阳,叛军战败撤退。后郦道元追逐讨伐,多有斩杀俘获。后来被授任御史中尉。

郦道元执政平素严厉,颇遭豪强和皇族忌恨。但当地豪强却不能把郦道元怎么样,他们的声望更有损害。皇亲元微诬陷叔父元渊,郦道元力陈事实真相,元渊得以昭雪。元微因此嫉恨郦道元。司州牧、汝南王元悦宠幸丘念左右亲近的人,常与他们起居。到选州官的时候,多取决于丘念。丘念经常高兴且偷偷地收下元悦送给他的宅第,有时两人还一起去此宅第,道元秘密查访得知此事,逮捕了丘念并将其关进监狱。元悦上奏灵太后,请保全丘念之身,便诏令赦免丘念。郦道元(抢在命令下达之前)就把丘念处死,并用此事检举元悦的违法行为。元悦从此怀恨在心。北魏孝昌三年(公元 527 年),孝昌三年丁未十月(527 年 11 月),南齐皇族、北魏雍州刺史萧宝夤在长安(今陕西省西安市)发动叛乱,当时雍州刺史萧宝夤谋反的情况逐渐严重。侍中、城阳王元徽平素忌恨道元。元微、元悦便使出借刀杀人之计,通过暗示朝廷,且竭力怂恿胡太后任命郦道元为关右大使,去监视萧宝夤。宝夤顾虑到道元想要平息自己的叛乱,也认为这是朝廷要算计自己,受汝南王元悦怂恿便派遣他的行台郎中郭子恢在阴盘驿亭围住道元。亭在冈下,人们常吃冈下的井水。但道元已经被包围,掘井十多丈都没有水。水没有了,力气也就少了许多。贼寇于是跳墙而入。郦道元与他的弟弟郦道峻、郦道博,长子郦伯友、次子郦仲友被杀害。道元死前怒目呵斥贼人,大声斥责而死亡。宝夤还是派人殡殓他们父子,埋葬在长安城东。事平,灵柩回到长安城,朝廷追赠为吏部尚书、冀州刺史、安定县男。武泰元年(528年)春,魏军收复长安,郦道元还葬洛阳,被朝廷追封为吏部尚书、冀州刺史。三子郦孝友承袭爵位。

4.3.2 郦道元的《水经注》

据清代学者全望祖等人考证,《水经》一书是三国时期时人所作,但学界说法并不统一。"从《水经注》的内在特征来衡量,《经》与《注》可能本是郦氏一家之言。他的原序从没有表示他在为任何别人的《经》作注,序中只说'窃以多暇空倾岁月,辄述水经布广前文。'因此,我们认为全书的经注同出于他一人之手。"[75]郦道元在长期、大量实地考察的基础上,参阅大量资料文献,终成《水经注》一书。"《水经注》共40卷,约30万字,注文20倍于原书,计有1252条河流流经地区的地形、物产、地理沿革等。"[76]"在注记每一水道时,并不限于大小河系源流脉络,而是以河道水系为纲,一一穷原竟委,详细记述了每水所经地域山陵、古迹、水文、土壤、气候、农业水利、历史事件、人物轶事、地理沿革,甚至神话传说等各种历史人文地理与自然地理现象,无不繁征博引,几乎包括所有的中国历史地理内容。"《水经注》是6世纪前我国最全面而系统的以水道为纲的综合性地理著作,而郦道元则是中国古代卓越的地理学家之一。另一方面,《水经注》的记载当中也有许多错误的存在:"其一,在过分迷信唯心思想浓厚的各种史料之外,郦氏又主观臆想出许多附会——尤其在河水上源。其二,比较广泛采用唯心史料——例如江水的上源,以及沔水延续到入江之后。根据《山海经》的浪水,本身完全不符合客观的存在。其三,由于前代资料存在着分歧,主流与支流时而混淆不清。其四,在认识到前代错误的同时,仍然引用不正确的资料——例如漾水与沔水。"[77]《水经注》中许多错误的存在,一方面固然反映作者过于迷信古人,以致在辨别是非上受到限制,更大的原因还是受到时代的影响,使得郦道元难以得到完全正确的资料。

对于郦道元这部首创的杰作,首先是要给予全面的历史性的评价,它为中国地理学在六世纪初期就大放异彩。"由于他所引用过的古书,一部分以后早已失传"[78],这样,《水经注》还成为保存这些古书的点滴资料和显示它们的特色的重要文献。但是为了工作的准确性,我们在参考《水经注》这部著作的时候,应该充分认识到它的优缺点。

《水经注》因注《水经》而得名,《水经》一书约一万余字,《唐六典·注》说其"引天下之水,百三十七"。《水经注》看似为《水经》之注,实则以《水经》为纲,详细记载了一千多条大小河流及有关的历史遗迹、人物掌故、神话传说等,是中国古代最全面、最系统的综合性地理著作。该书还记录了不少碑刻墨迹和渔歌民谣,文笔绚烂,语言清丽,具有较高的文学价值。由于书中所引用的大量文献中很多散失了,所以《水经注》保存了许多资料,对研究中国古代的历史、地理有很多的参考价值。所记大小河流有 1252 条,从河流的发源到入海,举凡干流、支流、河谷宽度、河床深度、水量和水位季节变化,含沙量、冰期以及沿河所经的伏流、瀑布、急流、滩濑、湖泊等等都广泛搜罗,详细记载。所记湖泊、沼泽 500 余处,泉水和井等地下水近 300 处,伏流有 30 余处,瀑布 60 多处。所记各种地貌,高地有山、岳、峰、岭、坂、冈、丘、阜、崮、障、峰、矶、原等,低地有川、野、沃野、平川、平原、原隰等,仅山岳、丘阜地名就有近 2000 处,喀斯特地貌方面所记洞穴达 70 余处,植物地理方面记载的植物品种多达 140 余种,动物地理方面记载的动物种类超过 100 种,各种自然灾害有水灾、旱灾、风灾、蝗灾、地震等,记载的水灾共 30 多次,地震有近 20 次。所记的一些政区建置往往可以补充正史地理志的不足。所记的县级城市和其他城邑共 2800 座,古都 180 座,除此以外,小于城邑的聚落包括镇、乡、亭、里、聚、村、墟、戍、坞、堡等 10 类,共约 1000 处。在这些城市中包括国外一些城市,如在今印度的波罗奈城、巴连弗邑、王舍新城、瞻婆国城等,林邑国的军事要地区粟城和国都典冲城等都有详细记载。交通地理包括水运和陆路交通,其中仅桥梁就记有 100 座左右,津渡也近 100 处。经济地理方面有大量农田水利资料,记载的农田水利工程名称就有坡湖、堤、塘、堰、塌、溉、磴 * 、坨、水门、石逗等。还记有大批屯田、耕作制度等资料。在手工业生产方面,包括采矿、冶金、机器、纺织、造币、食品等。所记矿物有金属矿物如金、银、铜、铁、锡、汞等,非金属矿物有雄黄、硫黄、盐、石墨、云母、石英、玉、石材等,能源矿物有煤炭、石油、天然气等。兵要地理方面,全注记载的从古以来的大小战役不下 300 次,许多战役都生动说明了利用地形的重要性。

除了丰富的地理内容外,还有许多学科方面的材料。诸如书中所记各类地名约在 2 万处上下,其中解释的地名就有 2400 多处。所记中外古塔 30 多处,宫殿 120 余处,各种陵墓 260 余处,寺院 26 处以及不少园林等。可见该书对历史学、考古学、地名学、水利史学以至民族学、宗教学、艺术等方面都有一定参考价值。以上这些内容不仅在数量上惊人,更重要的是作者采用了文学艺术手法进行了绘声绘色的描述,所以它还是汉族古典文学名著,在文学史上居有一定地位。它"写水着眼于动态","写山则致力于静态",它"是魏晋南北朝时期山水散文的集锦,神话传说的荟萃,名胜古迹的导游图,风土民情的采访录"。《水经注》在语言运用上也是出类拔萃的,仅就描写的瀑布来说,它所用的词汇就有:泷、洪、悬流、悬水、悬涛、悬泉、悬涧、悬波、颓波、飞清等,真是变化无穷。所以我们说《水经注》不仅是科学名著,也是文学艺术的珍品。如此丰富的内容,其价值自不待言。这里仅就历史地理方面来说,就有取之不尽的功效,侯仁之教授曾利用它复原了北京周围古代水利工程,研究了毛乌素沙漠的历史变迁。我们可以运用它来研究古代水道变迁、湖泊湮废、地下水开发、海岸变迁、城市规划、历史时期气候变化等等诸多课题。《水经注》有如此深远影响,这与郦道元治学态度的认真是分不开的。为了写作此书,他搜集了大量文献资料,引书多达437种,辑录了汉魏金石碑刻多达350种左右,还采录了不少民间歌谣、谚语方言、传说故事等,并对所得各种资料进行认真的分析研究,亲自实地考察,寻访古迹,追本溯源,采取实事求是的科学态度。这本书实际上是中国北魏以前的古代地理总结,书中许多珍贵资料早已失传,不少人从中可以辑佚或校正一些古籍。

　　《水经注》完成于1400多年以前,当时雕版印刷尚未出现,一切书籍的流传都是通过传抄来实现的,《水经注》也不例外。《水经注》写成以后不久,郦道元就遇害,当时这部著作有几种钞本,已不得而知。隋统一全国,整理国家藏书,《隋书·经籍志》著录有《水经注》一书的钞本,卷数为四十,是完整无缺的本子,这也是目前所知《水经注》最早的钞本。

　　唐朝取代隋朝后,《水经注》成为唐朝的国家藏书,《旧唐书·经籍志》与《新唐书·经籍志》均著录为40卷。唐后经五代至北宋初,

《水经注》的钞本仍为足本,被作为历朝的国家藏书代代相传。

北宋景祐年间(1034—1038),崇文院(北宋朝廷的藏书库)整理藏书,编制《崇文总目》,《水经注》被著录为 35 卷。从这个时候开始,北宋以前的一些类书和地理书所引《水经注》中的泾水、滹沱水、(北)洛水等卷篇就不见了。(国家藏残本)事实上,《水经注》的钞本,并不为历代朝廷所独有,民间也有流传。是否为隋之后,从朝廷流落民间,我们并不知道;是足本还是残本,也不能确定。可以确定的是,在唐朝后期,《水经注》已为一般知识分子所见,唐代诗人陆龟蒙有诗"山经水疏不离身",说明《水经注》已有民间的钞本;到了北宋,此书在民间的流传只会更为广泛,苏东坡《石钟山记》有文"郦元以为下临深潭……",就引了一整段《水经注》的文字。然而,这些钞本,早已不见踪影。从宋代钞本中钞出的本子,也绝无所闻。元代民间也没有钞本流传。

到了明代纂修《永乐大典》,《水经注》被抄录在内,这个钞本一直流传了下来,我们称它为"永乐大典本"。这是我们所知的现存的最早的《水经注》的钞本。除了"永乐大典本",明代还有一些郦学家的私人钞本。比较著名的有柳大中的影宋校本和赵琦美的 4E09 校本等,后来也都已失传。现存的明钞本有两部,一部是稽瑞楼藏本,从宋元写刊本中钞出,有清人何焯、顾广圻等校跋,现存北京图书馆;一部是海盐朱希祖旧藏,也是从宋本钞出,有王国维、章炳麟等校跋。另,天津人民图书馆也藏有一部明钞残本,称为"练湖书院钞本",仅存卷 21—24。清代最著名的《水经注》钞本为天津人民图书馆所藏的"小山堂五校钞本"。这是一部完整无缺的清钞本,卷首有"戊午夏钞篁病翁五校毕漫志于首"的题字,可知是乾隆三年(1738)年全祖望 33 岁时的作品。正文以外,批注甚多,要旨与赵一清《水经注释》合,可知是赵一清手笔。这部钞本熔二人业绩于一炉,是郦学界的宝贵遗产。

　　《水经注》一书的刊印,出现在北宋中后期。根据已知的信息,《水经注》的第一种刊本是成都府学宫刊本,刊印年代不得而知,而且早已亡佚。第二种刊本刊于北宋元祐二年(1087 年),也已亡佚。另,现北京图书馆藏有一部残缺不全的南宋刊本,内容不足全书的三分之一,这是现存的唯一一部宋版《水经注》。

　　明朝以后,雕版印刷术有了很大发展,刊本很多。流传至今的明代刊本有嘉靖十三年(1534 年)的黄省曾刊本,还有万历十三年(1585 年)年吴琯以元祐二年本为底本的刻本。最著名的刊本是万历四十三年(1615 年)朱谋㙔校勘的《水经注笺》,这是《水经注》刊本史上的名本。在《水经注笺》的基础上,清初的许多郦学家,进一步认真校勘,出现了不少优秀刊本。特别是在乾隆年间郦学研究进入全盛期后,先后刊印了两种超越前代的佳本:其一是赵一清所校勘正,于乾隆十九年(1754 年)刊印的《水经注释》。依清代著名学者王先谦的评价,此书为赵一清“数年考订苦心”的杰作。《水经注释》刊行以后,接着刊行的就是武英殿聚珍本,即所谓的殿本。继殿本以后刊行的是全祖望的《七校本水经注》,他所依据的底本是一本被称作“双韭山房校本”的家传本。全氏一生,校此书共七次,《七校本水经注》在他死后的光绪十四年(1888 年)刊行,可惜这个本子在付印之前,被校勘失误,从而影响了这部刻本的声誉。郦学史上,《水经注》的最后一种刻本,是王先谦的《合校本水经注》,刊行于光绪十八年(1892 年)。他以殿本为底本,把朱谋㙔的《水经注笺》、赵一清的《水经注释》以及孙星衍等校本的成果收入在内,这是一种受人欢迎的佳本。清代后期,欧洲在 18 世纪末年出现的石版印刷术传入中国。石印书籍在这时大批出现,包括《水经注》在内。光绪二十年(1894 年)长沙宝华书局石印的巾箱本《合校水经注》,即是石印本。铅印是至今流行的一种印刷技术,中国在 30 年代曾经出版过几种铅印本《水经注》:一种是商务印书馆出版的《四部丛刊》本,由殿本排印而成;一种是中华书局出版的《四部备要》本,由合校本排印而成。这两种铅印本《水经注》,对此书的流行,发生了很大的影响。

一些普通原稿和钞本,制作成铅印本是容易的,但对于一些正文中夹带了珍贵批注的本子,却只有影印才行。1935 年,商务印书馆采用影印的办法,出版了《永乐大典》本《水经注》,这是有史以来的第一部影印本。《永乐大典》本《水经注》的问世,是中国郦学史上的一件大事。除了这部影印本外,新中国成立以后,中国科学出版社出版了另一部规模巨大的《水经注》影印本,这就是杨守敬、熊会贞合撰的《水经注疏》。遗憾的是,他们的定稿本被人盗卖,至今下落不明,只有早年的钞本流传。中国科学院于 1957 年影印了他们的早期钞本,这是中国出版的第二部《水经注》影印本。1971 年台北中华书局影印出版了他们早年的另一部钞本,这是中国的第三部《水经注》影印本。

4.3.3 《水经注》的重要贡献

《水经注》诞生于 6 世纪,是我国第一部全面、系统的综合性地理著述。对于研究我国古代历史和地理具有重要的参考价值。《水经注》不仅是一部具有重大科学价值的地理巨著,而且也是一部颇具特色的山水游记。郦道元以饱满的热情,浑厚的文笔,精美的语言,形象、生动地描述了祖国的壮丽山川,表现了他对祖国的热爱和赞美。且作者在《水经注》中还记述了全国 1252 条河流及其流经区域的地理情况、建制沿革、历史事件及民间传说,为自然科学和人文科学提供了丰富的研究资料。郦道元一生著述很多,除《水经注》外,还有《本志》十三篇以及《七聘》等著作。但是,流传下来的只有《水经注》一种。而今到了现代,古今中外对《水经注》的研究形成了专门的学问——郦学。

《水经注》在中国和世界地理学史上有重要地位。书中山川景物的描写,还被作为文学作品受到后人高度评价。书中的缺点也有:郦道元因为是北朝人,所以南方水系的记录有些简单,其中还有些差错。当然,如此宏富的巨作,受到当时时代和条件的限制,难免存在不少错误。唐代杜佑在《通典》中即已明确指出其黄河河源问题上的"纰缪"。另外由于郦道元不可能到边远地区和南方进行实地调查,这方面错误也较多些。有些地方的引书也不尽可信等等,但这些并不损害全书价值。《水经注》原有 40 卷,宋初已缺 5 卷,后人将其所余 35 卷,重新编定成 40 卷。由于迭经传抄翻刻,错简夺伪十分严重,有些章节甚至难以辨读。明清时不少学者为研究《水经注》做了大量工作,先后订正了经注混淆 500 余处,使经注基本恢复了原来面貌。

郦道元在给《水经》作注过程中,十分注重实地考察和调查研究,同时还博览了大量前人著作,查看了不少精确详细的地图。据统计,郦道元写《水经注》一共参阅了 437 种书籍。经过长期艰苦的努力,郦道元终于完成了他的《水经注》这一名著。该书还记录了不少碑刻墨迹和渔歌民谣,文笔绚烂,语言清丽,具有较高的文学价值。《水经注》对研究中国古代的历史、地理有很多的参考价值。

5 冀域古代科技学术成果——医学

冀域古代科技成果中医学成就非常突出,扁鹊奠基诊断法,刘完素创立"寒凉派",李杲创立"温补派"等等,出现了一批世界级医学家。研究他们的医学成果,尤其是研究他们"仁德重生"的价值追求,分析他们的成长历程和科技思想,对于挖掘冀域古代医学发展过程中的科技文化具有重要意义。

5.1 扁鹊奠基诊断法

5.1.1 扁鹊其人

扁鹊,姓秦名越人,战国时期名医,渤海郡鄚州(今河北任邱)人。扁鹊发明"四诊",奠基脉学;提出"六不治",反对巫术;传授生徒,创齐派医学;传播医术,创民间医学。"由于扁鹊杰出的医学贡献,被誉为'医学宗师'和中国医学的奠基人。"[79]扁鹊年轻时从长桑君学得医术,他是一个深入民间,为人民解除疾苦的医学家。他"周游列国","随俗为变",处处从病人出发。常常因为地域重视的人群不同,而决定自己行医的重点。《史记》记载,"至今天下言脉者,由扁鹊也"。扁鹊著有《扁鹊内经》等书,记录了他丰富的医学知识及临床经验,可惜书已经失传。扁鹊在处理具体病案时,又往往采用多方兼用的综合疗法。在中国传统医学的发展史上，他奠定了我国传统医学诊断法的基础。[80]

由于扁鹊的医术高超，被认为是神医，所以当时的人们借用了上古神话的黄帝时神医"扁鹊"的名号来称呼他。扁鹊擅长各科：在赵为妇科，在周为五官科，在秦为儿科，名闻天下。秦太医李醯术不如而嫉之，乃使人刺杀之。相传有名的中医典籍《难经》为扁鹊所著，扁鹊居中国古代五大医学家之首。

扁鹊天资聪颖，善于汲取前代、民间经验，逐步掌握了多种治疗方法，后来医术达到了炉火纯青的地步，随之巡诊列国。遍游各地行医，擅长各科，通过望色、听声，即能知病之所在。

公元前 361 年之后，扁鹊到了赵国的都城——邯郸（原属陕西，今河北邯郸市）当地人民很重视妇女，所以他便做带下医（妇科医生）。因此，他的威望就更高了。后来他又取道汤阴（今河南汤阴县）之伏道社，渡黄河经长清（今山东长清县），于公元前 357 年到了齐国的都城临淄（今山东临淄县）。齐桓侯田午派人招待他，桓侯接见时，他望着桓侯的颜色，便说："君有疾在腠理，不治将深。"桓侯答道："寡人无疾。"他离开后，桓侯就对左右的人说："医之好利，欲以不疾为功。"过了五天，他见到桓侯又说："君有疾在血脉，不治恐深。"桓侯仍答道："寡人无疾。"他辞出后，桓侯感到很不高兴。过了几天，再看见桓侯时，他又郑重地说："君有疾在肠胃间，不治将深。"桓侯很不愉快，没有理睬。又过了几天，扁鹊复见桓侯。看见桓侯的脸色，吃惊地溜走了。桓侯便派人追问原因，他说："疾之居腠理，汤熨之所及；在血脉，针石之所及，在肠胃，酒醪之所及；其在骨髓，虽司命无奈之何，今在骨髓，臣是以无请。"不久桓侯病发，派人去请他治疗，可是他已取道魏国，跑到秦国去了。桓侯终因病深，医治无效而死去。

扁鹊等离开临淄后，于公元前 354 年到了魏国的都城大梁（今河南开封市)。在大梁时,他曾见过魏国的国王魏惠王。公元前 350年,他们一行到达秦国的都城咸阳。以后又回大梁。

在公元前 350 年前后的一段时间里,扁鹊和弟子子阳、子豹等人,都逗留在那里行医。大约于公元前 317 年,他们又取道周都洛阳(河南洛阳),听说当地的人民很敬重老人,因此,曾为"耳目痹医"(五官科、疯科医生)。后来他们又向咸阳而去。

公元前 310 年,扁鹊再度来到咸阳,因咸阳的人民很爱小儿,所以他就做了"小儿医"。扁鹊及其弟子不辞艰辛,行程四千余里,周游列国,济世救人;他们"随俗为变",成为医、药、技非常全面的"全科医生"。

秦武王与武士们举行举鼎比赛,不觉伤了腰部、疼痛难忍,吃了太医李醯(音西)的药,也不见好转,并且更加严重。有人将神医扁鹊已来到秦国的事告诉了武王,武王传令扁鹊入宫。扁鹊看了武王的神态,按了按他的脉搏,用力在他的腰间推拿了几下,又让武王自己活动几下,武王立刻感觉好了许多。接着又给武王服了一剂汤药,其病状就完全消失。武王大喜,想封扁鹊为太医令。李醯知道后,担心扁鹊日后超过他,便在武王面前极力阻挠,称扁鹊不过是"草莽游医",武王半信半疑,但没有打消重用扁鹊的念头。

李醯决定除掉扁鹊这个心腹之患,派了两个刺客,想刺杀扁鹊,却被扁鹊的弟子发觉,暂时躲过一劫。扁鹊只得离开秦国,他们沿着骊山北面的小路走,李醯派杀手扮成猎户的样子,半路上劫杀了扁鹊。

5.1.2 扁鹊的贡献

扁鹊在诊视疾病中,已经应用了中医全面的诊断技术,即后来中医总结的四诊法:望诊、闻诊、问诊和切诊,当时扁鹊称它们为望色、听声、写影和切脉。他精于望色,通过望色判断病证及其病程演变和预后。扁鹊精于内、外、妇、儿、五官等科,应用砭刺、针灸、按摩、汤液、热熨等法治疗疾病,被尊为医祖。

扁鹊的切脉诊断法也很突出,具有较高水平。《史记》称赞扁鹊是最早应用脉诊于临床的医生。先秦时期,中医的脉诊是三部九候诊法,即在诊病时,须按切全身包括头颈部、上肢、下肢及躯体的脉。扁鹊是我国历史上最早应用脉诊来判断疾病的医生,并且提出了相应的脉诊理论。

扁鹊十分重视疾病的预防。从蔡桓公这个案例来看,他之所以多次劝说及早治疗,就寓有防病于未然的思想。他认为对疾病需要预先采取措施,把疾病消灭在萌芽里,这样可以达到事半功倍的效果。他曾颇有感触地指出:客观存在的疾病种类很多,但医生却苦于治疗疾病的方法太少。

在治疗方面,扁鹊能熟练运用综合治疗的方法。综合疗法为扁鹊行医时的主要治疗措施。先秦时期,在临证中,医学尚未明确分科。尽管《周礼》中已有兽医、食医、疾医和疡医之分,但这仅仅是在宫廷中的设置。兽医、食医、疡医分别管理牲畜疾病、宫廷饮食调配和以刀剪割切的外科等事项。除此以外的其他病证,都属疾医的范畴。扁鹊是一位能兼治各科疾病的多面手,扁鹊还能根据当地的需要,随俗为变地开展医疗活动。据记载,扁鹊还精于外科手术,而且应用了药物麻醉来进行手术。

鲁公扈、赵齐婴二人有轻病,就一起请扁鹊治病,扁鹊对公扈说:"你的志气强身体却很弱,有计谋却并不果断,齐婴你的志气弱身体却很好,没有谋虑却过于执着。如果把你们的心脏互换,就能平衡病也就好了。"扁鹊让二人喝了药酒,他们昏死了很多天,剖开他们前胸找到了心脏,将它们互换放置好,然后给他们吃了神药,于是二人过了一会便醒了,就像刚开始一样的健康,后来二人就向扁鹊告辞回家了。

一次扁鹊到了虢国，听说虢国太子暴亡不足半日，还没有装殓。于是他赶到宫门告诉中庶子，称自己能够让太子复活。中庶子认为他所说是无稽之谈，人死哪有复生的道理。扁鹊长叹说："如果不相信我的话，可试着诊视太子，应该能够听到他耳鸣，看见他的鼻子肿了，并且大腿及至阴部还有温热之感。"中庶子闻言赶快入宫禀报，虢君大惊，亲自出来迎接扁鹊。

扁鹊说："太子所得的病，就是所谓的'尸厥'。人接受天地之间的阴阳二气，阳主上主表，阴主下主里，阴阳和合，身体健康；现在太子阴阳二气失调，内外不通，上下不通，导致太子气脉纷乱，面色全无，失去知觉，形静如死，其实并没有死。"扁鹊命弟子协助用针砭进行急救，刺太子三阳五会诸穴。不久太子果然醒了过来。扁鹊又将方剂加减，使太子坐了起来。又用汤剂调理阴阳，二十多天，太子的病就痊愈了。这件事传出后，人们都说扁鹊有起死回生的绝技。

司马迁在《史记·扁鹊仓公列传》中说："女无美恶，居宫见妒；士无贤不肖，入朝见疑。故扁鹊以其伎见殃，仓公乃匿亦自隐而当刑。缇萦通尺牍，父得以后宁。故老子曰'美好者不祥之器'，岂谓扁鹊等邪？"

日本医师滕惟寅说："扁鹊，上古之神医也。"

扁鹊奠定了祖国传统医学诊断法的基础。难怪司马迁称赞他说："扁鹊言医，为方者宗。守数精明，后世修（循）序，弗能易也。"

扁鹊用一生的时间，认真总结前人和民间经验，结合自己的医疗实践，在诊断、病理、治法上对祖国医学做出了卓越的贡献。扁鹊的医学经验，在我国医学史上占有承前启后的重要地位，对我国医学发展有较大影响。因此，医学界历来把扁鹊尊为我国古代医学的祖师，说他是"中国的医圣"、"古代医学的奠基者"。范文澜在《中国通史简编》中称他是"总结经验的第一人"。

5.2　刘完素创"寒凉派"

5.2.1　刘完素其人

刘完素,字守真,金代河北河间人。[81]"金元医学四大家之一"。刘完素的父亲是位教书先生,在刘完素的童年时期,父亲就经常给他讲解纪昌学射、扁鹊治病之类的故事,这使他从小就有了较强的求知欲,后来母亲患病,家中贫苦,母亲求医不治而去,刘完素才立志学医。在治疗思路方法上,刘完素重视治病原因的火热因素,提出了一整套治疗热性病的方法。善用寒凉药,被后世称为"寒凉派"。"主要著作有《素问玄机原病式》、《素问药证》。"[82]

刘完素故后世,又被人称其为刘河间。大约生活在北宋末年至金朝建立初期,即宋徽宗大观四年(公元 1110 年)至金章宗承安五年(公元 1200 年)之间,刘完素是金元时期的著名医家,为后世所称金元四大家中的第一位医家。刘完素(约 1110—1200 年),世称刘河间。他从 25 岁开始研究《内经·素问》,直到 60 岁从未中断,学识渊博。他据《素问》病机 19 条,阐明六气过甚皆能化火的理论。故治法上多用寒凉药,并创制了不少治疗伤寒病的方剂,对后世温病学说有所启发。为中医学各学派的创立奠定了良好的基础。

刘完素自幼聪明好学、喜读医书。在他 25 岁的时候,母亲突然得了重病,曾经三次去请医生治疗,却都没有请到,致使母亲的病不能及时得到治疗,不久便病情恶化而去世。这段不幸的经历,使刘完素悲痛欲绝,感慨万千,恨自己不懂医学而痛失母命,从此立下志向,专心学医。他初曾拜陈先生(陈师夷)为师,学成后独立行医,声誉渐隆。其为医,独好《素问》,朝夕研读,手不释卷,终得要旨,并根据其原理,结合北方环境气修特点,及民众饮食醇厚、体质强悍的特性,围绕《内经》病机十九条,倡伤寒火热病机理论,主寒凉攻邪,善用防风通圣散、双解散等方治疗,名盛于大定、明昌年间(1161—1195 年)。金彦宗曾三次征聘,坚辞不就,章宗爱其淳素,特赐号为"高尚先生"。随着他的创新理论广泛流传,师从者甚多,先后有荆山浮屠、葛雍、穆子昭、马宗素、镏洪、常德、董系、刘荣甫等从之,私淑者也不少,如张从正、程辉、刘吉甫、潘田坡等,最终形成明显的寒凉攻邪医风。开创了金元医学发展的新局面,形成金元时期一个重要学术流派"河间学派"。

5.2.2　刘完素的贡献

刘完素一生著述较多,主要有《黄帝素问宣明论方》(1172 年)15卷,《素问玄机原病式》(1186 年),《内经运气要旨论》(即《素问要旨论》),《伤寒直格》(1186 年)3 卷,《伤寒标本心法类萃》(二卷),《三消论》(附《儒门事亲》),《素问药注》(已佚),《医方精要》(已佚),其他托名刘完素的著作还有《习医要用直格并药方》《河间刘先生十八剂》《保童秘要》《治病心印》《刘河间医案》等。后人多把完素的主要著作统编成"河间六书""河间十书"等,其中或加入金元其他医家的著作。

为了更好地继承和发扬祖国医学,新中国成立以来,曾对刘完素著述进行了一些整理和研究,重新出版其部分专著,发表了不少研讨刘完素学术思想和诊治经验的论文,从而挖掘出很多有价值的东西。为了进一步总结整理刘完素的学术思想和临证经验,使其更广泛地运用于现代中国医理论研究和临床实践,借中国中医药出版社编辑出版《唐宋金元名医全书大成》之机,对刘完素的原著《黄帝素问宣明论文》《素问玄机原病式》《素问病机气宜保命集》《伤寒标本心法类萃》《新刊图解素问要旨论》《三消论》《保童秘要》共 7 本,进行全面而系统的校注和研究,编成《刘完素医学全书》。

刘完素认为火热病机非常广泛,故而对于风、湿、燥、寒等一些病证,刘氏也从火热阐发,这样就形成了其以火热为中心的学术观点。其中,刘氏强调了风、湿、燥、寒诸气在病理变化过程中,皆能化生火热,而火热也往往是产生风、湿、燥、寒的原因,这就是著名的"六气皆能化火"学说。刘氏认为风气与火热的关系十分密切,风有助火势之力,若已有火热之证,再兼有风气,则又可使火热病症表现更为突出。另一方面,病理上的风,又往往因火热过甚而成。而且,风与火热之气,在病变过程中,又往往容易相兼为病,这样风与火热的关系就十分密切了。对湿与火热而言,刘氏认为人体感受热邪之后,由于火热怫郁于人体之中,造成气机不得宣行,则津液不布,水湿不运,停于人体成为水湿之邪。此外,若湿气闭郁,阳气不得宣通,亦可以内生火热。湿与热二者之间互相影响,形成了非常密切的关系。就燥与火热来讲,刘完素认为燥邪性属秋阴,属阴邪范围,并提出了治疗原则"宜开通道路,养阴退阳,凉药调之,慎毋服乌、附之剂"。他认为:"金燥虽属秋阴,而其性异于寒湿,反同于风火热也"。即指燥虽属阴邪,但又有与风、火、热等阳邪类似的特点。而火热邪气伤人往往表现出干燥之象。这样,燥与火热的关系就十分密切了。至于寒与火热,一为纯阴,一为纯阳,水火难容,二者不可相兼为病。刘氏指出,寒性收引,感寒之后,闭塞其外,阳气不得宣通而怫郁,也可以成为热证。而"心火热甚,亢极而战,反兼水化制之,故寒栗也。然寒栗者,由火甚似水,实非兼有寒气也。"说明寒郁可以生热,热郁可见寒证,寒与火热的关系也十分密切。这样,就形成了以火热病机为中心的六气病机学说。

刘完素不仅重视外感热病的病机与治疗的探讨,同时对杂病的证治亦十分重视。如对消渴病认为,"若饮水多而小便多者,名曰消渴;若饮食多而不甚饥,小便数而消瘦者,名曰消中;若渴而饮水不绝,腿消瘦而小便有脂液者,名曰肾消。"已与后世分消渴为上、中、下消三种,上消多渴,中消多食,下消多尿基本一致。而且对此病的病机认识也很有见地。他说:"如此三消者,其燥热一也,但有微甚耳。"因此,在治疗时,刘氏主张"补肾水阴寒之虚,而泻心火阳热之实,除肠胃燥热之甚,济一身津液之衰,使道路散而不结,津液生而不枯,气血利而不涩,则病日已矣。"强调了清除肠、胃、心诸脏腑之热而补肾水之衰,是主要治法。若津液得生,燥热得去,则消渴自除。

对于中风,在刘河间以前,多从外风论治。唯刘氏在"六气化火""五志过极皆为热甚"的理论指导下,在《内经》"诸暴强直,皆属于风"的病机启示下,提出中风一病乃由内而生,并非外中风邪,而是阳盛阴虚、心火暴盛、肾水虚衰的病机所产生的。其病因多是情志失和、五志化火所致。刘氏的这些论点,纠正了前人以外风论中风的谬误之说,是对中风病机学说的发展。在治疗方面,刘氏主张用寒凉之药除郁热、开结滞、散风壅、通气血。或用三一承气汤通腑泻热以泻心火之暴盛,或用灵宝丹(硫黄、自然铜、雄黄、光明砂、磁石、紫石英、阳起石、长理石、虎胫骨、腽肭齐、龙脑、麝香、牛黄、龙齿、钟乳、天麻、远志、仙灵脾、巴戟、乌蛇、苦参、肉桂、鹿茸、木香、肉豆蔻、延胡索、胡桐律、半夏、当归、生地黄汁、童便、无灰酒、皂荚仁、犀角)、至宝丹(生犀角、生玳瑁、珀琥、珠砂、雄黄、金箔、银箔、龙脑、麝香、牛黄、安息香)等以清心火、开心窍、安心神等,至今仍有临床实际意义。虽然,刘氏提出中风的内风论,治疗方法尚不十分完善,但对后世还是颇有启发的。

某次乡间行医,路遇一少妇难产"假死",拟葬之。刘完素听说缘由,给其把脉,认为尚有救,便用银针穴灸。顷刻间,孕妇苏醒,产下婴儿。从此,"神医刘完素"大名远播;"一针救二命"为人乐道。其事迹,甚至被演绎成神话故事广为传播。1191 年,金章宗完颜璟的女儿得重症,御医无策。帝传旨:各州府荐医。河间知府吴锐将刘完素推荐给皇帝。刘用三副中药将其治愈。章宗欲封其为太医,刘坚辞不受,并借故溜走,之后在保定一带行医授徒。

刘完素医疗经验丰富,学识渊博,行医范围广阔。对内经、素问、运气多有研究,且见解精辟,并创"寒凉派"。他研究了南北方诱发疾病的不同因素,首倡火热论,将《素问·至真要论》中所讲的病机十九条大加发挥,将六气引起的 21 种病症扩大到 181 种,并指出有 56 种是由火热引起的,提出火热病理论,为后世温病学说的形成奠定了基础。刘完素与正定的李东垣、婺州朱丹溪、河南张子和并称"金元四大家"而居其首。一生贡献显著,著作颇丰,计有《素问玄机原病式》1卷、《宣明论方》15 卷、《伤寒直格方》3 卷、《伤寒标本心法类萃》3 卷、《图解素问要旨论》8 卷、《治病心印》1 卷、《刘河间先生十八剂》1 卷、《素问原机气宜保命集》3 卷、《伤寒心镜》1 卷、《伤寒医鉴》1 卷。他首创的"防风通圣散"至今仍为治疗表里俱实及外科病毒之良方。时人称之为神医,成为中国古代十大名医之一。

刘完素主要以《黄帝内经》为学术基础,他精研医理,把《内经》中关于火热病致病原因的内容选摘出来,加以阐释,这就是著名的《病机十九条》。他还提出了"六气皆从火化"的观点,认为"风、寒、暑、湿、燥、火"六气都可以化生火热病邪,治病,尤其是治疗热性病的时候必须先明此理,才能处方用药。他所创方剂凉隔散、防风通圣散、天水散、双解散等,都是效验颇佳的著名方剂,至今仍被广泛应用着。对于《内经》中的"五运六气",他也有着精辟的研究和独到的见解,并十分善于运用五运六气的方法来看病。他认为没有一成不变的气运,也就没有一成不变的疾病,因此,医生在处方用药的时候必须灵活机变,具体分析。刘完素在治疗热性病方面的完整理论和对"五运六气"的独到见解,对后世中医学的发展有着深刻影响,甚至对于温病学派的形成也有着至关重要的铺垫作用。《四库全书提要》说:"儒之门户分于宋,医之门户分于金元。"中国医学发展到金元,形成了医学流派"四大家",即刘完素(守真)、张从正(子和)、李杲(东垣)、朱震亨(丹溪)争鸣的局面。后人为了纪念刘完素对人民做出的突出贡献,在他死后的几百年中,不断地为他修建庙宇,镌刻石碑,歌功颂德。直到今天,河间县西九吉乡的中刘守村和后刘守村之间还有他的墓,"刘爷庙"曾被日本帝国主义摧毁,新中国成立后又重新整修,每年的正月十五都举行隆重的庙会来纪念他,足见他的影响是十分深远的。刘完素辞世后,保州、河间十八里营、肃宁洋边村都建庙宇纪念,而且河间十八里营更名刘守村,肃宁洋边村更名师素村(取纪念刘完素之意)。明正德二年(1507)救封刘完素为"刘守真君",圣名贯古。明万历年间(1600 前后)师素村刘守庙扩建为"刘守真君"庙。正月十五、三月十五师素庙会延续至今,成为县境一年两度的物资交流市场。

5.3 李杲创立"温补派"

5.3.1 李杲其人

李杲,字明之,金代河北真定人。[83] 晚年自号东垣老人,生于1180 年,卒于1251 年。"金元医学四大家之一"。在治疗方法上,李杲与刘完素的主张不同:"他强调脾胃的作用,创立了'温补派'。著有《脾胃论》。"[84]

李杲是中医"脾胃学说"的创始人,他十分强调脾胃在人体的重要作用,因为在五行当中,脾胃属于中央土,因此他的学说也被称作"补土派"。据《元史》记载"杲幼岁好医药,时易人张元素以医名燕赵间,杲捐千金从之学"。他家世代居住在真定(今河北省正定),因真定汉初称为东垣国,所以李杲晚年自号东垣老人,学医于张元素,尽得其传而又独有发挥,通过长期的临床实践积累了一定的经验,提出"内伤脾胃,百病由生"的观点,形成了独具一格的脾胃内伤学说。是我国医学史上著名的金元四大家之一。是中医"脾胃学说"的创始人。

李杲自幼天赋聪颖,沉稳安静,喜爱读书。他出生在一个书香门第,父辈们也都是崇文好读之人,与当时的名流雅士有密切的交往。他家是当地的豪门望族,家境富有,李杲虽生在富贵人家但生活严谨,行为敦厚,令人敬重。李杲 20 岁时,母亲王氏患病卧床不起,后因众医杂治而死,李杲痛悔自己不懂医而痛失生母,于是立志学医。当时易水的张元素是燕赵一带的名医,李杲求医心切,不惜离乡四百余里,捐千金拜其为师。凭着他扎实深厚的文学功底,经过数年的刻苦学习,李杲"尽得其学,益加阐发",名声超出老师,成为一代医家大宗。病人来看病,他总是先诊脉,辨明脉象,而后进行诊断,告诉病人他们患的是什么症,然后从医经里引出经文,加以分析对照,证明自己的诊断与医经的论述完全一致,直到把病人说得心服口服了,才拿起笔开处方。经过多年临证,李杲的医技日益精湛,各科疾病均能诊治,当时的人都把他当作神医来看待。

李杲虽非易水学派之起始人,然因在老师张元素的影响下,颇多创见,著述甚丰,故在易水学派中,影响较大。其著述有:《内外伤辨惑论》《脾胃论》《兰室秘藏》《医学发明》《东垣试效方》《活法机要》等。另有《伤寒会要》《保婴集》《伤寒治法举要》《东垣心要》《万愈方》《医学辨论》《用药珍珠囊》《五经活法机要》《疮疡论》《医方便儒》《药性赋》等,有些已佚亡,有的系依托之作,故真伪尚待考。

李杲医书,唯《内外伤辨惑论》,为其生前手定。余皆由门人校定。或据其有关资料所整理。

5.3.2 李杲的贡献

李杲认为脾胃为元气之本,是人身生命活动的动力来源,突出强调了脾胃在人体生命活动中的重要作用。他说:"夫元气、谷气、荣气、清气、卫气、生发诸阳上升之气,此数者,皆饮食入胃上行,胃气之异名,其实一也。"意思是说,元气虽然来源于先天,但又依赖于后天水谷之气的不断补充,才能保持元气的不断充盛,生命不竭。从而进一步深入认识到脾胃之气与元气的关系,认为胃气是元气之异名,其实一也。人身之气的来源不外两端,或来源于先天父母,或来源于后天水谷。而人生之后,气的先天来源已经终止,其唯一来源则在于后天脾胃。可见,脾胃之气充盛,化生有源,则元气随之得到补充亦充盛;若脾胃气衰,则元气得不到充养而随之衰退。基于以上观点,李杲诊断内伤虚损病证,多从脾胃入手,强调以调治脾土为中心。

李杲认为脾胃为人体气机升降的枢纽。精气的输布依赖于脾气之升,湿浊的排出依赖于胃气之降。这样,李氏对脾胃升降作用的认识,从单纯对消化的作用扩展为对精气代谢的作用。人身精气的转输升降,依赖于脾胃的升降来完成。脾胃的升降作用对人体的作用十分重要。因此,如果脾胃的升降失常,将会出现多种病症,"或下泄而久不能生,是有秋冬而没春夏,乃生长之用陷于殒杀之气,而百病皆起,或久升而不降,亦病焉。"这里,李氏将内伤病归纳为两种病变,一种是升发不及而沉降太过;另一种是久升而不降,而其根本原因均在于脾胃的升降失常。这样,脾胃升降失常则成为内伤病的主要病机之一。对待升降问题,李杲又十分重视生长与升发的一面。因为人的健康,生机的活跃,生命的健壮,主要是正气充足的原因。保护正气,必须重视脾胃之气的升发作用。李氏认为,只要元气充足,则百病不生,而元气虚损,多因脾胃之气不升而致。

李东垣脾胃论的核心是:"脾胃内伤,百病由生。"这与《内经》中讲到的"有胃气则生,无胃气则死"的论点有异曲同工之妙,都十分强调胃气的作用。同时,他还将内科疾病系统地分为外感和内伤两大类,这对临床上的诊断和治疗有很强的指导意义。对于内伤疾病,他认为以脾胃内伤最为常见,其原因有三:一为饮食不节;二为劳逸过度;三为精神刺激。另外,脾胃属土居中,与其他四脏关系密切,不论哪脏受邪或劳损内伤,都会伤及脾胃。同时,各脏器的疾病也都可以通过脾胃来调和濡养、协调解决。但他绝对不主张使用温热峻补的药物,而是提倡按四时的规律,对实性的病邪采取汗、吐、下的不同治法。他还十分强调运用辨证论治的原则,强调虚者补之,实者泻之,不可犯虚虚实实的错误,这样就使得他的理论更加完善,并与张子和攻中求补,攻中兼补的方法不谋而合了。

李杲重视脾胃,探讨脾胃内伤病的病因病机,强调了脾胃气虚,元气不足,阴火内盛,升降失常是产生多种内伤病症的病机。因此,在治疗时,李氏将补脾胃,升清阳,泻阴火,调整升降失常作为其治疗大法。补中益气汤是他创立的名方之一,也是其遣药制方的代表。全方由人参、黄芪、白术、陈皮、升麻、柴胡、当归、炙甘草组成。在用药上有三个特点,其一,人参、黄芪、白术等补脾胃之气,以助肺气固皮毛;其二,用升麻、柴胡,引清气上升,助长脾气升发之力;其三,用炙甘草既可补中又可泻火热,以防止阴火炽盛耗伤正气。其中益气升阳为主,泻火为辅,适用于以气虚清阳不升为主者。若阴火炽盛之象较为明显,李杲又补充说:"少加黄柏以救肾水,能泻阴中之伏火。如烦犹不止,少加生地黄补肾水,水旺而心火自降。"

对于苦寒泻火,或解表散火诸法,李杲有时也不放弃,甚至单独应用。但其应用是十分慎重的,认为不可久用,因为寒凉大过,可以耗损阳气。而苦寒太过,更易于伤胃,可导致脾胃更虚。而且非阴火炽盛时,不可选用。其选用泻火之法的目的,是用泻火之品将炽盛的阴火清降,以防止过炽的火热损伤元气,具有保护照顾元气的作用。选用泻火之品使浊阴下降,又有利于脾胃之气的升发。当然,选用时一般应适当加入益气和中之品,使人身正气有所补充。李杲在治疗时围绕益气升阳泻火三个方面遣药制方,但具体选用时又根据不同临床表现有所侧重,其目的却是为了保护和恢复元气,使之充盛,体现了其脾胃为元气之本,元气为健康之本的指导思想。

李杲对脾胃的生理、病理、诊断、治疗诸方面,形成了个人独成一家的系统理论,故而后世称其为"补土派"。由于其学说来源于实践,具有重要的临床意义,故后世宗其说者大有人在。传其学者,不仅有其门人王好古与罗天益,明代以后私淑者更多,如薛立斋、张景岳、李中梓、叶天士等人,都宗其说,而又各有发展。这充分体现了李杲的学术思想在历史上的地位。《四库全书·总目提要》说:"医家之门户分于金元"。河间学派和易水学派为中国医学史上承前启后影响最大的两大学派,李杲为易水学派的中流砥柱,他学医于张元素但对后世的影响可谓在元素之上。朱丹溪虽为河间学派的三传弟子,但其学说在某些方面也受李杲学说某些启示。明代以后,薛立斋、张景岳、李中梓、叶天士等医家都曾对李杲的学说敬仰并在此基础上有所发展,自成一家。此外,龚廷贤、龚居中、张志聪等均受李杲学说很大影响。李氏学说在医学史上不失为划时代的一个里程碑,李杲作为一名伟大的医学家,将永远名垂史册。

6 冀域古代科技物质文化

以敞肩拱开端的赵州桥、经典的故宫皇家建筑、领先世界的万钧钟为标志,冀域古代科技水平达到了登峰造极的高度。通过这些冀域古代科技成果的物质载体,研究成果创造者的成长和创新历程,分析其中的科技思想,是挖掘冀域古代科技文化的重要内容。

6.1 敞肩拱开端赵州桥

6.1.1 李春设计建造赵州桥

隋唐中期(591—599 年)由工匠李春主持设计建造的赵州桥,横跨洨河之上,设计独具匠心,造型奇特。"设计者大胆地提出割圆式桥型方案,并将把实肩拱改为敞肩拱,在桥两侧各建两个小拱作为拱肩,这是世界"敞肩拱"桥型的开端。"[85]桥台建在承载力非常小的地基上,在当时条件下,建造这样大跨度的石拱桥简直就是奇迹。赵州桥为历代南北交通要冲,至今已有 1400 多年,经历了数百次洪水和多次严重的地震等自然灾害的考验,仍巍然横跨于洨河之上,雄姿不减当年。可以说赵州桥当之无愧是中国和世界建桥史上一颗耀眼的明珠。赵州桥属于世界上跨径最大,并且建造最高的单孔弧形石拱大桥。[86]赵州桥比欧洲同样的大跨度敞肩拱桥梁领先了近 1300 年,

"直到 1883 年,法国修建的安顿尼特铁路石拱桥和在卢森堡建造的大石桥,才揭开欧洲建造大跨度敞肩拱桥的序幕"[87]。

赵州桥又称安济桥,坐落在河北省赵县的洨河上,横跨在 37 米多宽的河面上,因桥体全部用石料建成,当地称作"大石桥"。赵州桥凝聚了古代劳动人民的智慧与结晶,开创了中国桥梁建造的崭新局面。1961 年被国务院列为第一批全国重点文物保护单位,2015 年荣获石家庄十大城市名片之一。它是中国第一座石拱桥,在漫长的岁月中,虽然经过无数次洪水冲击、风吹雨打、冰雪风霜的侵蚀和 8 次地震的考验,却安然无恙,巍然挺立在清水河上。

相传,鲁班周游天下,走到赵州(今赵县),一条白茫茫的洨河拦住了去路。河边有很多人争着过河进城,而河里只靠两只小船摆渡,半天也过不了几个人。鲁班为便利百姓来往方便,决心自己动手,在河上建造一座坚固、美观的石拱桥。鲁班的雄心壮志感动了"上帝",派来了"天工""神役"支援。在一个傍晚,有个神童从河西边赶来一群羊,到了鲁班的工地后,神童突然不见了。而那群羊则一下子变成了修桥用的石料、拱圈石、桥面石、栏板石、望柱石、勾石、帽石等,样样俱全。在那些"天工""神役"的帮助下,鲁班用了不到一夜时间,胜利地完成了这座"制造奇特"的石拱桥。

鲁班一夜之间造桥的事迹传到了蓬莱仙岛仙人张果老的耳朵里,于是相约柴王爷一起去看个究竟。张果老骑着一头小黑毛驴,柴王爷推着一个独轮小推车,两人来到赵州大石桥,恰巧遇见鲁班在桥头上,张果老问鲁班这桥能否经得起他和柴王爷过去,鲁班很不屑地说当然没问题,于是,张果老骑着毛驴,柴王爷推着小车过桥。谁知张果老施用法术聚来了太阳和月亮,放在驴背上的褡裢里,左边装上太阳,右边装上月亮。柴王爷也施用法术,聚来五岳名山,装在了车上。两人微微一笑,推车赶驴上桥。刚一上桥,眼瞅着大桥摇摇欲坠,鲁班急忙跳到桥下,举起右手托住了桥身,保住了大桥。

6.1.2 赵州桥的技术特点

该桥是一座空腹式的圆弧形石拱桥,是中国现存最早、保存最好的巨大石拱桥。赵州桥是入选世界纪录协会世界最早的敞肩石拱桥,创造了世界之最。河北民间将赵州桥与沧州铁狮子、定州开元寺塔、正定隆兴寺菩萨像并称为"华北四宝"。

桥长 50.82 米,跨径 37.02 米,券高 7.23 米,两端宽 9.6 米,桥的设计完全合乎科学原理,施工技术更是巧妙绝伦。唐朝的张嘉贞说它"制造奇特,人不知其所以为"。这座桥的技术特点是:

第一,全桥只有一个大拱,长达 37.4 米,在当时可算是世界上最长的石拱。桥洞不是普通半圆形,而是像一张弓,因而大拱上面的道路没有陡坡,便于车马上下。

第二,大拱的两肩上,各有两个小拱。这是创造性的设计,不但节约了石料,减轻了桥身的重量,而且在河水暴涨的时候,还可以增加桥洞的过水量,减轻洪水对桥身的冲击。同时,拱上加拱,桥身也更美观。

第三,大拱由 28 道拱圈拼成,就像这么多同样形状的弓合龙在一起,做成了一个弧形的桥洞。每道拱圈都能独立支撑上面的重量,一道坏了,其他各道不致受到影响。

第四,全桥结构匀称,和四周景色配合得十分和谐;桥上的石栏石板也雕刻得古朴美观。唐朝的张鷟说,远望这座桥就像"初月出云,长虹引涧"。赵州桥高度的技术水平和不朽的艺术价值,充分显示出了我国劳动人民的智慧和力量。

1979 年 5 月,由中国科学院自然史组等四个单位组成联合调查组,对赵州桥的桥基进行了调查,自重为 2800 吨的赵州桥,而它的根基只是有五层石条砌成高 1.56 米的桥台,直接建在自然砂石上。这么浅的桥基简直令人难以置信,梁思成先生 1933 年考察时还认为这只是防水流冲刷而用的金刚墙,而不是承纳桥券全部荷载的基础。他在报告中写道:"为要实测券基,我们在北面券脚下发掘,但河床下约 70—81 厘米,即发现承在券下平置的石壁。石共五层,共高 1.58 米,每层较上一层稍出台,下面并无坚实的基础,分明只是防水流冲刷而用的金刚墙,而非承纳桥券全部荷载的基础。因再下 30—40 厘米便即见水,所以除非大规模的发掘,实无法到达我们据学理推测的大座桥基的位置。"

中国桥梁学家茅以升的《中国石拱桥》中也提到。赵州桥建于公元 605 年距今 1400 多年,经历了 10 次水灾,8 次战乱和多次地震,特别是 1966 年 3 月 8 日邢台发生 7.6 级地震,赵州桥距离震中只有 40 多公里,都没有被破坏,著名桥梁专家茅以升说,先不管桥的内部结构,仅就它能够存在 1400 多年就说明了一切。1963 年的水灾大水淹到桥拱的龙嘴处,据当地的老人说,站在桥上都能感觉桥身很大的晃动。据记载,赵州桥自建成至今共修缮 9 次。

6.1.3 赵州桥的技术创新

(1) 世界首创敞肩拱

赵州桥的拱用于跨度比较小的桥梁比较合适,而大跨度的桥梁选用半圆形拱,就会使拱顶很高,造成桥高坡陡、车马行人过桥非常不便。二是施工不利,半圆形拱石砌石用的脚手架就会很高,增加施工的危险性。为此,李春和工匠们一起创造性地采用了圆弧拱形式,使石拱高度大大降低。赵州桥的主孔净跨度为 37.02 米,而拱高只有 7.23 米,拱高和跨度之比为 1:5 左右,这样就实现了低桥面和大跨度的双重目的,桥面过渡平稳,车辆行人非常方便,而且还具有用料省、施工方便等优点。当然圆弧形拱对两端桥基的推力相应增大,需要对桥基的施工提出更高的要求。

　　这是李春对拱肩进行的重大改进,把以往桥梁建筑中采用的实肩拱改为敞肩拱,即在大拱两端各设两个小拱,靠近大拱脚的小拱净跨为3.8米,另一拱的净跨为2.8米。这种大拱加小拱的敞肩拱具有优异的技术性能。首先,可以增加泄洪能力,减轻洪水季节由于水量增加而产生的洪水对桥的冲击力。古代洨河每逢汛期,水势较大,对桥的泄洪能力是个考验,四个小拱就可以分担部分洪流。据计算四个小拱可以增加过水面积16％左右,大大降低洪水对大桥的影响,提高大桥的安全性。其次,敞肩拱比实肩拱可节省大量土石材料,减轻桥身的自重。据计算四个小拱可以节省石料26立方米,减轻自身重量700吨,从而减少桥身对桥台和桥基的垂直压力和水平推力,增加桥梁的稳固。第三,增加了造型的优美,四个小拱均衡对称,大拱与小拱构成一幅完整的图画,显得更加轻巧秀丽,体现建筑和艺术的完美统一。第四,符合结构力学理论,敞肩拱式结构在承载时使桥梁处于有利的状况,可减少主拱圈的变形,提高了桥梁的承载力和稳定性。

　　(2)单孔长跨创举

　　中国古代的传统建筑方法,一般比较长的桥梁往往采用多孔形式,这样每孔的跨度小、坡度平缓,便于修建。但是多孔桥也有缺点,如桥墩多,既不利于舟船航行,也妨碍洪水宣泄;桥墩长期受水流冲击、侵蚀,天长日久容易塌毁。因此,李春在设计大桥的时候,采取了单孔长跨的形式,河心不立桥墩,使石拱跨径长达37米之多。这是中国桥梁史上的空前创举。

　　李春根据自己多年丰富的实践经验,经过严格周密勘查、比较,选择了洨河两岸较为平直的地方建桥。这里的地层是由河水冲积而成,地层表面是久经水流冲刷的粗砂层,以下是细石、粗石、细砂和粘土层。根据现代测算,这里的地层每平方厘米能够承受4.5公

斤到 6.6 公斤的压力,而赵州桥对地面的压力为每平方厘米 5—6
公斤,能够满足大桥的要求。选定桥址后在上面建造地基和桥台。
建桥历经 1400 年,桥基仅下沉了 5 厘米,说明这里的地层非常适
合于建桥。

李春就地取材,选用附近州县生产的质地坚硬的青灰色砂石作
为建桥石料。在石拱砌置方法上,均采用了纵向(顺桥方向)砌置方
法,就是整个大桥是由 28 道各自独立的拱券沿宽度方向并列组合而
成;拱厚皆为 1.03 米,每券各自独立、单独操作,相当灵活。每券砌
完全合拢后就成一道独立拼券砌完一道拱券,移动承担重量的"鹰
架",再砌另一道相邻拱。这种砌法有很多优点,它既可以节省制作
"鹰架"所用的木材,便于移动,同时又利于桥的维修,一道拱券的石
块损坏了,只要嵌入新石,进行局部修整就行了,而不必对整个桥进
行调整。

(3)独特的技术创新

为了加强各道拱券间的横向联系,使 28 道拱组成一个有机整
体,连接紧密牢固,李春采取了一系列技术措施。

第一,每一拱券采用了下宽上窄、略有"收分"的方法,使每个拱
券向里倾斜,相互挤靠,增强其横向联系,以防止拱石向外倾倒;在桥
的宽度上也采用了少量"收分"的办法,就是从桥的两端到桥顶逐渐
收缩宽度,从最宽 9.6 米收缩到 9 米,以加强大桥的稳定性。

第二,在主券上均匀沿桥宽方向设置了 5 个铁拉杆,穿过 28 道
拱券,每个拉杆的两端有半圆形杆头露在石外,以夹住 28 道拱券,增
强其横向联系。在 4 个小拱上也各有一根铁拉杆起同样作用。

第三,在靠外侧的几道拱石上和两端小拱上盖有护拱石一层,以
保护拱石;在护拱石的两侧设有勾石 6 块,勾住主拱石使其连接
牢固。

第四,为了使相邻拱石紧紧贴合在一起,在两侧外券相邻拱石之间都穿有起连接作用的"腰铁",各道券之间的相邻石块也都在拱背穿有"腰铁",把拱石连锁起来。而且每块拱石的侧面都凿有细密斜纹,以增大摩擦力,加强各券横向联系。这些措施的采取使整个大桥连成一个紧密整体,增强了整个大桥的稳定性和可靠性。

平拱即扁弧形拱的形式,既增加了桥的稳定性和承重能力,又方便了人畜在桥上通行,还节省了石料;李春在大石拱的两肩又设计了两个敞肩小拱,增强了桥的泄洪能力,减轻了桥的自重。

桥梁专家福格·迈耶(H. Fugl-Meyer)称:"中国拱桥建筑,最省材料,是理想的工程作品,满足了技术和工程双方面的要求。"

6.2　经典皇家建筑故宫

6.2.1　故宫历史

（1）故宫由来

北京本来是燕王朱棣的封地。靖难之役以后,永乐元年(1403年),礼部尚书李至刚等奏称,燕京北平是皇帝"龙兴之地",应当效仿明太祖对凤阳的做法,立为陪都。明成祖于是大力擢升燕京北平府的地位,以北平为北京,改北平府为顺天府,称为"行在"。同时开始迁发人民以充实北京;被强令迁入北京的有各地流民、江南富户和山西商人等百姓等。

故宫由明朝皇帝朱棣始建,设计者为蒯祥(1397—1481年,字廷瑞,苏州人)。永乐四年(1406年),明成祖下诏以南京皇明成祖朱棣宫(南京故宫)为蓝本,兴建北京皇宫和城垣。朱棣先派出人员,奔赴全国各地去开采名贵的木材和石料,然后运送到北京。光是准备工作,就持续了11年。珍贵的楠木多生长在崇山峻岭里,百姓冒险进山采木,很多人为此丢了性命,后世留下了"入山一千,出山五百"来形容采木所付出的生命代价。开采修建宫殿的石料,同样很艰辛。现在保和殿后那块最大的丹陛石,开采于北京西南的房山。史书记载了运送它时的情景:数万名劳工在道路两旁每隔一里左右掘一口井,到了寒冬腊月气温足够低时,就从井里汲水泼成冰道,用了28天的时间,才运到了宫里。此外,还要在苏州烧制专供皇家建筑使用的方砖——金砖,山东临清也要向北京运送贡砖。

永乐七年(1409年),明成祖以北京为基地进行北征,同时开始在北京附近的昌平修建长陵。将自己的陵墓修在北京而不是南京,证明明成祖已经下定决心要迁都。

永乐十四年(1416年),明成祖召集群臣,正式商议迁都北京的事宜。对于提出反对意见的臣工,明成祖一一革职或严惩,从此无人再敢反对迁都。次年,以南京紫禁城为模板的北京紫禁城正式动工。永乐十八年(1420年),北京皇宫和北京城建成。北京皇宫以南京皇宫为蓝本,规模稍大。新修的北京城周长四十五里,呈规则的方形,符合《周礼·考工记》中理想的都城的形制。明成祖下诏正式迁都,改金陵应天府为南京,改北京顺天府为京师,但在南京仍设六部等中央机构,称南京某部,以南京为留都。

(2)故宫沧桑史

故宫建成后,明清宫廷五百多年的历史,包含了帝后活动、等级制度、权力斗争、宗教祭祀等。永乐十八年(1420年),北京宫殿竣工。次年发生大火,前三殿被焚毁。正统五年(1440年),重建前三殿及乾清宫。天顺三年(1459年),营建西苑。故宫修建经历了永乐、洪熙、宣德、正统四代,整20年。

嘉靖三十六年(1557年),紫禁城大火,前三殿、奉天门、文武楼、午门全部被焚毁。至嘉靖四十年(1561年)才全部重建完工。嘉靖时期,故宫三大殿名称改为皇极殿、中极殿、建极殿。

万历二十五年(1597年),紫禁城大火,焚毁前三殿、后三宫。复建工程直至天启七年(1627年)方完工。在明朝,乾清宫是皇帝的主要寝宫,也是主要政治活动场所。自永乐皇帝朱棣至崇祯皇帝朱由检,共有14位皇帝曾在此居住。由于宫殿高大,空间过敞,皇帝在此居住时曾分隔成数室。据记载,明代乾清宫有暖阁9间,分上下两层,共置床27张,后妃们得以进御。由于室多床多,皇帝每晚就寝之处很少有人知道,以防不测。皇帝虽然居住在迷楼式的宫殿内,且防范森严,但仍不能高枕无忧。据记载,嘉靖年间发生"壬寅宫变"后,世宗移居西苑,不敢回乾清宫居住。万历帝的郑贵妃为争皇太后闹出的"红丸案"、泰昌妃李选侍争做皇后而移居仁寿殿的"移宫案",都发生在乾清宫。明代乾清宫也曾作为皇帝守丧之处。

崇祯十七年(1644年),李自成军攻陷北京,明朝灭亡。李自成向陕西撤退前焚毁紫禁城,仅武英殿、建极殿、英华殿、南薰殿、四周角楼和皇极门未焚,其余建筑全部被毁。同年清顺治帝至北京。此后历时14年,将中路建筑基本修复。

康熙二十二年(1683年),开始重建紫禁城其余被毁部分建筑,至康熙三十四年基本完工。清朝入关之后,依照明朝的旧例,顺治帝和康熙帝都将乾清宫作为居住和处理朝政的主要场地。雍正帝即位之后,开始移居养心殿。养心殿位于紫禁城内廷、乾清宫西侧,始建于明朝嘉靖年间。起初,它并不是皇帝的寝宫。清康熙时期,内务府在此设置专为皇室造办宫廷活计的诸多作坊,称"养心殿造办处"。康熙六十一年(1722年),康熙皇帝去世后,即位的雍正皇帝并没有搬到乃父的寝宫乾清宫去住,而是将西侧遵义门内暂时用作为父守孝之"苦次"的养心殿辟为皇帝寝宫。从此,养心殿开始成为皇帝居住和清朝朝政的主要处理地点,此后军机处设立之后办公地点也在养心殿附近。乾隆帝即位之后,对养心殿殿区进行了大规模的扩建和改建,逐渐形成了一定的规制。从雍正帝之后,乾隆、嘉庆、道光、咸丰、同治、光绪、宣统八位皇帝都在此居住。一直到宣统帝被赶出紫禁城。

咸丰帝在位时期,也曾把长春宫与前面的启祥宫(即现在的太极殿)打通,连为一体,咸丰去世后,慈禧也曾在这里居住,一人独享两宫。西六宫到了晚清的时候,慈禧开始改造某些宫殿。因此,西六宫中有四个宫都留下了慈禧的足迹。咸丰帝死后,慈安和慈禧早期垂帘听政时,都曾居住在长春宫,同治十年(1871年),慈安从长春宫搬回钟粹宫居住,长春宫便成为慈禧太后一人独享的宫院。太极殿原来也只是二进院落,咸丰改修长春宫时,将太极殿后殿辟为穿堂殿,使太极殿与长春宫连接成相互贯通的四进院。

6.2.2　故宫地位

北京故宫建筑群始建于明代永乐年间,[88]建筑群大气磅礴,彰显了中国古代木构建筑技术登峰造极的水平。"拼合梁柱构件技术是明清木结构技术的重要成果"[89],这种技术使小块木料经过并合、斗接、包镶之后,在作用上与大块木料相同,这样就极大地节约了用料成本。另外,天坛也是著名的皇家建筑,其声学效应是明、清时期建筑声学上的一大成就。天坛建筑物中最具声学效应的是回音壁、三音石和圜丘。[90]建筑中充分体现了声波的反射效应。

北京故宫是中国明清两代的皇家宫殿,旧称为紫禁城,位于北京中轴线的中心,是中国古代宫廷建筑之精华。北京故宫以三大殿为中心,占地72万平方米,建筑面积约15万平方米,有大小宫殿七十多座,房屋九千余间。是世界上现存规模最大、保存最为完整的木质结构古建筑之一。

北京故宫被誉为世界五大宫之首(北京故宫、法国凡尔赛宫、英国白金汉宫、美国白宫、俄罗斯克里姆林宫），是国家 5A 级景区，1961 年被列为第一批全国重点文物保护单位，1987 年被列为世界文化遗产。

故宫严格地按《周礼·考工记》中"前朝后市，左祖右社"的帝都营建原则建造。整个故宫，在建筑布置上，用形体变化、高低起伏的手法，组合成一个整体。在功能上符合封建社会的等级制度。同时达到左右均衡和形体变化的艺术效果。

中国建筑的屋顶形式是丰富多彩的，在故宫建筑中，不同形式的屋顶就有 10 种以上。以三大殿为例，屋顶各不相同。故宫建筑屋顶满铺各色琉璃瓦件。主要殿座以黄色为主。绿色用于皇子居住区的建筑。其他蓝、紫、黑、翠以及孔雀绿、宝石蓝等五色缤纷的琉璃，多用在花园或琉璃壁上。太和殿屋顶当中正脊的两端各有琉璃吻兽，稳重有力地吞住大脊。吻兽造型优美，是构件又是装饰物。一部分瓦件塑造出龙凤、狮子、海马等立体动物形象，象征吉祥和威严，这些构件在建筑上起了装饰作用。

6.2.3　故宫的规模格局

（1）整体规模

北京故宫占地 72 万平方米（长 961 米，宽 753 米），建筑面积约 15 万平方米，占地面积 72 万平方米，用 100 万民工，共建了 14 年，有房屋 9999 间半，实际据 1973 年专家现场测量故宫有大小院落 90 多座，房屋有 980 座，共计 8707 间（而此"间"并非现今房间之概念，此处"间"指四根房柱所形成的空间）。

故宫周围有高 12 米、长 3400 米的城墙，墙外有宽 52 米的护城河。形成一个森严壁垒的城堡。故宫有 4 个门，面对北门神武门，有用土、石筑成的景山。在整体布局上，景山可说是故宫建筑群的屏障。

（2）设计理念

故宫位于北京城中心。布局依据《周礼·考工记》中所载："左祖、右社、面朝、后市"的原则,建筑在北京城南北长八公里的中轴线上,南北取直,左右对称。现在故宫左前面的劳动人民文化宫,以前是皇帝祭祀祖宗的太庙;右前面的中山公园是皇帝祭祀土神和谷神的社稷坛;前面有朝臣办事的处所;后面有人们进行交易的市场。

故宫前部宫殿,要求造型宏伟壮丽,庭院明朗开阔,象征封建政权至高无上,太和殿坐落在紫禁城对角线的中心,四角上各有十只吉祥瑞兽。故宫的设计者认为这样以显示皇帝的威严,震慑天下。后部内廷要求深邃、紧凑,因此东西六宫都自成一体,各有宫门宫墙,相对排列,秩序井然。内廷之后是宫后苑。

（3）整体布局

故宫四面各有一座门,南为午门、北为神武门、东为东华门、西为西华门。紫禁城内由外朝、内廷两大部分组成。外朝以太和殿、中和殿、保和殿为中心,东有文华殿,西有武英殿为两翼,是朝廷举行大典的地方。外朝的后面是内廷,有乾清宫、交泰殿、坤宁宫、御花园以及东、西六宫等,是皇帝处理日常政务和皇帝、后妃们居住的地方。此外,东侧还有宁寿宫区域,是清朝乾隆皇帝为做太上皇退位养老之所。

故宫宫殿是沿着一条南北向中轴线排列,三大殿、后三宫、御花园都位于这条中轴线上。并向两旁展开,南北取直,左右对称。这条中轴线不仅贯穿在紫禁城内,而且南达永定门,北到鼓楼、钟楼,贯穿了整个城市。

外朝是皇帝处理政事的地方,主要有三大殿:太和殿、中和殿、保和殿。其中太和殿最为高大、辉煌,它宽 60.1 米,深 33.33 米,高 35.05 米。皇帝登基、大婚、册封、命将、出征等都要在这里举行盛大仪式,其时数千人"三呼万岁",数百种礼器钟鼓齐鸣,极尽皇家气派。太和殿后的中和殿是皇帝出席重大典礼前休息和接受朝拜的地方,最北面的保和殿则是皇帝赐宴和殿试的场所。

故宫建筑的后半部叫内廷,内廷宫殿的大门——乾清门,左右有琉璃照壁,门里是后三宫。

内廷以乾清宫、交泰殿、坤宁宫为中心,东西两翼有东六宫和西六宫,是皇帝处理日常政务之处也是皇帝与后妃居住生活的地方。后半部在建筑风格上不同于前半部。前半部建筑象征皇帝的至高无上,后半部内廷建筑多是自成院落。

在故宫"内庭"最后面,重檐庑殿顶。坤宁宫是明朝及清朝雍正帝之前的皇后寝宫,两头有暖阁,清代改为祭神场所。雍正后,西暖阁为萨满的祭祀地。其中东暖阁为皇帝大婚的洞房,康熙、同治、光绪三帝,均在此举行婚礼。

（4）故宫的主要建筑

故宫位于中轴线上的建筑,从南到北依次是:午门、内金水桥、太和门、太和殿、中和殿、保和殿、乾清门、乾清宫、交泰殿、坤宁宫、坤宁门、天一门、银安殿、承光门、顺贞门、神武门。

故宫由外朝与内廷两部分组成。外朝以太和殿（金銮殿）、中和殿、保和殿三大殿为中心,东西以文华殿、武英殿为两翼,是皇帝处理政事、举行重大庆典的地方。内廷以乾清宫（皇帝卧室）、交泰殿、坤宁殿（皇帝结婚新房）为中心,东西两翼有东六宫、西六宫（皇妃宫室）,辅以养心殿、奉先殿、斋宫、毓庆宫、宁寿宫、慈宁宫以及御花园等,是皇帝平日处理政务及皇帝、皇后、皇太后、妃嫔、皇子、公主居住、礼佛、读书和游玩的地方。总体布局为中轴对称,前三殿、后三宫坐落于全城中轴线上,气势雄伟,豪华壮观,为我国现存的最大、最完整的古建筑群。

6.3 领先世界的万钧钟

6.3.1 万钧钟概况

（1）万钧钟简介

位于北京西郊大钟寺内的万钧钟，铸造于明代永乐年间，"无论从铸、锻技术和生产规模看，在当时世界上都是很先进的。1990 年 9 月 22—10 月 7 日在北京召开的第 11 届亚洲运动会开幕式上，这座已有几百年历史的永乐大钟（万钧钟）在运动场的中央用它宏亮的钟声庄严地宣告大会开幕。"[91]

万钧钟又称永乐大钟，北京的大钟寺，原名觉生寺，觉生寺的大钟是明代永乐年间铸造的，所以叫"永乐大钟"。铜钟悬挂在大钟楼中央巨架上，通体褚黄，高 6.75 米，直径 3.7 米，口外径 3.3 米，重46.5 吨。钟唇厚 18.5 厘米，钟体光洁，无一处裂缝，内外铸有经文230184 字，无一字遗漏，铸造工艺精美，为佛教文化和书法艺术的珍品。

永乐大钟外壁"中宫"均匀地铸有六道平行环形线（弧弦纹），最上面的一道环形线在"钟肩"位置，即普通佛钟的"上带"处，最下面的一道平行环形线与钟裙上沿波曲弧弦纹局部呈有规律靠近但并未重叠状，这道环形线，相当于普通佛钟的"下带"，区分钟体的"中宫"与"钟裙"。

大钟的外观（形式）设计赋予每道"平行环形线"2 个功能：划分"铭文圈"和美化"合范缝"。划分"铭文圈"的实用性是为了"排版"和句读的需要，比如，钟体"中宫"外壁第 1 至第 5"铭文圈"每行的字数都是 43 个字，与钟体下部逐渐外张相一致，每个"铭文圈"的行数在逐步增加，第 1"铭文圈"共 400 行、第 2"铭文圈"共 408 行、第 3"铭文圈"416 行、第 4"铭文圈"424 行、第 5"铭文圈"441 行，《诸佛名经》在永乐大钟内、外壁之间"三进三出",也是通过其内、外壁的"铭文圈"实现的;美化"合范缝"指的是铸钟工艺的需要,永乐大钟的钟体虽说是一次性浇铸而成,但它采用的是"地坑造型表面陶化的泥范法",在铸造准备过程中,其"外范"是将逐个制作的"铭文圈"合成一个整体外范,铸成后难免留下"合范"的缝隙痕迹,永乐大钟则运用若干条规整的"平行环形线"把其美化了。

永乐钟铜质精良,致密坚固,合金纯度考究。从大钟顶部一个微小的砂眼中取出一个微小的金属颗粒;从大钟底部不显眼的边缘刮掉一点金属粉末。化学定量分析结果表明,大钟上下部位的成分是均匀而一致的:铜80.54%;锡16.41%;铅1.12%;锌0.22%。永乐大钟除含有铜、锡、铅、铁、镁外,还含有金和银,而且含量很高,其中含金18.6公斤(占0.03%)、含银38公斤(占0.04%)。青铜的机械性能曲线显示,当含锡量在15%至17%时,抗拉强度达最高值,声学性能也达到最佳状态。还有铅、锌、铁、硅、镁等元素。这种成分配比,与《考工记》中的"六齐"项下的"钟鼎之齐"的记载极其近似。

史载,明初的铜矿有江西德兴、铅山。后来扩展到四川梁山、山西五台、陕西宁羌、略阳和云南等地。这些铜矿的开采和冶炼为永乐大钟的铸造提供了充足的原料支持。其他金属的冶炼技术也对永乐大钟的铸造具有重要意义。如悬挂该钟的是一根165mm×65mm截面,长1125mm的穿钉,其外表是铜质,但却能吸附磁铁,说明里面包的是钢芯,而这个钢芯恰好反映了当时最先进的炼钢技术。

(2)万钧钟历史沿革

15世纪初叶,明成祖朱棣迁都北京后,营建京师有三大工程,即故宫、天坛、永乐大钟。明成祖朱棣登基之后,想通过铸佛钟来超度死去将士的亡灵,并假借佛祖之名为自己篡位找到一个借口。道衍和尚猜出了明成祖的心思,请旨铸钟,才有了今天北京大钟寺里的永乐大钟。大钟铸好后,先挂在宫中,明万历年间移置万寿寺,清雍正十一年移置觉生寺。

公元1420年前后,永乐大钟铸成,明成祖朱棣非常高兴,他召集大臣商议铸好的大钟应该悬挂于何处。大臣们议论纷纷,其实明成祖的心里早已有了主意,那就是要把大钟悬挂于汉经厂。汉经厂位于紫禁城的边上,属于皇家宫殿群的一部分。明成祖选定汉经厂来悬挂大钟,答案就在于永乐大钟那23万字的铭文上。明成祖朱棣戎马一生,虔诚信佛。受父皇朱元璋的影响,朱棣推崇利用佛教来巩固明王朝的统治。他曾下令:每遇重要节日,文武百官都要身披袈裟,像僧人一样撞钟诵经,完毕后再换上朝服。为了方便参拜,皇宫边上修建了汉经厂并悬挂起了永乐大钟。从此以后,汉经厂的钟声延绵不断,曾有"昼夜撞击,声闻数十里,时远时近,有异他钟"的记载。然而好景不长,迁都北京仅四年明成祖病逝,仁宗继位。汉经厂逐渐荒废,永乐大钟因为失去了明成祖这位知己,也没了往日那洪亮的钟声,在孤烛冷寺里独自承受着寒风露雨的寂寞。

公元1573年,明神宗朱翊钧即位,改年号为万历。万历五年即公元1577年,北京西郊新的皇家寺院万寿寺建成。万历皇帝想起了沉寂150多年的永乐大钟。他下令,把汉经厂的永乐大钟迁到万寿寺,每天命六位僧人撞钟。这样永乐大钟完成了它第二次搬迁,北京城里再次响起了永乐大钟延绵不绝的钟声。这一敲就是50多年,到了明天启年间,北京城里却出现了这样一种传言,说城西有钟声会带来灾难。明熹宗朱由校害怕灾难临头,就降旨,把大钟卸了下来。从此,永乐大钟的钟声再次消失了。

万历三十五年(1607年)永乐大钟被移到西直门外万寿寺悬挂起来,并为它专门建了一座方形钟楼,每天由六个和尚专司撞钟之职。据明人蒋一葵记述:"昼夜撞击,闻声数十里,其声竑竑,时远时近，有异它钟。"永乐大钟在万寿寺悬挂了 20 年左右，到明末，人们看到它已经躺在地上了。

公元 1644 年，清军入关，北京又成了清王朝的都城。战乱频繁、王朝更替，永乐大钟静静地躺在万寿寺里看着这物换星移的变迁。人们渐渐地把它遗忘了。

清雍正十一年(1733 年)，北京城北的觉生寺建成。有一位大臣想起了万寿寺里的永乐大钟，就建议把永乐大钟移至觉生寺。经过朝臣们的一番争论，根据阴阳五行生克之说，认为大钟属金，北方属水，金水相生，因此，应该把它放在京城之北。于是雍正皇帝最后决定，将此钟置放在地处"京城之乾方，圆明园之日方"的风水宝地觉生寺。雍正也听说过永乐大钟的故事，皇家大钟岂容冷落，他立即颁旨迁大钟至觉生寺。

乾隆八年(1743 年)，移钟工程才完成。乾隆帝题"华严觉海"大匾高悬于钟楼之上。为了悬挂这口大钟，特地在寺后设计了一座两层钟楼，上层圆形，下层方形，楼内有梯盘旋而上。钟楼上各面都有窗，因之里面光线充足，能见度良好，可以清楚地看到钟纽和钟身顶部。悬钟的架子，是用粗大的木梁制成，它的四柱顶部内倾以散力，结构合理，所以经过二百多年毫无倾斜、歪闪的迹象。为了减低钟架的高度，在钟的下方挖了一个深 70 厘米的八角形坑穴，人们可以在坑里观看大钟内壁的字迹。

今北京城北仍然保留着"铸钟胡同"这样一个地名。闹中取静的街道两旁住满了人家，明清遗迹依稀可辨。狭窄的胡同、古老的房舍印证了时代的变迁。然而，就是这么一个幽静的去处，580 多年前却上演了一个传奇的故事。

距今 580 多年前，明永乐年间，这里民居稀少，地势开阔。一天，一位年逾古稀的老者来到这里，踏着杂草与荆棘，老人家显得心事重重。几个月前明成祖朱棣降旨要铸一口两层楼高的大钟,而且还要铸上23万字的佛经铭文。

这位心事重重的老人,是辅佐明成祖朱棣登上皇位的头号功臣道衍和尚。虽已年近八旬,但深得皇上信任的道衍还是被永乐帝指定为铸钟的监制。因为此次铸钟是永乐帝推行佛教治国的象征,非德高望重之人不能胜任。接旨后的道衍,深感责任重大,他立即开始广招天下能工巧匠,商议如何铸造这口举世无双的大钟。工匠们建议,采用地坑陶范法铸造。首先在地上挖出深坑,制作钟模。然后,几十座铜炉的铜水一起浇铸,必须保证大钟一次铸成,这样铸好的大钟才能发出声来。

钟是铸好了,但却不是今天大钟寺里的永乐大钟,原来永乐皇帝降旨要铸的钟,不仅上面要有23万字的经文,更重要的是形体巨大,是历史上从来没有过的,要铸成这样巨大的钟谁也没有把握,于是道衍和尚让人先铸了这口没有经文的大钟作为试验。接下来他要考虑的是怎么铸上23万字的经文。铸造经文关键是如何编排和抄写经文。在这些经文中有皇上亲自撰写的《诸佛名经》,让谁来抄写,道衍不敢擅自做主。他上报朝廷,请皇上亲选抄经之人。

铸好的大钟上的确没有经文,这是因为大钟上要铸的23万字佛经铭文中有皇上亲自撰写的《诸佛名经》。道衍和尚为了慎重起见,他先命工匠们铸一口体形相似的大钟作为尝试,并没有铸上经文。

在中国历史上,古钟具有独特的地位和作用,它的历史甚至比文字的历史更远更古老。远在原始社会末期,中国已有钟出现,或以木制,或以竹制,或以陶制,是一种简单的打击乐器,起到聆音欢娱的作用。随着人类社会的发展,人们对音阶与音律的认识渐趋完善,商周时期出现了青铜制作的铙、镈钟、甬钟、编钟等演奏乐器。"钟鸣鼎食",日益成为贵族统治者权势地位的标志。悬挂编钟,要严格按照礼乐制度规定的名位等级,天子宫悬(四面悬钟)、诸侯轩悬(三面悬钟)、卿大夫判悬(二面悬钟)、士特悬(一面悬钟)。制礼作乐成为当时治国安邦的大事。

战国时代的伟大诗人屈原有"黄钟毁弃,瓦釜雷鸣,谗人高张,贤士无名"的诗句传诵于世。它除了反映当时礼崩乐坏社会局面外,也说明古钟已成为人们心中崇高、公正、贤明、美好的华夏文明象征。到了秦朝,又出现了象征中央集权的巨型铜钟——朝钟。

由于中国是钟的故乡,随着印度佛教渐次传入中国,中国的佛教僧人又创造了具有中国特色的法器——佛钟。以后历代都竞相铸造各种朝钟、佛钟、道钟、乐钟。而今天珍藏在大钟寺的永乐大钟,可以说是一口集中国各类古钟之大成的巨钟。明、清两朝,每逢辞旧迎新之际,大钟寺的和尚都要敲钟108下。据说一是因为一年有12个月、24个节气、72个候;二是因为佛教认为人有108种烦恼,敲108下钟,人听了钟声便可消忧解愁。如今,为了保护永乐大钟,同时又能使广大游人欣赏钟王美妙之声,大钟寺古钟博物馆实行每年正月初一到初三每天敲钟三次,每次敲钟三下。每敲一下钟声可在殿中回荡70秒钟。

北京市人民政府已于1957年公布大钟寺为重点文物保护单位。1986年已建成一座古钟博物馆,现已收集历代古钟一百八十多口。大部分是明、清两代的古钟,花纹造型精美。其中一口原始社会末期制作的陶钟,据说已有约四千年的历史。大钟寺古钟博物馆陈列的各种古钟,不仅对研究中国的礼乐制度、思想史、音乐史、断代史等专史有重要价值,而且由于它们荟萃了中国古代工艺技巧之精华,代表了当时的铸造、声学、乐律学、力学的高超技术水平,也是研究中国传统科学技术的宝贵资料。

(3)万钧钟外观设计的特点

一是悬挂结构。上下U形环、蒲牢、钟唇、钟体内外壁全部铸满

117

佛经,没有设计一般佛钟通常采用的具体蒲牢造型,也没有一般佛钟通常采用的莲花、袈裟纹(上四宫、下四宫等外观纹饰)浮雕。关于永乐大钟悬挂结构在力学方面的合理性,以往专家已经做过科学的计算和论证。虽然当时的铸钟工匠们是依据什么来设计这一巧妙的力学结构的,现在已难以稽考,但可以说,他们一定是在掌握了当时先进的力学知识的基础之上,才得以完成这一创造性设计工作的。二是外形设计简洁、流畅。用若干环形线把钟体外壁、内壁划分成若干"铭文圈",以"铭文圈"为基本造型单位,构成大钟的外观特色,起到方便经文排版布局和句读,增强佛经铭文感染力等效果。三是永乐大钟上各个佛经的布局安排、起讫部位十分考究缜密。一些重要佛经的起讫部位大多安排在钟体的东方,不仅如此,《诸佛名经》在钟体外壁各"铭文圈"的衔接部位,以及在钟壁内外"三进三出"的出发点和回归点,大多也在各"铭文圈"的东方。

万钧钟有"五绝":一绝是形大量重、历史悠久;二绝是永乐大钟是世界上铭文字数最多的一口大钟;三绝是大钟奇妙优美的音响,有位声学界的权威人士给永乐大钟的钟声下了八个字的评语:"幽雅感人、益寿延年";四绝是科学的力学结构,永乐大钟的悬挂纽是靠一根与钟体相比显得很小的铜穿钉连接的,别看穿钉很小,却恰恰在它所能承受四十多吨的剪应力范围之内;五绝是高超的铸造工艺。

6.3.2 铸造技术

(1) 铸造方法

明永乐大钟是采用泥范法(中国的三大传统铸造工艺——泥范法、铁范法和失蜡法之一)铸造。先在地上挖一个大坑,用草木和三合土做好内壁,上面涂上细泥,把写好经的宣纸反贴在细泥上,刻好阴文,加热烧成陶范,然后再一圈圈做好外范。铸时,几十座熔炉同时开炉,炉火纯青,火焰冲天,金花飞溅,铜汁涌流,金属液沿泥作的槽注入陶范,一次铸成。

经过反复研究和考证,科学工作者已经能清晰描述当年铸造大钟的方法和过程。这是初创于两千多年前商周时代的陶范法。到了明代能工巧匠手中早已成为驾轻就熟、炉火纯青的工艺。他们营造了一个壮观而宏大的场面:在地上挖出十米见方的深坑巨穴,先按设计好的大钟模型,分七节制出供铸造使用的外范,低温阴干,焙烧成陶。再根据钟体不同断面的半径和厚度设计车刮板模,做出大钟的内范。当七个陶制外圈依次对接如七级浮屠之状时,浑然一体的大钟外范便拼装成功了。

这是天衣无缝的操作,纤毫之隙、分厘之差便会引起"跑火",招致全盘失败。为了承受浇铸的压力并确保足够的强度,外范四周无疑是用泥土填满并层层夯实的。钟钮旁边四处不易觉察的疤痕,泄露了四个浇铸口的准确位置。我们看到了最典型的雨淋式浇铸法:几十座熔炉沿四条槽道排开,炉内大火流金、铜汁鼎沸;地坑里内外模范同时高温预热。当蓄满炉膛的万斛金汤相率奔泻而出后,这口万钧大钟便一气呵成了。回望此情此景,500年前的手工作坊式生产,分明已经透出了近代大工业的规模和气概。

大钟所含的其他微量金属锌、铝、铁、镁、金、银等虽然所用数量甚少,但冶炼这些金属的技术要求和技术含量是一样的,如当时居世界领先水平的炼锌术在这里派上了用场。加入少量的锌,按当时已知的铜、锌比例溶在一起可产生黄铜的原理,估计是为了增加一些金黄色的光泽以求视觉上的效果,而加入少量的金、银则被认为是为了显示梵钟的珍贵。冷却又是一道致命的工序。坑内是一团没有熄灭的地火和流焰,必须控制冷却速度防止钟体炸裂。世界著名的俄罗斯大钟就因冷却过程中的闪失出现裂纹,结果沦为一口哑钟。而孕育永乐大钟的地坑此时是一个天然的自动冷却系统。可以想象当年劳苦的工匠们付出了多少精心呵护,才能确保永乐大钟在稳步降温中平安降生。

大钟铸好后,待到冬天,先每隔一里挖一口井,再沿路挖沟引水,泼水结冰,然后开始搬运;大钟在路上步步滑行几十里才至宫中。再滑到冰土堆上,然后建钟楼,钟挂于楼顶,春天解冻后取土而钟悬。大钟支架四臂八叉,钟纽分上下两节,中间用穿钉固定于横梁上,用木杵轻轻一撞,便发出震心惊魂的钟声。永乐大钟是在德胜门内铸钟厂铸造的,铸好后存放在汉经厂(遗址在今嵩祝寺一带)。

(2)万钧钟上的经文

钟身内外铸满阳文楷书佛教经咒,是明初馆阁体书法艺术代表作。外面为《诸佛如来菩萨尊者神僧名经》《弥陀经》和《十二因缘咒》,里面为《妙法莲花经》,钟唇为《金刚般若经》,蒲牢(钟纽)处刻《楞严咒》等,计有经咒17种,皆汉字楷书,字体工整,古朴遒劲,匀称地分布在钟体各处,相传是明初书法家沈度的手笔。当初明成祖铸造这么多佛经于钟上,为的是弘扬佛法,使佛经传诸久远。

大钟所铸经文,几百年来误传是《华严历经》,故有"华严钟"的叫法。近年查明钟上所铸乃以明永乐帝御制的《诸佛世尊如来菩萨尊者神僧名经》和以《法华经》为主的八种经,并无《华严经》。大钟铸造精致,钟形弧度多变,周身无磨削加工痕迹,充分显示铸造工艺高超,奇妙独特。

明成祖晚年潜心撰写《诸佛世尊如来菩萨尊者神僧名经》凡四十卷,二十万言。其中前二十卷十万字便刊登在永乐大钟不朽的版面上。钟上的铸字还有许多其他汉文佛经和梵文佛咒。有学者猜测,明成祖铸钟的初始动机便是为了给自己的呕心沥血之作寻找一个永恒的载体,以教化众生和流传百世。照这样看,经文和钟体便相当于灵与肉的关系了。23 万字的版面,安排得如此匀称整齐,从头至尾绝无空白,又一字不多一字不少,真要经过一番精心的运筹和计算。据说是大书法家沈度率京中名士先在宣纸上把经文写就,然后用朱砂反印到钟模上,再由工匠雕刻成凹陷的阴文。剩下的事,便是以火为笔,以铜为墨,将这光洁挺秀、见棱见角的 23 万金字一挥而就了。

蒲牢是佛教中的名称,原义是龙爪。它也的确像龙的爪子,一把将大钟紧紧抓住。蒲牢作为承重的钟钮,中间巧妙地加进了钢芯。它是事先用失蜡法铸好,放在内范外范之间预留的位置上,一起经过高温预热,然后浇进钟体的。它和大钟的融合看上去无缝无隙、浑然天成,胜过任何一种焊接。蒲牢生根般的四个末端一律膨大成球状,确保大钟吊起后永远不会拔出和滑脱。

(3)悬挂方法和发声装置

第一,悬挂方法。此钟的悬挂方法符合力学原理,悬钟木架采用八根斜柱支撑,合力向心,受力均匀,大钟悬挂在主梁上,全靠一根长一米、高 14 厘米、宽 6.5 厘米的铜穿钉,穿钉虽承受几十吨的剪应力而安然无恙。

木质大梁 46.5 吨的巨大重量是通过正反两个 U 型铜卡互相衔接交付给木质大梁来承担的。那根锁定两个铜卡的销钉何等纤细小巧,只有 6.6 厘米宽,14.3 厘米高,科学家发现古代设计者为了既提高强度,又保持悬挂部位外观的色泽一致,在销钉中也横穿了一根钢芯。或者说,这是一根外面包了青铜的钢钉。根据所受剪应力计算,其安全系数为 8.2,远远超过了当代飞机上材料强度的安全系数。有人还进一步做出动态计算,销钉可承受的钟体摆动速度为每秒 15.4米。即使将大钟倒竖着举起,再任其自由落下做加速运动,也不会将销钉挣断。至于坚实的木梁和微微内倾的支柱,更是经过几百年多次强烈地震的严酷考验而纹丝不动。古人竟创造了这样简单廉价又

121

万无一失的支撑系统。

第二，发声装置。永乐大钟作为一个发声装置，它最根本的功能和终极的输出无疑是钟声。归根结底，应该以钟声的品质来鉴别技术成就的高低。在这方面，500年间已有无数诗文对永乐大钟天下独美的音响作过精彩描述。而科学工作者用的却是另一种语言。快速傅立叶变换法，旋转薄壳体有限元分析法，一记钟声如同一束白光通过牛顿的棱镜，频谱上出现了众多的分音。钟体在几何形状大致固定的情况下，单靠厚度的变化就能带来极为丰富的泛音。厚厚的钟唇是高音 E3 的主要震源，钟腰的厚度变化则送出了 C3、A3 分音。这是不同乐音奏出的和弦，是众多溪流汇成的洪波。永乐大钟铸成后，由于通体都是经文，根本不可能通过机械刮削来调音，但却一次性达到如此音响效果，这的确是俗手不办的事。由于差频现象和各分音在大气中衰减程度不一，便出现了钟声的抑扬起伏和各处听到的音调略有不同。重击一次，钟声持续时间可达三分钟之久。最后绕梁不绝的余音是最低的基音。

中国的科技工作者曾对大钟的合金成分进行了测试，金铸在铜器中，可防止锈蚀，银则可提高浇铸液的流动性，这正是永乐大钟500多年保持完好、钟声依然洪亮悠扬动听的原因。永乐大钟的铸造成功，是世界铸造史上的奇迹，就是科学发达的今天也难以实现。

永乐大钟，钟壁薄而经得起重击，音质音色驰名天下。轻撞，声音清脆悠扬，回荡不绝达一分钟。重撞，声音雄浑响亮，尾音长达 2 分钟以上，方圆 50 公里皆闻其音，最远可传 90 里，令人称奇叫绝。据冶金部门分析，该钟配方科学，钟体强度达最佳值，故受撞五百多年，仍完好如初，23 万多字的佛经铸在钟上，击钟一下，字字皆声，等于诵读一遍经文，自然是功德无量。永乐大钟其声音振动频率与音乐上的标准频率相同或相似，轻击时，圆润深沉；重击时，浑厚洪亮，音波起伏,节奏明快优雅。

从钟体造型和声音设计来看,无疑吸收了战国时成书的《考工记》所总结的铸钟经验:"薄厚之所振动,清浊之所由出,侈弇之所由兴","钟厚则石,已薄则播","钟大而短则其声疾而短闻,钟小而长,则其声舒而远闻",比较恰到好处地处理了钟的形状、厚薄与音质的关系。同时也考虑到了钟体合金比例对音质的影响,含锡占16％左右,加以少量铅的铜钟,其合金强度、硬度比较适中,既有利于振动发声,又易于熔化浇注。

经中科院声学所有关专家测量,永乐大钟钟声中一些重要的分音相当准确地与标准音高相符合,频律相近的分音产生的拍频声是钟声的一个重要特点。古书中所说钟声"时远时近"就是听到这种拍频声的感受。在古时,在有利的声传播条件下,完全可能如古人所说的声闻数十里。

6.3.3　社会历史背景

（1）铸造背景

永乐大钟不仅钟体庞大,而且集前述若干优点于一身,它的铸造成功不仅仅取决于永乐帝的主观愿望,更主要的是取决于相应的经济实力和科技水平。而这种经济实力的积累和科技水平的提高,与明初所实行的一系列解放生产力和发展生产力的政策及措施密切相关。

政治方面:废除了元代的民族压迫制度以及与之相联系的奴隶制残余。众所周知,在元朝,蒙古统治者为了维护其最高统治地位,把国民分为蒙古、色目、汉人和南人(原南宋治下的居民)四等,并在政治、法律、人才任用和科举考试等方面做出一系列优待蒙古、色目而歧视、欺压汉人和南人的规定。这一制度虽然在元末农民大起义中被摧毁了,但与此相联系的奴隶制残余还存在,还有相当数量的被掠卖为"驱口"或"奴婢"的汉人和南人尚未获得解放。

这种状况残留到明初,对社会经济的发展已经形成了严重的束缚。奴隶地位低下,身受非人的奴役自不待言,在新兴的封建统治者看来,更重要的是他们被世家大族所隐没,使政府得不到足够的劳动人手和税收来源。因此,朱元璋于洪武五年(1372)五月下令解放奴隶,诏书中说:"曩者兵乱,人民流散,因而为人奴隶者,即日放还,复为民。"为了保证这一诏令的落实,在《大明律》中规定:"庶民之家,存养奴婢者,杖一百,即放为良。"同年,"福建两广等处有豪户阉割人驱使者,以阉割抵罪,没官为奴。"可见,朱元璋在民间废除奴隶制的决心之大和措施之严厉。这样一来,除了朝廷和明朝新贵尚保留着一定蓄奴权之外,民间的奴隶制残余基本得到遏止。

由于明初废除了元代的民族压迫政策和遗留下的奴隶制残余,使广大汉人和南人,特别是在战乱中沦为奴隶的各族人民得以解放,从而为明初农业和工商业的恢复和发展创造了必要的条件。

农业方面:所实行的政策和措施主要有:奖励垦荒,实行移民和屯田,满足了无地和少地农民的土地要求;治理水患,兴修陂塘、堰闸、河渠、堤防等水利工程;奖励农民种植棉、麻、桑树等经济作物;减轻田赋、徭役,实行使人民休养生息的政策等。这些政策极大地推动了明初农业经济的迅速恢复和发展。据《明史·食货志》记载,至永乐中期,每年"天下本色税粮三千余万石",持续保持在洪武时期的较高水平上,朝廷和地方的粮食储备都十分充足,"计是时宇内富庶,赋入盈羡,米粟自输京师数百万石外,府县仓廪蓄积甚丰,至红腐不可食"。应该说,自洪武初至永乐中期农业经济的充分发展和丰富的粮食储备,为永乐帝迁都北京和营建紫禁城、修建天坛、铸造永乐大钟等耗资巨大的工程奠定了坚实的物质基础。

工商业方面:明太祖和成祖突破了"重农抑商"或"崇本抑末"的

传统思想。太祖时鼓励"农尽力畎亩,士笃于仁义,商贾以通有无,工技专于艺业",并于洪武十九年(1386)"榜谕天下","令四民,务在各守本业"。明成祖当上皇帝后也一直是奉行这种思想,如永乐七年(1409)他曾对北京耆老说:"农力于稼穑,毋后赋税;工专于技艺,毋作淫巧;商勤于生理,毋为游荡。贫富相睦,邻里相? 相安相乐,有无穷之福。"在这种思想指导下,明初采取了以下一些有利于工商业发展的措施:改变了元朝手工业奴隶的身份,使世袭的手工业者除了定期轮流应役外,大部分时间可以自己制造手工业品到市场上去出售;减轻工商业税收,规定"三十而税一";鼓励国内贸易,有限度地开展对外贸易,各国可持政府所颁凭证通商;开展疏通运河等有利于商贸的基础设施建设等等。这些政策和措施有效地调动了工商业者的生产积极性,刺激了他们聪明才智的发挥,使明初 50 年间,手工业、交通运输和商业贸易都得到了较快的恢复和发展。特别是手工业中的矿山开采、金属冶炼、铸造工艺等行业都有很大发展,积累了丰富的生产经验和技术,不少技术创新在当时居于世界领先水平,这些为永乐大钟的成功铸造提供了必不可少的技术准备。

综上所述,明成祖作为在儒家思想和中国历史传统熏陶下成长起来的一代大有作为的守成帝王,他自然以"修、齐、治、平"为行为准则,以维护和扩大明朝统一为己任。因此,他在迁都北京之际,下令铸造永乐大钟是为了利用佛教来宣传他在《大明神咒回向》中所提出的以"敬愿大明永一统"为最终目标的系统而完整的施政纲领,既非单纯地宣扬佛法,也不仅仅是为炫耀功绩和迁都纪念,更与"忏悔"之说无涉。

从客观条件上看,一方面,他能尊重当时的佛教发展状况而因势利导,从而想出了铸造永乐大钟而融政、教于一体,维护明朝"大一统"的独到办法;另一方面,他实施了一系列促进农业和工商业发展的政策,造就了永乐中期的富庶景象,把当时的科技水平推向了世界领先的高度,从而才实现了他铸造永乐大钟的设想,永乐大钟也因此得以成为集当时世界冶金、铸造、声学、力学乃至佛教艺术之大成的历史文化瑰宝。

（2）铸造原因

现存北京大钟寺古钟博物馆的永乐大钟在世界古钟史上占有重要地位,从其存世历史之悠久、钟体之博大美观、钟声之悦耳远播和钟体内外所铸佛经铭文之多以及悬挂结构之巧妙、铸造工艺之高超等方面而言,堪称"世界之最"。

关于历史成因的几个说法:一是忏悔说。这是一些学者据清人沈德潜和乾隆皇帝关于"凭仗佛力消黑业"和"忏悔诟赖佛寺钟"的诗句总结出的一种观点,认为明成祖因在篡夺皇位的"靖难之役"中过于残暴而欲铸钟以达忏悔之目的。二是以佛教化民务以达阴翊王度说。认为明成祖铸造永乐大钟是为了抒发"惟愿国泰民安乐"等美好心愿,行使其文化、政治使命。三是弘扬佛法说。认为明成祖铸造永乐大钟是为了弘扬佛法。四是炫耀功绩、迁都纪念和展示科技水平说。

忏悔说不成立。"忏悔"说源自乾隆皇帝所作《大钟歌》中:"谨严难逃南史笔,忏悔诟赖佛寺钟"。由于该诗系帝王所作,又刻碑立于觉生寺(即大钟寺)永乐大钟之东侧,故"忏悔"说广为流传。殊不知这种说法是乾隆帝借题发挥,属一厢情愿的主观臆断,与史实有严重抵触。

首先,在中国历史上,宫廷政变屡见不鲜,可以说每次政变都是十分残酷的,未见哪个因政变登基的帝王"忏悔"过。比较典型的如唐初秦王李世民不就是通过"玄武门之变",杀兄弟逼父皇,剪除异己之后登上皇位的吗? 然而,他为政大有作为,创造了历史上有名的

"贞观之治",成为大唐盛世的主要开创者。明成祖当政后对唐太宗的许多做法和政策都赞许有加,并积极效法,由此观之,明成祖何"忏悔"之有?他不仅从未因"靖难之役"而忏悔过,而且恰恰相反,他曾多次谈到"靖难之役"的正当性。比如他在永乐十五年(1417)为刻在永乐大钟上的御制《诸佛如来世尊菩萨尊者神僧名经》所作序文中说:"谗言君臣,诬毁善良,所造罪业,无量无边。……今王法所诛皆不忠不孝之人,凶暴无赖,非化所迁。所以拔恶类,扶植善良,显扬三宝,永隆佛教,广利一切。"第二年,他在御制《姚少师神道碑》中又说:"及皇考宾天,而奸臣擅命,变革旧章,构为祸乱,危迫朕躬。朕惟宗社至重,匡救之责,时有所在……内难即平,社稷奠安。"《明太宗实录》(卷12)说得更加直白:"建文中,信任奸回,以残骨肉。朕于其时,迫于危祸,不得已起兵。赖天地祖宗之灵,克平内难云云。"

其次,负责监造永乐大钟的僧录司左善世姚广孝在乾隆诗中两次被提道:"晁谋弗善野战龙,金川门开烈焰红"和"道衍俨被荣将命,犍椎冶尽丹阳铜"。据此有学者认为姚广孝因自己曾帮燕王朱棣策划和指挥"靖难之役"而罪感深重,故有借铸钟"忏悔"之意。此说并无史实根据。虽然姚广孝因"靖难之役"确曾遭到亲、朋的冷遇和措辞严厉的谴责,但他并未因此消沉,而是仍然当他的"僧录司左善世",积极帮助永乐帝料理佛教事务,包括监制永乐大钟和从事著述等。

体现"大明永一统"精神。其实,明成祖铸钟意图已明确地表述在御制《大明神咒回向》当中了,它被铸在大钟东侧下方大钟"御制款识"附近非常容易看到的显著位置,这是经过将23万余字佛经铭文按"三进三出"的方式,精心排列的结果,我们推测其目的很可能是为了突出这一《回向》文及其中心思想。

该《回向》文的主要内容有:"惟愿如来阐教宗,惟愿大发慈悲念,惟愿皇图万世隆,惟愿国泰民安乐,惟愿时丰五谷登,惟愿人人尽忠孝,惟愿华夷一文轨,惟愿治世常太平,惟愿人民登寿域,惟愿灾难悉清除,惟愿盗贼自殄绝,惟愿和气作祯祥",……"敬愿大明永一统"。从铭文的内容和逻辑分析,应该说,前边的所谓"十二大愿"既被囊括在"敬愿大明永一统"当中,又构成它的前提,因为如果这"十二大愿"仰仗佛祖保佑和经过自身努力都实现了,就可顺理成章地达到"大明永一统"的理想境界。

明成祖之所以煞费苦心御制《大明神咒回向》并把"大明永一统"作为最终的理想追求,绝非偶然,而是有其深刻的政治和思想文化根源。

从政治上说,明成祖作为一个有作为的守成帝王,他必须要考虑以他所能想到并有能力加以实施的种种方式来巩固和扩大由乃父朱元璋所创下的大明基业。早在永乐元年(1403)七月,他就命翰林侍读学士解缙负责编纂大型类书,并要求:"凡书契以来,经史子集百家之书,至于天文、地志、阴阳、医卜、僧道、技艺之言,备辑为一书,毋厌浩繁"。第二年十一月,解缙等将所编图书进上,明成祖经过仔细翻检,发现"尚多未备",于是又命姚广孝、刘季篪和解缙等组织人力重修,于永乐五年(1407)完成,赐名为《永乐大典》并亲制序文,其中说:"朕嗣承鸿基,勔思缵述,尚惟有大混一之时,必有一统之制作,所以齐政治而同风俗。序百王之传,总历代之典。……"可见编《永乐大典》是为了"齐政治"、"同风俗",从而维护和巩固有明大一统的局面。

明成祖在为《五经大全》《四书大全》和《性理大全》所作序文中说,要用孔孟之道和朱熹理学统一全国的思想,"使天下人获睹经书之全,探见圣学之蕴。由是穷理以明道,立诚以达本,修之于身,行之于家,用之于国,而达之天下。使家不异政,国不殊俗,大回淳古之风,以绍先王之统……"。可见,他对"圣学"之底蕴理解得十分透彻,修身、齐家、治国的最终目的是"平天下",是拓展祖宗基业,扩大统一范围,是要实现"大明永一统"的理想境界。

正因为这些思想在他的头脑中已经根深蒂固,所以在永乐十四年(1416)讨论迁都和营建北京城的时候,有臣下奏言,称北京为形胜之地,"足以控四夷,制天下,诚帝王万世之都也"。他十分赞赏,并决定马上开工营建北京城,为迁都做准备。可见,迁都北京正是他"控四夷,制天下"的关键举措。因此,可以说,在迁都北京之际借助弘扬佛法来宣传以"大明永一统"为核心内容的施政纲领,才是他下令铸造永乐大钟的真实目的。

明成祖弘扬佛教思想。元末明初,由于元朝统治者出于巩固统治的需要而大力崇佛,使佛教得到了超乎寻常的发展。早在至元二十八年(1291),"天下寺宇"就多达"四万二千三百一十八区",僧、尼有"二十一万三千一百四十八人"。此后直至元末,仍然不断地在全国各地增建和扩建寺院,或拨大量的土地、资金以扶植寺院经济。这必然导致寺院和僧众的进一步增加。据此可以推知,元末如此众多的僧侣和密集的寺院,其所能影响的民间信徒,无疑将是一个十分巨大的数字。元代佛教之所以出现寺院林立、僧团庞大和信徒众多的情况,固然有元朝统治者过度崇佛的因素在起作用,但归根到底是因为在当时阶级压迫和民族压迫十分严重的历史条件下,特别是元末战乱的黑暗岁月里,广大人民群众因无法摆脱现实生活中的苦难,便纷纷到佛教中去寻求精神上的解脱,从而使佛教赢得了广泛的信教群众基础。这是新兴的明朝统治者无法回避和必须认真对待的现实。弄得好可以得到这一宗教群体的归顺和拥护,弄不好必将危及新兴王朝的统治和稳定。这一点,朱元璋和朱棣都看得比较清楚。朱元璋在登基之初招揽"善世禅师"时就曾说过:"佛教肇兴西土,流传遍被华夷,善世凶顽,佐王纲而理道,今古崇瞻,由慈心而顾重。是故出三界而脱沉沦,永彰不灭,"认为:"景张佛教……人皆在家为善,安得不世之清泰。"朱棣在为重刻《法华经》《金刚经》所作序文中也明确指出:佛教具有"阴翊王度"和"善世"之功能。

正因为朱元璋父子对佛教的发展状况和佛教对巩固政权的重要意义都有了较深刻的认识,所以在他们当了皇帝以后,对佛教都采取推崇、扶植、利用和控制的方针。这一方针以及一系列具体的政策、措施诸如礼遇名僧,频举法会,广泛册封藏传佛教各派领袖,重建或修缮寺院,扶植寺院经济,大量刊印佛典,通过限制发放度牒和僧侣数目、年龄以及实行考试制度等方式抑制僧侣数目的过快增长,防止滥竽充数,严禁寺院藏匿非法之徒和取缔秘密宗教组织等。这些政策和措施,说到底都是为了在克服佛教副作用的基础上,更有效、更充分地利用它的强大感召力、凝聚力和巨大的社会能量来为巩固明朝统治服务。

上述方针、政策和具体措施的实行对促进明初50年的社会稳定,特别是西藏地区的稳定起到明显的效果。在内地,有众多著名高僧如绍兴宝林寺别峰、杭州天竺寺东溟等等都率徒众接受朝廷的礼遇和规范,趋之若鹜地参与朝廷频频举办的各种"大法会",大力弘扬佛法,劝人一心向善。这些都对促进社会稳定大有帮助,使明初50年的政局比较稳定。永乐年间(1403～1424)除了1420年山东唐赛儿假白莲教起义短时间就被镇压之外,没有再出现较大的不稳定因素。在西藏,由于明成祖在太祖册封藏传佛教各宗派领袖为"国师"并加强同西藏地区"茶马"贸易的基础上,进一步实行了对西藏佛教各宗派大小首领加封"大法王""大国师"及"西天佛子"等名号的举措,使他们"转相导化,以共尊中国",从而实现了"西陲宴然,终明之世无番寇之患"的安定局面。

永乐大钟正是在这种情况下,着手铸造的,其目的是进一步以寓政治目标于佛教的方式,利用人们信佛的心理和佛教由来已久的影响力及感召力来潜移默化地引导人们:只有自觉地奉行"三纲五常"的伦理准则,维护国家统一、民族团结和社会稳定,才能实现现世的安康幸福和对来世的美好憧憬。

(3)寓政治于佛教的万钧钟文化

如前所述,永乐大钟虽然在形式上是铸满经文、咒语的佛钟,但它也绝不是单纯为宣扬佛法,而是想借助弘扬佛法来宣传明成祖的政治主张和政治理想,也就是《大明神咒回向》所表述的内容及其中心思想。在佛家看来,"回向"一般是指以自己所修功德去教化人民,普度众生,引导人们尊奉佛法,积德行善,最后修成正果,进入西方极乐世界。明成祖正是利用了这一点,他铸钟供养佛法,劝人为善,其最终目的是要利用佛法教化民众,使之共同来维护明朝的"大一统"江山。

当然,唐宋以来有不少铸有少量佛经、咒语或简短吉祥祝语的佛钟。但是,像永乐大钟这样把《诸佛世尊如来菩萨尊者神僧名经》《大明神咒回向》《妙法莲华经》《金刚般若波罗密经》《佛说阿弥陀经》《仁王护国陀罗尼经》《佛顶大白伞盖楞严陀罗尼经》《般若波罗密多心经》等经文以及百余种中、梵文咒语共 23 万余字都和谐有序地铸在如此硕大的钟体上,而且以《大明神咒回向》的形式把皇帝的施政纲领铸到经文环绕的显著位置,在历史上则为仅见。

把上述经文铸到钟上,劝人念佛向善,是想借助佛教关于生死轮回和因果报应思想来维护儒家"三纲五常"的封建伦理观念,从而达到巩固明朝封建专制主义统治的目的。明成祖"御制"《诸佛世尊如来菩萨尊者神僧名经》约 13 万言,占大钟铭文的一多半,在铸上大钟之前,他还命人谱了曲,并向民间广为散发,鼓动民众念佛名求善报,目的是"朕统临天下,夙夜拳拳,以化民务"。其内容主要是宣扬忠孝观念和因果报应思想,鼓吹"孝弟忠信最为先","至孝在忠君",并把忠孝观念和因果报应结合起来,强调"不忠不孝即为大恶","天网恢恢,报应甚速"等等。正像他在该《佛名经》序中所说:"凡发善心称赞诸佛世尊如来菩萨尊者神僧名号者,即得种种善报,轻薄侮慢不敬不信者即得种种恶报……,所谓为善者,忠于君上,孝于父母,敬天地,奉祖宗,尊三宝,敬神明,遵王法,谨言行,爱惜物命,……如是则生享富贵,殁升天堂,受诸快乐。所谓为恶者,不忠于君,不孝于亲,不敬天地,不奉祖宗,不尊三宝,不敬神明,不遵王法,不谨言行,残害物命,……如是则生遭重谴,死堕地狱,受诸苦报。"

铸《法华经》《金刚经》等,其实质也是在利用佛教的因果报应思想来维护"三纲五常"。他在《金刚经》序中劝导世人说,想达智慧成正果,"觉路非遥,履之即至","惟尽心以忠于君,竭诚以孝于亲,不亏六行(据《金刚三昧经》载,六行包括:十信行、十住行、十行行、十回向行、十地行、等觉行。——笔者注),不犯五刑(中国古代的五种刑法,隋至清代指笞刑、杖刑、徒刑、流刑、死刑。——笔者注),不缠根尘,心无妄想,无所住著,即见本性,不离宗旨,又能持诵此经,勤行修习,当即证大乘。"

把政治意图和"纲常"伦理溶于佛教之中,再把这些铸于千百年来对人们特别是对佛教信徒具有特殊感召力的佛钟上,意在借助佛钟的传播功能使自己的政治理念更加普及和更加深入人心。

佛钟亦称梵钟,大约产生于东汉时期,因为这时圆形的报时钟已广泛用于民间,而佛教恰好在东汉时期广泛在中国传播,为了适应中国的国情,在原有犍稚的基础上,采用当时流行的报时钟的形式来警示僧众和传播梵音。按《长阿含五?尼沙经》的说法,梵音有五大特点:正直、和雅、清澈、深满和遍周远闻,故采用报时钟来传播梵音和弘扬佛法比木制的"犍稚"更能满足这些要求。现存最早的佛钟即南朝陈太建七年(575)钟就是一口圆形钟。在以后的发展中,为了更好地传播梵音,人们不断地改进圆形钟的形态和铸造方法,追求钟声的完美、庄重、悠扬和远播,从而使钟成了寺院不可缺少的法器,以至达到了"有寺必有钟"的程度。

可见梵钟是佛教与中国文化相结合的产物。由于它的功能除了作为起居作息和召集僧众的信号之外,更主要的是传播梵音、醒世弘法和拯救众生。如唐朝和尚释道世所撰《法苑珠林·鸣钟部》所言:"洪钟震响觉群生,声遍十方无量土。含识群生普闻知,被除众生长夜苦。"又大钟寺古钟博物馆所藏北宋熙宁十年(1077)所铸铜钟载有阴刻铭文:"增一阿含经云,若打钟愿一切恶道并皆停止,得除五百亿劫生死罪,云云。"受这些信念的影响,普通大众对钟声的神奇功能也深信不疑,还编出了朗朗上口的歌谣在民间流传,并把它郑重其事地铸到了钟上:"闻钟声,烦恼轻,智慧长,菩提生,离地狱,出火坑,愿成佛,度众生。"

永乐帝正是适应和利用这种需要,在迁都北京之际动员了众多能工巧匠的智力,耗费巨资铸造了这口空前的寓政治理念于神祇的永乐大钟。它承载着经过精心编撰的经文、咒语,一击,"声闻数十里",字字皆音,达到了使"梵音"以其"正直、和雅、清澈、深满"的纮纮之声"遍周远闻"的极致,意在使佛祖保佑他,信徒支持他,实现在《大明神咒回向》中所提出的以"敬愿大明永一统"为终极诉求的一系列政治理念。

因此可以说,永乐大钟是寓政治于佛教的成功典范,是永乐帝利用佛教的一大创举,也是留给我们的历史文化遗产。从今天来看,剔除其封建专制主义的糟粕,宣传其维护国家统一、民族团结、社会稳定和谋求人民生活幸福的理念,仍然具有十分重要的现实意义。

7 冀域古代科技制度和科技精神

科技制度和科学精神是人们在长期的科学实践活动中逐渐形成的相关制度、共同信念、价值标准和行为规范,是由科学性质所决定并贯穿于科学活动之中的基本行为规范的精神形态的思维方式,以及体现在科学知识中的思想或理念。合理的科技制度规范科学家的行为,是科学家在科学领域内取得成功的保证;优秀的科技精神文化,作为思维方式和价值追求成为精神动力推动科学技术的发展。

7.1 冀域古代科技制度

7.1.1 科技制度相对薄弱

在冀域古代,专门用来建构科技组织、规范科技活动、选拔科技人才、奖励科技成果的系统制度没有建立起来,冀域古代科技管理制度还处于萌芽时期。

有代表意义的是中国古代的科举制。从隋朝大业元年开始建立到清光绪三十一年废止,中国古代科举制度历经 1300 多年历史。科举制度作为封建王朝选拔人才的一种方式,相比于之前的"禅让制""世袭制""察举制"等选官取士制度,对中国古代社会产生了巨大的影响。科举制度使得封建社会有了稳定的人才来源,奠定了中国古

代文官制度的基础。一方面,由于古代封建社会主流的价值取向,
"士农工商"的等级划分使得大多数读书人学习知识是为了考取功
名,走向仕途,科举制度使得考试内容只局限于儒家经义,造成了知
识人才结构的不完整,鲜有学习科技等偏离封建主流意识形态的人
才存在。另一方面,科举制度也没有一味地灌输伦理思想,在古代关
乎封建统治、社会生产的实用科技上,儒家思想和科举制度有所支
持,"在唐朝的科举考试里,就开设有明算、明书、明法等考科"[92]。
冀域古代许多科技成果是与封建统治相关,许多科技人物是出自官
身,官员和科技人才的双重身份又使得相关的科技活动能够得到优
势资源,有效地向前推进,这也是冀域古代科技成果取得重要成就的
一个原因。在冀域古代,虽然没有相对完善的科技人才选拔制度,但
科举制度作为一种选拔官吏的方式,也间接地推动了冀域古代科技
一定的发展。

　　冀域古代科技制度文化中虽然没有系统、全面的科技奖励制度,
但是,也存在科技奖励情况:例如,元朝天文学家、水利专家郭守敬
向元世祖忽必烈提出了六项发展华北平原水利的建议,"水利六事"
得到忽必烈的重视与赞赏,"被忽必烈任命为'都水监'(掌管全国河
堤、渠防等水利事务),后因其治河有功,被赐钱两千五百贯,并迁官
太史令"[93]。同时,基于科技人物的贡献而对科技人物的称号也可
以算是对科技人物的一种特殊的奖励方式,例如扁鹊被誉为"传统医
学诊断法的奠基人",李冶、朱世杰被誉为"宋元数学四大家",刘完
素、李杲被誉为"金元医学四大家"。

7.1.2　医学制度较为完善

　　中国古代医学相比于其他科技学科,相应的制度建设较为完善。
中国古代医学有医事制度、医药管理、医学教育、医事考核等方面的
组织机构和设置。

（1）医事制度

古代医事制度大体从周代开始确立。其后历代不断演进，唐宋时期逐渐完备，但至清代基本上相互因袭无重要变迁，其设置主要为宫廷及上层统治阶级服务，民间医药却无长久的管理制度。周代医学有较大进步，开始分科并制定了医事管理制度。官医设置随医学分科而有五种，其官阶、员额不一：①医师，是众医之长，隶天官冢宰，掌管医政和医疗，又设府（保管人员）、史（记录）、徒（役使）辅佐工作；②食医、掌管王用饮食；③疾医（内科医生），治疗平民疾病；④疡医（外科医生）；⑤兽医。秦的良医很多，所以形成了较为系统的医事制度，对后世具有重大影响，为第一发展阶段。

太医令是最高官职，丞为之助理，主医药，隶少府，属职有侍医，专服务于王室或皇族，发展成为后来的御医。在地方上，官医除为各级官吏医病，还要接受地方官吏临时指派的检疫麻风病任务。医事制度在秦的基础上有较大发展，为第二发展阶段。

西汉时期，中央医职有隶于少府和太常的区别，各设太医令为最高官职。少府太医令下有太医监、侍医、为后妃诊治疾病的女医（也称乳医）、掌御用药的尚方和本草待诏；其职责发展为后来隶于内府的药房官。太常太医令，掌诊治疾病的太医和主持药物方剂的药府。太医既负责中央官吏的疾病诊治，又掌管郡县的医疗事宜，各郡都设有医工长，对太医负责；其职责发展为后来的太医署。在药府系统中，药长主持医事，并有药藏府储存药物。考察西汉太医，首先应辨明具所属系统，否则难免讹混。诸侯国医制基本仿照中央而略有不同，典医丞，医工长二职不见于中央医制。

东汉时期，太常太医令被删汰，仅在少府设太医令、丞、掌医药政令。太医令下有员医293人、员吏19人。又有药丞主药剂，方丞主治疗。增设了三药职：中宫药长，由宦官充任，司中宫妃嫔医药事宜;尚药监和尝药太宫。皇帝医病服药由他们先尝药量的十分之二,然后进奉服用。这时医药管理有了明确分工。

两晋时期,晋因魏制,太医令隶宗正;设奚官署于内侍者,令2人,掌宫人医药疾病罪罚丧葬等事。哀帝时(362～365)省并太常太医,改归门下省,下有太医、殿中太医等。南北朝时期,刘宋、南齐太医令、丞,属起部,也属领军。梁陈,门下省设太医令、丞。北魏太医令复隶太常,增设太医博士及太医助教;门下省又有尚药局,设御师(即御医),与汉代的少府属官别置太医令的制度相似,以后历代多因之。北齐承袭北魏制度,尚药局有典御、侍御师、尚药监总管御药事宜;尚书、门下、中书三省各设医师,掌医疗。北周医事制度多有改革,设天官太医小医、天官小医、医正、疡医正、疡医等,又有主药。太医署的设置在刘宋时已露端倪,但史书记载过简,难于稽考。随建太医署,唐代扩充太医署成为规模宏大、影响深远的医学校,与宋元以后太医局(院)除管理医学教育外,主要是全国最高医药管理机关不同,为第三发展阶段。

隋代,设太医署,隶太常寺,是医学教育和医药机关,太医令是最高官职,丞为之助理,下有主药、医师、药园师、医博士、助教、按摩博士、祝禁博士,共215人。高祖时(589～604)仿照北齐制度,在门下省设尚药局,专门负责皇帝的医药,下有典御、侍御医直长、医师等职。炀帝时改隶殿内省,典御改为奉御。又增设司医、医佐员等职。

唐代,太医署因隋制且有所扩大,令、丞掌医政,府、史辅佐之,医监、医正掌教学,主药、药童司药材加工制剂,药园师适时种植采集药材,师生员共340人。尚药局袭隋制,增设咒禁师及合口脂匠等共96人。门下省另设奚官局,掌宫人及有罪后妃医药。在宫官中又设司药、典药、掌药三个药职及女史,专疗后妃疾病。五代有翰林医官使之职。宋代医事制度有所改革,中央分为四个部门,太医局专门负责医学教育,而医药政令和承招视疗则由翰林医官院掌理,为第四发展阶段。

宋代,设太医局,隶太常寺,有丞、教授、九科医生,额 300 人。熙宁九年(1076)设提举、判局,并规定判局一职要选懂医的人担任。翰林医官院有正副院使、直院、尚药奉御、医官、医学及□候等百余人。殿中省仍设尚药局,掌皇帝医药。至道三年(997)设御药院,为服务宫廷的医药机关,隶内侍省,近似清代的内药房。神宗时(1076)在京师设卖药所(称熟药所),辨验药材,另设修合药所 2 所(炮制药材)。这是官办药局的创始。徽宗时(1114)将卖药所和修合药所改为太平惠民局、和剂局,主要控制全国药品的炮制和买卖,并在各地设药局 40 处。药局兼医病,作为官办施药便民的医疗、卖药机构。元时两代承袭此制,通称惠民药局。辽代,北面官设太医局,有使、副使、都林牙等职。承应小底局,隶著帐户司,有汤药小底。南面官设翰林院,有提举翰林医官、翰林医官内侍省汤药局有都提点勾当汤药等,都是为皇室服务的。金代,改太医局为太医院,隶宣徽院,掌医政和医学教育,有提点、院使、副使、判官、管勾等职。御药院有提点、直长。尚药局改由宣徽院统领,但是以管理皇帝饮食和药品为主,医疗次之。元明清三代医事制度大同小异,元代太医院成为独立的中央医药机关,为第五发展阶段。

元代,中统元年(1260)设宣差,统领太医院,掌医事,制奉御药物,秩正二品,为历代医官最高的品级。其后官医职称、员额屡有改变。至元九年(1272)又设医学提举司,有提举、副提举,掌各路学生课义、考验太医教官、校勘名医著述、辨验药材、教导太医子弟。至元二十五年(1288)又设官医提举司,有提举、同提举、副提举、掌医户差役词讼。河南、江浙、江西、湖广、陕西各设一司,其余各省设太医散官。

（2）医药管理

管理御药机关有：①御药院,掌受各路乡贡、各国进献的珍贵药品,及药材加工制剂。②御药局掌大都（北京）和上都（多伦）的行箧药物,分立行御药局之后,只掌上都药仓。③行御药局,掌行箧药物,大德九年（1305）设置。④典药局,掌东宫的药物加工制剂。⑤行典药局,掌东宫的药物供奉。⑥广惠司,至元七年（1266）设,专用阿拉伯医生加工制剂御用回回药物,并治疗各宿卫士及在京平民。至元二十九年（1292）在大都和上都各设一所回回药物院,掌回回药物,至治二年（1322）拨隶广惠司。

主管惠民药剂机关有：①广济提举司,掌药物加工制剂,施药平民。②大都惠民局,为官办卖药机关,优惠平民,中统二年（1261）始置,受太医院领导。③上都惠民局,中统四年（1263）始置。

明代,设太医院,秩正三品,有院使、院判,下有御医、吏目。生药库、惠民药局各有大使、副使。永乐十九年（1421）迁都北京后,南京仍置太医院、生药库、惠民药局,员额减少。太医院的职责有：①为皇宫大臣、外国使者医疗疾病;②医生的晋升与考选;③太医子弟的教育;④药物的采办。

药物管理机关：①御药房,属于内府,洪武六年（1373）置,嘉靖十五年（1536）改为圣济殿,又设御药库诏御医轮值供事。其职责是辨验药材、检定制剂,验收保管各地贡供的药品。②惠民药局,承袭前制,洪武三年置,地方也有设置,治疗贫病的士兵和平民,但由于管理不善和经费不足,多名存实亡。

清代,设太医院,有院使、左右院判,掌医政及医疗,下有御医、吏目、医士、医员（司医疗）;医生、切造生（司加工药剂）等职。历朝员额增减不一。太医院太医都以所业专科分班侍值。此外也受委承担王公大臣、国外使者、驸马、军营、监狱、试场的医疗及辨验药材等工作。

太医院职官的升补和告退也有明确的管理规定。

顺治十年(1653)设御药房、隶太医院,管理药物的采办、贮存和配制。侍值内府设东、西御药房,西药房归院使、院判及御医、吏目,分班轮值,东药房则归御医、吏目及医士,分班轮值。清代无惠民药局的设置,而有地方性的官办社会抚恤机关,如育婴堂、普济堂、养济院等。清末在资本主义民主革命的压力下,政府体制作了革新,民政部内设卫生司,郎中为最高官职、员外郎次之,下有主事、小京官、医官等职。

(3)医学教育

中国古代医学教育一般是师徒传授或私塾学习,没有专门医学教育机构。刘宋元嘉二十年(433),太医令秦承祖奏置医学以广教授。这是中国设置医学教育机构的开端。北魏仿效南朝创立太医博士和太医助教之职。详情不可考。

隋代,在太医署中设太医博士、助教、按摩博士、禁咒博士,分别教授学生,又有药园师、主药、药监、担负药物教学。唐代,太医署发展成为制度健全、分科和分工明确的医学教育机构,分医学和药学两部分。医学部分有医、针、按摩、咒禁等四种,以医科为最大,培养的绝大部分是临床医生。药学部分有主药、药童,管理具体业务,并在京师设有面积为三顷的药园,置药园师,作为训练药园生种植药材的实验园地。各州府也设医学,有医药博士任教。唐太医署设立于624年,是当时世界上唯一的规模最大、最完备的医学校。五代,后唐清泰年间(934~935)于太医署和诸道置医博士、药博士。宋代,对医学教育颇为重视。嘉祐五年(1060)分医学为9科,后来一度分为13科。当时学生多至300人。熙宁九年(1076)医学教育也依王安石三舍法而分班学习。编校医书在宋初已开始,至嘉祐二年(1057)设置校正书局于编集院。由掌禹锡等为校正医官,系统地校订和印行历代重要的医籍,历时 10 余年,对医学的发展、古典医籍的推广普及都有重要的作用。

元明以来,医学分为 13 种,其中有正骨兼金疮肿科,把骨科置于首要地位,因元人重骑兵,易发生骨伤疾病,故设此科。明清后随着经济文化的发展及西方火器的传入,金镞等科废止。明代医学,考试重于教育,各县虽有医学训科,而设官不给禄,与阴阳学同。故此时期,医学教育呈衰落的趋势。

清代因明制,而太医院内设教习厅,分作内、外教习,内教习以太监为学生,外教习则教授医官子弟。1840 年以后太医院经费不足,医学也近乎消亡。光绪三十四年(1908)设新医学,略仿各省学堂的章则。

(4) 医事考核

医事考核仅限于官医,考核可划分为考绩与考试两种形式。早在周代即已建立医生平日临床治疗效果的记录制度,年终时总结其治愈率高低,据以评定医师。其技术水平的优劣,及给薪水之薄厚,可以说是中国医事考核的开端。此后,历代基本沿袭这一考核办法。自南北朝官办医学教育出现后,有了答卷式的考核,以所取成绩优劣,评定技术高低,选拔任用。唐代,太医署考试登用人才,仿照国子监方法。通常上选的充当御医,其次派去州府任医学博士官职。考试比较严格,有博士主考的月试、太医令丞主考的季试,年终则由太常寺卿、少卿总试。学习 9 年不及格者,令其退学。

宋代,太医局新生入学,经太医保举,听读 1 年后,考试及格者补为正式生。熙宁九年,医学推行三舍法,学生每月私试一次,每年公试一次,学品兼优者可以补内舍,由内舍补入上舍。上舍者大都留太医局任职。绍熙二年(1191)规定考试分墨义、脉义、大义、论方、假令、运气六项,以六通为合格。还规定医学生轮流给太学、律学、武学的学生及各营将士医疗,年终考查其成绩,分为三等,报中书省复核,依次递补,并给予奖赏。医疗失误多者,太医局酌情予以责罚,甚至开除学籍。乾道元年(1165)制定了州县官医缺额的升补和医技平庸的官医经长吏验实后黜出的办法。

元代,医学生学习成绩优良的可直接擢用,或由科举选录。为了防止无学滥充的弊端,对各路医学教授除每年的教学质量考查外,3年内要完成太医院颁布的13科题目的解答,视考核结果定夺升补。凡教学质量低劣,学生不能完成课程时,要扣发教授1~2月薪俸。官医考试3年一次,考中者次年赴省试,再中者可收充太医,承应医事。府试合格者,任随路学官,由省试收补录用。明代,太医院学生由医户子弟选入,称医丁,学习3~5年,每季考试一次,3年总考,成绩合格者送礼部选用,一等者充医士,二等者充医生,不及格者可补考,学习1年再试,三试不及格者黜出为民,原保官吏治罪。如5年考试成绩优良者,本学教授奏请量材加升。隆庆间,医士、吏目升补,采取告补办法。万历时又有丁如一户缺人,准令通晓医业嫡派子孙一人补役的规定。这种办法产生出很多流弊。

清代,太医院学生由医官子弟保送,学习3年期满,由本院堂官在所学课程中出题考试,合格者经礼部复核录取的为医士,未被录取的继续学习,可再试。凡学习1年以上,经三次季考名列一等的学生,遇太医院食粮医生缺额,可呈礼部递补。还规定,每届寅、申年,吏目以下各员生由太医院院使、院判合同礼部堂官会考一次。成绩为一二等者,如无过犯,依次递补,三等者原职不升转,四等者罚停会考一次,不列等者革职,发回教习厅学习,下届可再考。民间习医者,令其学习《内经注释》《本草纲目》《伤寒论》,医理精通者,呈报巡抚,发给证书赴太医院考试,成绩优良者授以吏目、医士。年老不能赴京者,留为本省教授待考。清末有了西方近代医学堂,举行留学生考试,内有医学一门,及格者有医科进士之称。

冀域古代作为政治中心,由于封建统治影响等方面因素,医学是
较为发达的学科之一,相比其他学科,其制度建设也是较为全面的。
在长期历史发展过程中,在封建环境的影响下,医学人才的选拔、升
迁等相应制度规范也在不断发展。太医作为封建意志作用于中国古
代医学上的产物,伴随着古代医疗水平的提高也在不断完善。太医
制度的萌芽形式最早可以追溯到古代西周时期的医师制度,《周礼·
天官冢宰》记载,"凡邦之有疾病者,疕疡者造焉,则使医分而治之。
岁终,则稽其医事,以制其食。"[94]发展到东汉时期,俸禄制度已较为
明确:"太医令一人,六百石。"[95]此后,太医制度不断发展并完善。
到元代,设立太医院,"它总领全国医政,是元朝最高的医事管理机
构"[96]。太医院作为为封建统治阶级提供医疗保健服务的机构,在
人才选拔、任用、考评等方面也有相应的制度。例如,在明朝后期,有
征荐、医官世袭等制度;与此同时,太医也有相应的考评制度,"嘉靖
十二年规定,将太医院医士、医生按季考试,严考分为三等,一等送御
药房供事,二等给予冠带,与三等俱发本院当差。"[97]到清代,《太医
院志》记载,"太医院俱汉缺属于礼部,正官院使一员,左、右院判各一
员,属官御医十员,首领官吏目三十员。"[98]但是清代太医院官员的
员额在各个时期都有增减,是不断变化的。

中国的古代医学制度随着历史发展在不断进步,而自元代起,冀
域古代作为封建王朝的政治中心,相应的太医院制度也在不断完善;
作为冀域古代发达科学学科之一的医学,相比其他学科,其制度文化
相对成熟、完善。

7.2 冀域古代科技精神

7.2.1 坚韧不拔的探索精神

探索精神是科技进步的有力支撑,面对前人未涉足的知识和需

大量实地考察的挑战,只有坚韧不拔的探索精神才足以支撑这样巨大、辛劳的科技工作,在冀域古代科技活动中,坚韧不拔的探索精神也有诠释:南北朝时期著名的数学家祖冲之在进行圆周率计算的时候,由于当时计算条件的限制,需要对九位数字进行包括开方在内的各种运算 130 次以上。

根据史书的记载和考古材料的发现,古代的算筹实际上是一根根同样长短和粗细的小棍子,一般长为 13～14cm,径粗 0.2～0.3cm,多用竹子制成,也有用木头、兽骨、象牙、金属等材料制成的,大约二百七十几枚为一束,放在一个布袋里,系在腰部随身携带。需要记数和计算的时候,就把它们取出来,放在桌上、炕上或地上都能摆弄。别看这些都是一根根不起眼的小棍子,在中国数学史上它们却是立有大功的。而它们的发明,同样经历了一个漫长的历史发展过程。

祖冲之当时就是使用算筹这种极其简陋且古老的方式,在落后的条件下,将圆周率数值准确地计算出来。进行如此巨大的运算,足见祖冲之对圆周率数值坚定的探索精神。

进行周密的实地考察与调查研究是郭守敬从事水利工作所具备的特点,"水利六事"是郭守敬进行了大范围长期考察的结果,他的建议翔实可靠,没有坚韧的探索精神是难以实现的;《水经注》的作者郦道元纠正了前人诠释地名的许多错误,工作量之庞大,难以想象,其探索精神可见一斑。

探索精神难能可贵,在日复一日、年复一年复杂、枯燥的科技活动中,冀域古代科学家们正是凭借着坚韧不拔的、持之以恒的探索,保证了冀域古代科技成就的准确、翔实以及璀璨辉煌。

7.2.2 突破樊篱的质疑精神

科技的向前发展建立在前人研究成果的基础之上,继承前人的研究成果对科技发展固然重要,但是若要一味地迷信前人研究成果的权威性,则会导致科技发展陷入停滞之中。冀域古代科技从萌芽到不断发展,再到形成璀璨辉煌的成就,突破樊篱、敢于质疑前人理论的科技精神是至关重要的。

商代时期,医与巫是联系在一起的,医巫不分造成了科学与迷信的混淆,同时也就大大阻碍了医学的进步。战国时期的扁鹊作为中医理论基础的奠基人,在"六不治"中就明确地提出"信巫不信医",在当时的社会大环境之下,迷信的色彩深深地笼罩在医学的研究氛围之中,敢于向迷信提出挑战的扁鹊迈出了质变的一步,突破了科学与迷信混淆的樊篱,实现了中国传统医学向前发展的跨越式一步。

作为冀域古代医学的另一代表人物,河北玉田的清代医学家王清任在研究中颇具质疑精神。王清任在研究中发现,流传下来的医学典籍内容并不是全部正确的,"古人所以错论脏腑,皆由未尝亲见"(《医林改错》上卷)。因此,他决定通过大量的实际观察来解决问题,并对中国解剖学的进步做出了重要贡献。他医学研究的特色就在于坚持细致的临床观察,并对前人医学思想的樊篱敢于大胆突破,从而推动了解剖学的发展。当然,由于时代的局限性,他的医学研究不可避免地存在着不足之处,但王清任仍然不失为一位伟大的医学家。

王清任,清代富有革新精神的解剖学家与医学家(1768—1831年),字勋臣,直隶玉田(今属河北)人。年轻时即精心学医,并于北京开一药铺行医,医术精深,颇噪于一时。因其精研岐黄,于古书中对人体构造与实际情况不符,颇有微词,并敢于提出修正批评,其革新精神甚得好评。尝谓"著书不明脏腑,岂非痴人说梦;治病不明脏腑,何异盲子夜行",故精心观察人体之构造,并绘制图形,纠正前人错误,写成《医林改错》。王清任自幼习武,曾为武庠生,捐过千总衔。

乾隆、嘉庆年间,王之故乡还乡河上,仅有渡桥,因"官桥官渡"进行勒索,还是"善桥善渡"以行善引起讼端。王清任力主"善桥善渡"。开庭审理时,知县几次摘去凉帽,清任几次站诉不屈,并义正词严:"我跪的是大清法制'顶戴花翎',不是为你下跪",而触怒县官。他平时还多用文言、辞令蔑视封建统治者的衙门。久之,县衙与当地豪绅合流对其进行迫害。王清任不得不离乡出走,辗转去滦县稻地镇(今属丰南区),东北奉天(今沈阳)等地行医。王清任受祖上行医影响,20岁便弃武习医,几年间已誉满玉田;30多岁时,到北京设立医馆"知一堂",为京师名医,善用黄芪。他医病不为前人所困,用药独到,治愈不少疑难病症。据清光绪十年《玉田县志》载,有1人夜寝,须用物压在胸上始能成眠;另1人仰卧就寝,只要胸间稍盖被便不能交睫,王则用1张药方,治愈两症。王清任一生读了大量医书,曾说:"尝阅古人脏腑论及所绘之图,立言处处自相矛盾"。在临床实践中,就感到中医解剖学知识不足,提出"夫业医诊病,当先明脏腑"的论点。王认为:"著书不明脏腑,岂不是痴人说梦;治病不明脏腑,何异于盲子夜行。"从此,王冲破封建礼教束缚,进行近30年的解剖学研究活动。嘉庆二年(1797),王清任至滦县稻地镇行医时,适逢流行"温疹痢症",每日死小儿百余,王冒染病之险,一连10多天,详细对照研究了30多具尸体内脏。他与古医书所绘的"脏腑图"相比较,发现古书中的记载多不相合。王为解除对古医书中说的小儿"五脏六腑,成而未全"的怀疑,嘉庆四年(1799)六月,在奉天行医时,闻听有1女犯将被判处剐刑(肢体割碎),他赶赴刑场,仔细观察,发现成人与小儿的脏腑结构大致相同。后又去北京、奉天等地多次观察尸体。并向恒敬(道光年间领兵官员,见过死人颇多)求教,明确了横隔膜是人体内脏上下的分界线。王清任也曾多次做过"以畜较之,遂喂遂杀"的动物解剖实验。经过几十年的钻研,本着"非欲后人知我,亦不避后人罪我","唯愿医林中人,……临症有所遵循,不致南辕北辙"的愿望和态度,于道光十年(1830)即他逝世的前1年,著成《医林改错》一书(两卷),刊行于世。

梁启超评论"王勋臣……诚中国医界极大胆革命论者,其人之学术,亦饶有科学的精神"。范行准所著《中国医学史略》评价王清任:"就他伟大实践精神而言,已觉难能可贵,绝不逊于修制《本草纲目》的李时珍。"唐宗海《中西汇通医经精义》云:"中国《医林改错》中,剖视脏腑与西医所言略同,因采其图以为印证。"50多年来,此书已多次重版刊印。1949年后全国各地介绍王清任,研究《医林改错》的论文、评注,已不下50余篇(册)。王清任是中国清代的一位注重实践的医学家,他对祖国医学中的气血理论做出了新的发挥,特别是在活血化瘀治疗方面有独特的贡献。他创立了很多活血逐瘀方剂,注重分辩瘀血的不同部位而分别给予针对性治疗,他的方剂一直在中医界受到重视,并广泛应用于临床,经临床实践验证,疗效可靠。活血化瘀法是祖国医学宝库中的一份重要遗产,从秦汉以来,活血化瘀法不断充实完善,而以清代王清任的学术成就尤为引人注目。他的学术思想不仅对中医内外妇儿各科做出了贡献,而且对针灸临床也有着重要的指导意义。针灸临床应用活血化瘀治则,最常用的操作手法就是刺血疗法。用三棱针刺血,或用梅花针叩刺出血,或叩刺出血后再拔上火罐以增加出血量。刺后可直接祛除血脉的瘀阻、排除瘀血,疏通经络。临床上凡是经络中气血壅滞不通,瘀血形成,或久病入络等症皆可用此法治之,临床应用范围颇广,辨证准确,手法适当则多获著效。

王清任在《医林改错》中订正了古代解剖学中的许多讹谬。对人的大脑也有新的认识。正确地提出:"灵机、记性,不在心,在脑。"如果脑子出了毛病,就会引起耳聋、目暗、鼻塞甚至死亡。在临床实践方面,对气血理论作了新的发展,他认为"气"和"血"是人体中的重要物质,主张"治病之要诀,在明白'气、血',无论外感内伤,……所伤者无非气、血"。在他治疗疾病的处方中,提出"补气活血""逐瘀活血"两个治疗方法,这就是活血化瘀的理论,迄今仍有实用价值。他创立的"血府逐瘀汤"等 8 个方剂,疗效显著。他创立和修改古方 33 个,总结出了气虚症状 60 种,血瘀症状 50 种。创制的药方治疗范围十分广泛,"补阳还五汤"是治疗冠心病、半身不遂的有效名方。我国医学界至今仍沿用王清任的某些方剂,对治疗脑膜炎后遗症、小儿伤寒瘟疫、吐泻等症有良好效果。

王清任治学态度十分严谨。主张医学家著书立说应建立在亲治其症万无一失的基础之上。他反对因循守旧,勇于实践革新,终成名于世。《医林改错》一书极大地丰富了祖国医学宝库。此书曾被节译成外文,对世界医学的发展也有一定影响。西方医学界称王清任为中国近代解剖学家。

后世医家对他的评价褒贬不一,有人认为他的学说中对于脏腑进行了明确的划分,是一种形态学上的准确化过程。但是,大部分的中医学者认为,中医学在几千年来对于"脏腑"的定义,从未真正使用过解剖学和形态学的方法,"脏腑"在中医学的理论体系当中始终是以"阴阳五行""八卦九宫"等进行分类和定义的。"脏腑"在中医学的诊断和治疗当中,始终是一种功能化的概念,而非实实在在的器官。而《黄帝内经》当中也提到过脏腑的大小和重量等,甚至有人认为《内经》当中,甚至没有说对肝脏的位置。实际上,很多学者在深层次的体悟之后发现,其间对于脏腑的重量、大小等数字上的描写,蕴藏着高深的数术学的内容。在中国文化的历程中,数术学说的神秘和深奥常使得很多人认为那是一种纯意识的东西,而非现实存在,还有人始终对其抱有怀疑甚至排斥的态度。但不论人们在主观意识上是否定还是肯定,"数术学"在中国文化的历史进程中占据着相当重要的位置,可以说深入到了各个领域,并贯穿始终,中医学说更是如此。既然很多人都已经承认中医对于脏腑的认识并非形态认识,而主要是功能性的定义,那么为什么在《黄帝内经》这部奠基的理论著作中出现了类似形态学的内容呢? 从该书的理论水平上来讲,与整体思想不一致的观点和论述,也绝不会收载其中。因此,我们不必把中医学描述重量和大小的数字具体化,也就不会为其中的数字是否需要修改和准确化而大费周章了。同样的道理,肝脏的位置,也不是指现代解剖学说中的肝脏,而是一种由"肝气上升""肺气下降"理论,和"左升右降"的气机循行特点,共同衍生出来的"肝位居左"的功能化概念。因此,很多医家对于王清任的"改错"持否定态度,并有"医林改错,越改越错"的说法。

而对于他的第二大理论,关于"瘀血"的学说,同样存在两方面的评价。一方面,在理论上,有人说他创立的瘀血学说补充了中医病机学和方药学;但也有人认为王氏是在尸场对多具尸体进行了实地的考察和解剖而得出结论的,从研究方法上来讲并不符合传统的中医认知法则,而且他所说的"瘀血",实际上应该说是"死血",失去了生命的人,身上的血液自然不会是流动的。而中医理论中所讲的"瘀血",也并不都是肉眼可见的。但是在立法和用方上,大多数的医家对其评价却十分肯定。他在瘀血症的治则治法上有了很大的创新,认识非常深刻,其间进行了更深透的分析,还留下了"膈下逐瘀汤""血府逐瘀汤"之类的优秀方剂。但在使用时必须辨证准确,才能使用这种方法,也不能仅限于气血致病的学说,为医者时时不可或忘辨证论治的原则,灵活机变,随症加减。

虽然后世医家对王清任的《医林改错》有着褒贬不一的评价,但是他肯于实地观察、亲自动手的精神值得肯定。他为后世医者留下了宝贵的资料,在瘀血症的立法及方剂的创立上,其发扬和革新有着很大的学术价值。

7.2.3 勇于改革的创新精神

祖冲之引进"岁差"革新历法,体现了勇于改革的创新精神。数学巨匠祖冲之同时还是一名天文学家,他发现了之前历法家的不足,认为历法要进行改革,并完成了对《大明历》的修订。

大明历,是由南北朝时期中国著名数学家、科学家祖冲之创制的一部历法,也称"甲子元历"。在历法中,祖冲之首次引入了"岁差"的概念,从而使得历法更加精确,是中国第二次较大的历法改革。大明历亦称"甲子元历"。南北朝一部先进的历法。祖冲之创制。《大明历》采用的朔望月长度为 29.5309 日,这和利用现代天文手段测得的朔望月长度相差不到一秒钟。在《大明历》中,祖冲之提出了在 391 年插入 144 个闰月的新闰周。根据新的闰周和朔望月长度,可以求出《大明历》的回归年长度是 365.24281481 日,与现代测得回归年长度仅差万分之六日左右,也就是说一年只差 50 多秒,这是非常精确的资料。冬至点是制订历法的起算点,因此测定它在天空中的位置对于编算历法来说非常重要。可是在祖冲之之前,历算家们一直认为冬至点的位置是固定不变的,这就使得历法制订从一开始就产生了误差。为此祖冲之把岁差概念引进历法中之后,大大提高了历法计算的精度。成历于刘宋大明六年(公元 462 年),祖冲之时年 33 岁。规定一回归年为 365.2428 日,是中国赵宋统天历(公元 1199 年)以前最理想的一个数据。

在制历时首先考虑岁差。所谓"岁差"就是由于地球在运行过程中受到其他天体的吸引作用,地球自转轴的方向发生缓慢而微小的变化。因此从这一年的冬至到下一年的冬至,从地球上看,太阳并没有回到原来的位置,而是岁岁后移,这也就引起了二十四节气位置的变动。祖冲之确定每45年11月差1°,这个"岁差值"虽很不精确,但引进"岁差"编制历法,是历法有了更科学的基础,而且在天文学中"回归年"和"恒星年"2个概念被区分开来。这是我国历法史上第二次大改革。一是改进闰法,把天文学家何承天提出的旧历中每19年7闰改为每391年144闰,使之更符合天象的实际。在我国首次求出历法中通常称为"交点月"的日数为27.212223日,与近代测得的数据(27.212220)极其相近。二是在制历时考虑岁差,一百年差一度。所谓"交点月"就是月亮在天体上运行的路线有2个交点(也叫黄白交点),月亮2次经过同一交点的时间叫交月点。历成后上表给宋孝武帝刘骏,却遭到宠臣戴法兴之流的压制和反对。祖著《历议》一文予以驳斥。祖死后10年即天监九年(公元510年)得以施行,达80年之久。《南齐书·文学传》:"宋元嘉中,用何承天所制历,比古十一家为密,冲之以为尚疏,乃更造新法(大明历)。"《隋书·律历志中》:"至九年正月用祖冲之所造甲子元历颁朔……陈氏历梁,亦用祖冲之历,更无所创改。"

祖冲之面对当时环境的重重困难,勇于质疑前人的研究成果,发现了其他历法家的不足,大胆地提出了自己的想法,使得中国古代历法科技又向前迈进了一步。

坚韧不拔的探索精神、突破樊篱的质疑精神、勇于改革的创新精神是科技精神文化中的重要内容,没有这些科学精神,一味地盲目接受前人的研究理论与成果,就会造成科技发展的停滞不前,冀域古代不断涌现的科学精神是推动着冀域古代科技不断向前发展的永恒精神动力。

8 冀域古代科技文化的基本特质

在长期的历史发展中,冀域古代科技文化沉淀出鲜明的特质,主要有独具特色的思维方式、大胆创新的设计理念以及难以规避的时代局限。其中,独具特色的思维方式包括:一是阴阳对立统一的辩证整体思维;二是贴近生产的实用理念;三是注重"实证性"的科学意识。大胆创新的设计理念包括:一是实际应用中的创新精神;二是将艺术性思维纳入理性设计之中。难以规避的时代局限表现为:科技制度尚未形成完整体系;封建意识严重制约科技发展。

8.1 独具特色的思维方式

8.1.1 阴阳对立统一的辩证思维

以冀域古代医学科技为代表的辩证整体思维是冀域古代科技思想辉煌的一页。同时,冀域古代医学人物汇集:扁鹊、刘完素、李杲、王清任等等。而中医的诊断思路就是阴阳辩证的整体思维,将病患内部看成一个相互联系的整体,将病症进行阴阳识别。中医始终将人作为一个整体看待,无论是病机、病理,还是诊断、治疗,时时处处着眼体现出这一观点。

同时,由于地理因素的差异,中国南方多山区,中国北方多平原,这造就了南北中医研究的不同。相比于北方,南方的山区、丘陵地带以及相关环境和温度等,植物的生长更为适宜,这就使得在医药原料方面,南方比北方更为丰富,自然环境的便利使得中医学在南方更为注重对药物的研究:例如有"药圣"之称的李时珍,他是明代著名的医药学家;而北方由于不具备南方的自然环境优势,中医学在北方则更侧重对医疗思维体系、医疗方法的研究:扁鹊发明"四诊",奠定了我国传统医学诊断法的基础;刘完素提出了一整套治疗热性病的方法;李杲以脾胃立论,以补为主,创立了"温补派"。

战国时期的扁鹊奠定了我国传统医学诊断法的基础。他不仅继承和发展了前人的医学理论和临床经验,而且结合自己的医学实践,在诊断方面,总结出了一套比较系统的诊断方法,切脉、望色、闻声、问病的四诊合参法,尤擅长望诊和切诊。这套方法成为中医两千多年来一直使用的传统诊断法,是中华文明的瑰宝之一。扁鹊的四诊合参法奠定了我国传统医学诊断法的基础,以扁鹊为鼻祖的中医理论体现了一种丰富的辩证思维,扁鹊所总结的四诊合参法,所体现的就是中国传统医学中的阴阳学说,也体现了对立统一的辩证思维。

对立是指处于一个统一体的矛盾双方的互相排斥、互相斗争。阴阳对立是阴阳双方的互相排斥、互相斗争。阴阳学说认为:阴阳双方的对立是绝对的,如天与地、上与下、内与外、动与静、升与降、出与入、昼与夜、明与暗、寒与热、虚与实、散与聚等等。万事万物都是阴阳对立的统一。对立是阴阳二者之间相反的一面,统一则是二者之间相成的一面。没有对立就没有统一,没有相反也就没有相成。阴阳两个方面的相互对立,主要表现于它们之间的相互制约、相互斗争,阴与阳相互制约和相互斗争的结果取得了统一,即取得了动态平衡。只有维持这种关系,事物才能正常发展变化,人体才能维持正常的生理状态,否则事物的发展变化就会遭到破坏,人体就会发生疾病。例如：在自然界中,春、夏、秋、冬四季有温、热、凉、寒气候的变化,夏季本来是阳热盛,但夏至以后阴气却渐次以生,用以制约火热的阳气;而冬季本来是阴寒盛,但冬至以后阳气却随之而复,用以制约严寒的阴。春夏之所以温热是因为春夏阳气上升抑制了秋冬的寒凉之气,秋冬之所以寒冷是因为秋冬阴气上升抑制了春夏的温热之气的缘故。这是自然界阴阳相互制约、相互斗争的结果。在人体,生命现象的主要矛盾,是生命发展的动力,贯穿于生命过程的始终。用阴阳来表述这种矛盾,就生命物质的结构和功能而言,则生命物质为阴(精),生命机能为阳。

在古代,人们对人体结构了解甚微的情况下,摆脱了一种"非此即彼"的思维误区,将各个身体组织的生命运动看作是一个相互联系、相互依存的关系,将人体看成一个有机的整体,扁鹊不单纯地诊断某一个病症,而是通过望、闻、问、切的方式来判断症状与身体各个组织器官之间不可见的内部联系。同样,作为"金元四大医学家之首"的刘完素,在其著作《素问玄机原病式》中提及"观夫医者,唯以别阴阳虚实最为枢要。识病之法,以其病气归于五运六气之化,明可见矣"[99]。可见,刘完素也认为在病症的诊断过程中,对病症阴阳的识别和把握尤为重要,注重病患整体的联系是识病之法。

"中医学的发展是与中国文化的发展是一脉相承的,它是在中国哲学的基础上建立起来的"[100],阴阳对立统一的辩证整体思维也与中国哲学联系密切。同时,冀域古代医学成就在中国传统医学成就中占据重要地位,是中国传统医学璀璨成果中浓墨重彩的一笔。

8.1.2　贴近生产发展的实用理念

冀域古代的许多科技成就都是与贴近社会生产相联系的,科技成就的产生也是基于一定的社会历史、地理环境背景应运而生的。历法的修订是为了更好地服务于农业生产;桥梁的修建也是为了方便两岸之间的沟通往来;水利科技是为了军事、农业、统治需要;所以,"实用理念"是冀域古代科技发展的一个主流思路,科技成果的产生大部分是为了迎合当时军事形势的需要、社会生产的需要以及统治利益的需要。实用理念在冀域古代水利科技成果中表现尤为突出。

(1) 隋朝修建永济渠

隋炀帝时期,由于从洛阳到涿郡(今北京)长期交通不畅、隋炀帝为了征服辽东等原因,永济渠便开始动工。永济渠是继隋炀帝开通济渠、邗沟之后,开凿的又一条重要运河。

永济渠是隋朝调运河北地区(指当时黄河以北、太行山以东的河北道)粮食的主要渠道,也是对北方用兵时,输送人员与战备物资的运输线。然而,星移斗转,沧海桑田,"百舸争流,千帆竞渡"的情景已无法再现,隋炀帝发兵高丽所留下来的踪迹,也早已消失于漫长岁月中,以至被风云际会的历史大潮湮没无痕。

东汉建安九年(204),曹操曾开白沟(比今卫运河偏西),又开平虏渠(相当今沧州以北的南运河),沟通黄河和海河水系。隋代开永济渠,南引沁水通黄河,北通涿郡(治蓟城,今北京)。这是白沟的改道,并向南延伸,南段比白沟稍向东移,在今卫运河之西,今德州以下与南运河大致相合,至今天津市西再向西转北,沿当时的永定河分支至涿郡。自永济渠经黄河、通济渠、淮河、邗沟,过江经江南运河至杭州,构成了南北大运河。隋、唐向辽东用兵,永济渠都是运输军需粮饷的主要交通干线。北宋时,又称御河,上源已与沁水隔绝,以卫河为源,自卫州(今河南省汲县)以下能行载重三四百石的船只。下游与漳河、滹沱河汇合,水量增加,但常受黄河决溢的干扰,金代仍利用它漕运。元代开京杭运河,御河(永济渠)的德州至天津段,成为京杭运河中南运河的一段。

隋炀帝在完成通济渠、山阳渎之后,大业四年(公元 608 年),"诏发河北诸郡男女百余万,开永济渠,引沁水南达于河,北通涿郡"(《隋书·炀帝纪》上)。

这表明隋炀帝当年开凿大运河时,沁河是永济渠的源头。明朝周梦旸编撰的《水部备考》中的记载也印证了这一史实:"沁水一支,自武陟小原村东北,由红荆口(今获嘉红荆嘴)经卫辉府,凡六十里,入卫河。昔隋炀帝引沁水北通涿郡,盖即此地也。"武陟小原村现存明代石碑也明确记载了隋代在当地建闸的情况,值得注意的是沁河下游在隋代是地下河,沁河下游堤防是金代以后逐步修筑起来的。

隋代沁水的流路,在今武陟县城以上大体同现流路,在今武陟县城南折东再转东南注入黄河。北魏郦道元撰《水经注》记载为:"……又东,过武德县(大城村)南,并于县南水积为陂(大坑),通结数湖(陂和湖约在今水寨一带)……又东南,至荥阳县北,东入于河。"由此不难想见,隋代沁河入黄口一带由黄河、沁河冲泄成多处大的坑塘,是难以通行大型船舶的。所谓"南达于河",应当是对沁水河道加以疏浚。

永济渠也可分为两段:南段自沁河口向北,经今新乡、汲县、滑县、内黄(以上属河南省)、魏县、大名、馆陶、临西、清河(以上属河北)、武城、德州(以上属山东)、吴桥、东光、南皮、沧县、青县(以上属河北),抵今天津市;北段自今天津折向西北,经天津的武清、河北的安次到达涿郡(今北京市境)。南北两段都是当年完成。永济渠与通济渠一样,也是一条又宽又深的运河,据载全长 1900 多里。深度多少,虽不见文字,但大体上说,与通济渠相当,因为它也是一条可通龙舟的运河。大业七年(公元 611 年),炀帝自江都乘龙舟沿运河北上,带着船队和人马,水陆兼程,最后抵达涿郡。全程 4000 多里,仅用了50 多天,足见其通航能力之大。隋唐两代称为永济渠,宋代称御河,其治理均旨在发展漕运,直到清光绪年间,从卫河水运仍可直达天津海河。明清两代,"凡漕粮入津、芦盐入汴,率由此道"。卫河上下,船桅如林,航运繁忙。北京城内所需物资,除江南海运或运河漕运之外,多由黄河漕运转淇门入卫河抵京,卫河对中国北方地区的经济发展发挥过重要作用。今天除卫河、南运河占压的原御河地段外,地表已很难发现永济渠的踪迹,现卫河和南运河北段仍为地上河,内黄至德州之间有大片沙岗和沙淤地,这是北宋以来黄河洪流泛滥留下的,也是永济渠淤没的主要原因。

开永济渠的关键工程是在沁水左岸开渠,引沁水东北流会清水至今浚县西入白沟。这是永济渠的南段,是当时新开凿的渠道。

白沟是曹魏旧渠,建安九年(公元204年),曹操北征袁尚时"遏淇水入白沟,以通粮道"。曹魏修治后白沟水量增加,连同与它接连的清河,成为河北水运干线。永济渠以曹魏旧渠为基础,将渠道拓展成为大渠,至今天津市境与沽河会合。这是永济渠的中段。从今天津市至古涿郡为永济渠的北段,系改造古潞河、桑干水两条自然河道的下游而成。

永济渠全长2000多里,由阎毗负责督建,男丁不足,妇女也被迫服役,从开工到建成仅用了不到一年的时间。永济渠的宽度虽然不及通济渠,但运输能力很强,并可航行庞大的龙舟。

隋大业七年(公元611年),隋炀帝发兵高丽时,除亲自乘龙舟通过永济渠外,还曾"发淮以南民夫及船运黎阳及洛口诸仓米至涿郡,舳舻相次千余里,载兵甲及攻取之具,往还在道常数十万人"。当时江淮以南的役夫和船只以及漕运、兵甲、武器、兵士等都是通过永济渠运往涿郡的。船只相延近千里,往返运输数十万人次,其规模是相当可观的。

然而,永济渠"南达于河,北通涿郡"的全线贯通,可能只限于渠成之初不到 10 年的时间。由于沁水多沙易淤积,而清水又流量有限,因此永济渠南段的漕运价值并不高。唐朝的时候,便放弃了永济渠的南段,改借丹水、清水、淇水济漕,永济渠的起点也由此被定位在汲县(今卫辉市)一带。北宋时,称永济渠为御河,金代仍利用这条运河。元代开京杭运河,御河(永济渠)的德州至天津段,成为京杭大运河中南运河的一段。御河明代时主要水源依靠百泉,其流经的地方又多在春秋时的卫国,所以改称卫河,系天然河流。

但隋代以后的沁水并没有和永济渠断绝关系。武陟地势高于新乡,每遇沁水决溢,很自然就会向新乡漫流,汇入御(卫)河。有时沁水的决流还可以通航,与黄河卫河水运相衔接,仿佛隋代永济渠情况。又由于卫河常患胶浅滞运,历代统治者有的对沁水决流主张不予堵塞,有的还建议按决流开渠引沁入卫以利漕,议多不果行。也有见诸实施的,终因"卫小沁大,其势难容,卫清沁浊,其流必淤"而再行筑塞。也正因黄、沁河屡屡冲淤,隋代永济渠的南段才绝难寻到遗迹。

唐代废弃永济渠南段后,其中段的主要水源中,丹水是沁水最大的支流。丹水的支流长明沟亦称小丹河与清水相连,曹操开白沟后起到了增加白沟水量的作用。唐代以后小丹河仍然是永济渠的重要水源,至清康熙年间仍有引丹济卫的详细记载。这条由今博爱县经武陟、修武向东连通卫河的河道后来被称为运粮河,一直到中华人民共和国建立初期仍具有航运价值。

史载:隋炀帝于大业四年(公元 608 年)春正月,"诏发河北诸郡男女百余万开永济渠,引沁水,南达于河,北通涿郡。"(《隋书》卷三《炀帝纪上》)又据《元和郡县志》卷十六《河北道一·相州》:"内黄县……永济渠,本名白渠,隋炀帝导为永济渠,一名御河,北去县二百步。"《元和郡县图志》卷十六《河北道一·贝州》:"永济县,本汉贝丘县地,临清县之南偏,大历七年,田承嗣奏于张桥行市置,西井永济渠,故以为名。永济渠在县西郭内。阔一百七十尺,深二丈四尺。南自汲郡引清、淇二水东北入白沟,穿此县入临清。按汉武时,河决馆陶,分为屯氏河,东北经贝州、冀州而入渤海,此渠盖屯氏古渎,隋氏修之,因名永济。"《禹贡锥指》卷十三下:"永济渠,即古之清河,《汉志》之国水,《水经》之清、淇二水。曹公自枋头遏其水为白沟,一名白渠。隋炀帝导为永济渠,一名御河,今称卫河者也。"严耕望先生在《唐代交通图考·隋唐永济渠》一文中,经详考认为:永济渠自"卫县以东,北至独流口约五百公里(就直线言)之流程,实亦与郦注之淇水、清河(淇水下游名清河)流程略相一致……具见永济渠之工程实多循汉魏北朝之旧河道也"。

由上可知,永济渠的开凿,也是利用了白渠、沁水、清水、淇水等原有的河道的。因此,在唐人的诗文中,每多"白渠""白水""清河""清川""淇水"等水路雅称,实际上就是永济渠。

至于说永济渠又称"御河",这亦是泛称。如,《隋书》卷二十四《食货志》载:"开皇八年……开渠,引谷、洛水,自苑西入,而东注于洛。又自板渚引河,达于淮海,谓之御河。河畔筑御道,树以柳。"《元和郡县图志》卷五《河南道一》:"汴渠……自宋武北征之后,复皆堙塞。隋炀帝大业元年,更令开导,名通济渠,自洛阳西苑引谷、洛水达于河,自板渚引入汴口,又从大梁之东引汴水入于泗,达于淮,自江都宫入于海。亦谓之御河,河畔筑御道,树之以柳,炀帝巡幸,自江都宫入于海。"《太平寰宇记》卷十五:"十道志云:'自南北朝,彭城为要害之地,隋凿御河已来,南控埇桥,以扼梁、泗,历古名镇,莫重于斯。'"等等。唐人诗文中,将环绕京城的护城河亦称"御河"。如:王之涣《送别》诗云:"杨柳东风树,青青夹御河。近来攀折苦,应为别离多。"(《全唐诗》卷 253)

永济渠是南北大运河最长最重要的一段,隋炀帝沿运河还建立了许多粮仓,作为转运或贮粮之所,"永济渠全长两千多里,分为南北两段,永济渠途经的地域,南段自沁河口向北,经今新乡、汲县、滑县、内黄(以上属河南省)、魏县、大名、馆陶、临西、清河(以上属河北省)、武城、德州(以上属山东省)、吴桥、东光、南皮、沧县、青县(以上属河北省),抵今天津市"[101]。永济渠的军事用途只是用于一时,但它却在水运交通方面发挥了重要的长久作用。这条途经洛阳的南北大运河,曾为唐、宋的经济繁荣和政治稳定做出了不可磨灭的贡献。

在宏伟的大都城建成后,随着首都经济、文化建设的发展,城市用水量激增,这包括漕运、灌溉、园林以及生活等方面的用水。原先依靠玉泉水和永定河少量引水来供水的局面已远远不能满足需求。其中,"最突出的问题是,如何确保漕运任务的完成,以保障国家机器的正常运转,成为政治、经济的头等大事"[102]。基于以上种种情况,郭守敬提出了开凿通惠河的建议,并且得到了忽必烈的重视,采取了一系列的有效措施,并在较短的工期内完工。

(2)元代挖建通惠河

通惠河是元代挖建的漕运河道,由郭守敬主持修建。自至元二十九年(1292年)开工,至元三十年(1293年)完工,元世祖将此河命名为通惠河。通惠河不仅是北京的一条经济命脉,而且也是京城著名的风景游览区,通惠河主要位于通州区和朝阳区。最早开挖的通惠河自昌平县白浮村神山泉经瓮山泊(今昆明湖)至积水潭、中南海,自文明门(今崇文门)外向东,在今天的朝阳区杨闸村向东南折,至通州高丽庄(今张家湾村)入潞河(今北运河故道),全长82千米。其中从瓮山泊至积水潭这一段河道在元代称为高梁河。通惠河开挖后,行船漕运可以到达积水潭,因此积水潭,包括现今的什刹海、后海一带,成为大运河的终点,商船百船聚泊,千帆竞泊,热闹繁华。在元朝中后期,每年最多时有二三百万石粮食从南方经通惠河运到大都。

这条河道在明朝和清朝一直得到维护,一直沿用到 20 世纪初叶。

通惠河的开凿体现了郭守敬造福百姓,服务国家之心的思想,同时,也是由于封建统治的需要,大都城建成后,水利建设就显得至关重要,通惠河的开凿既解决了大都城官民的用水之急,更关乎着封建统治者政权的稳定。通惠河的开通,在漕运和减轻民工的劳苦方面所取得的效益是十分显著的。"先是,通州至大都,陆运官粮,岁若千万担,方秋霖雨,驴畜死者不可胜计,至是皆罢之。"[103]"船既通行,公私两便。先时,通州至大都五十里,陆挽官粮,岁若千万,民不胜其悴,至是皆罢之。"[104]说的都是这一情形。"根据估算",[105]"通惠河开通后,单避免破耗每年可达 11000 余石。至于整个运费的降低,更是可观的。"[106]通惠河工程在保证漕运供水的同时,又兼顾了周边的农田用水,实现航运、生活、农业用水以及防洪等多种综合效益。

元初,因长年战乱造成严重破坏的水利设施亟待修复,新的水利工程也急需兴修。经过张文谦的举荐,郭守敬在面见忽必烈的时候,"面陈水利六事",忽必烈对郭守敬的水利治理想法颇为赞赏。郭守敬的六项建议中有三项半("水利六事"之一的前半部、"水利六事"之二、之三和之四)得以实施,而其余两项半是否也破土动工,史籍未见记载,尚难断言。其中,"水利六事"之二:"顺德达活泉开入城中,分为三渠,灌城东地。"[107]这项建议显然是郭守敬在前述参与和完成邢台城北水利工程后不久,把眼光扩大到邢台全城并进行实地考察而得到的预案为基础的,这项建议的主要目的就是要解决邢台城东农业灌溉的问题,由郭守敬选定的引水路线看,是要将引水渠"开入城中",尔后再"分为三渠"。这是一条最为近便、合理的引水路线,而且可以更好地解决对城区的供水问题,同时对美化与优化城区的环境大有助益,这些理应是郭守敬深思熟虑的抉择。"水利六事"之三:"顺德澧河(今称沙河),东至古任城(今河北省任县东),失其故道,没民田千三百余顷。此水开修成河,其田即可耕种。(其河)自小王村,经滹沱(河)合入御河(今卫河的一段),通行舟楫。"[108] 从这一建议可以看出,郭守敬的视野与足迹已经超越了他的家乡,到了邢台东临的任县,"水利六事"之三的内涵则是修复澧河故道,使因其改道泛滥造成的大片农田得以重新耕种与灌溉,而且还可以收通航之利。"实际上,'水利六事'的之二、之三、之四是郭守敬参与和完成邢台城北水利工程后,逐渐形成的后续水利工程的接二连三的建议,是开凿人工河渠连通北起邢台城北达活泉一带,南到'磁州东北'约 160 华里间的诸多河流,并扩大农业灌溉面积的系列构想。"[109]

由此可见,郭守敬作为冀域古代的一名水利学家,贴近生产的实用思维使他把目光集中到了解决农业灌溉、城区用水等现实问题上,以水利成果为典型的冀域古代科技成果在其设计之初也都渗透着实用思维。

后来在元末明初,由于战乱和山洪的原因,通惠河上段从白浮村神山泉至瓮山泊的一段(称为白浮堰)废弃了。通惠河,一般指从东便门大通桥至通州区入北运河这段河道,全长 20 千米。

为了节制水流,以便行船,在通惠河的主要干线上修建了 24 座水闸。从西向东有 11 个闸名,依次称为广源闸、西城闸、朝宗闸、海子闸、文明闸、魏村闸、籍东闸、郊亭闸、杨尹闸、通州闸和河门闸。据《元史》记载,其中有些闸在元贞元年被改称。"其西城闸改名会川,海子闸改名澄清,文明闸仍用旧名,魏村闸改名惠河,籍东闸改名庆丰,郊亭闸改名平津,通州闸改名通流,河门闸改名庆利,杨尹闸改名溥济。"通惠河明代以后改称御河(玉河)。1956 年,城内的部分全部改为暗沟。水质明显变差,在 20 世纪后半叶,河水如墨汁。后来在御河下水道的南河沿大街南口建截流井,把污水及菖蒲河的水排放到高碑店污水处理厂,通惠河水质逐年改善。

　　鲜为人知的是,郭守敬还在元至元二十六年(1289 年)主持疏通了京杭大运河山东境内的会通河。这条河南从安山起北抵临清,全长 250 里。这段河道已淤塞多年,如不疏通,大运河则不能通运到京。郭守敬在会通河上修建了 30 余座石闸,每闸都是设计巧妙,雄伟壮观,而又科学实用,故人们称为"闸河"。会通河的疏通,使大运河的漕运直达通州,给通惠河的疏通和漕运奠定了基础。

　　白浮泉的引水和通惠河的疏通工程从 1292 年动工,特别是玉河段,不但有民工挖河,朝廷的官员们也都要参加劳动。工程在第二年秋全部竣工。当时江南的粮船在积水潭的东北岸挤满,在玉河上也是浩浩荡荡排船驶行,大都城的人们争先观看,热烈欢呼,犹如过节。元世祖忽必烈正从上京和林回来,在万宁桥上看到水面上全是粮船,"过积水潭,见舻舳蔽水,大悦",亲自命名从万宁桥到通州的河道为"通惠河",所以"通惠河"的河名是忽必烈起的。人们一般称大运河的北运河一段为潞河,从东便门至通州的一段为通惠河。但在元代前,通惠河叫潞河,到金代时叫金闸河,因金代时也疏通过潞河,并修有闸坝。而从万宁桥到金闸河的一段因在都城内,并流经元代的皇城根,故称为"玉河",又称为"御河"。

　　通惠河的疏通工程中,玉河一段是完全新开挖的。以后因玉河或变暗河,或消失,人们也就把玉河忘却了。通惠河疏通,因南方的粮食和各种货物源源不断地运到大都城,而积水潭的东北岸成了大运河的最终码头,所以积水潭十分繁华,特别是东北岸的烟袋斜街一带。岸上是旅馆、酒楼、饭馆、茶肆、各种商店等遍布,成为大都城内最热闹的地方。积水潭又成为大都城里最美丽的风景区,尤以荷花著称,古人多有诗文。如在《燕京岁时记》中记:"……荷花最盛,六月间,仕女云集。凡花开时,北岸一带,风景最佳。绿柳低垂,红衣粉腻,花光人面。真不知人之为人,花之为花。"有诗句:"十里藕香连不断,晚风吹过步粮桥"。积水潭的"银锭观山"还成为京城里观西山的第一佳处。而在玉河上,也是货船来往,景观壮丽。两岸也是店铺比邻,宛如江南秦淮。

在元代,通惠河疏通后,解决了大运河的最后症结,使漕运的粮食和各种货物直接运到大都城里的积水潭。漕运最多时,一年可运粮达二百万担。但到明初,因为战乱,还有大将徐达修建北京城时,北京城的南城墙向南移,从万宁桥到崇文门外的河道已不便漕运。漕运只能到东便门外的大通桥下,因此通惠河当时又叫大通河。明永乐年间修建的紫禁城、社稷坛、太庙、天坛等皇家古建,所用的大木、神木等,因只能运到崇文门外,故在崇文门外建立了"神木厂"(今花市大街处)。以后通惠河又遭淤塞,虽有几次疏通,但因各种原因,疏通失败。到嘉靖七年,因大量皇家坛庙古建等的需要,在巡仓御史吴仲的主持下,又一次疏通通惠河。吴仲是按照郭守敬的引水路线加以疏通,并取得成功。据《通惠河志》载:"寻元人故迹,以凿以疏,导神仙、马眼二泉,决榆、沙二河之脉,汇一亩众泉而为七里泊(瓮山泊),东贯都城。由大通桥下直至通州高丽庄与白河通。凡一百六十里,为闸二十有四。"因吴仲疏通通惠河有功,人们在通州为他建祠纪念。到清光绪二十六年,通惠河的漕运停运,但通惠河的历史功绩却永存,尤其是北京的很多古建,木料大多是产自南方的云、贵、川、鄂等省,是通过大运河和通惠河运到京城的。在元明清三代,京城人民吃的粮食也大多来自南方。如在明嘉靖年间吴仲疏通通惠河后,一年从南方运粮可达四五百万担。还如明正统年间,土木之变后,瓦剌部入侵北京。兵部尚书于谦为防止瓦剌部到通州抢粮,就从通州向出运粮,用了五百辆大车,日夜抢运,一直运了半个月。后瓦剌部果然去通州抢粮,结果落空。从这一事件,可见大运河运粮之多。

由于清末实行"停漕改折"政策和20世纪以来铁路、公路交通发展,货物转为陆运,加之水源不足,航道失修,至 50 年代初期,仅有少量船只作间歇性通航。该河主要用作北京市排水河道,已不能通航。

(3) 交通动脉京杭大运河

京杭大运河是我国古代劳动人民创造的一项伟大工程,是祖先留给我们的珍贵物质和精神财富,是活着的、流动的重要人类遗产。大运河肇始于春秋时期,形成于隋代,发展于唐宋,京杭大运河建于两千多年前的春秋时期,距今已有 2500 年的历史,而秦始皇(嬴政)在嘉兴境内开凿的一条重要河道,也奠定了以后的江南运河走向。据《越绝书》记载,秦始皇从嘉兴"治陵水道,到钱塘越地,通浙江"。大约 2500 年前,吴王夫差挖邗沟,开通了连接长江和淮河的运河,并修筑了邗城,运河及运河文化由此衍生。

我们今天所说的大运河开掘于春秋时期,完成于隋朝,繁荣于唐宋,取直于元代,疏通于明清(从公元前 486 年始凿,至公元 1293 年全线通航),前后共持续了 1779 年。在漫长的岁月里,主要经历三次较大的兴修过程。到了隋朝,隋炀帝动用几百万人,开凿贯通了大运河,这为以后国家的经济文化空前繁荣做出了巨大贡献),隋代开始全线贯通,经唐宋发展,最终在元代成为沟通海河、黄河、淮河、长江、钱塘江五大水系、贯通南北的交通大动脉。

京杭大运河是我国仅次于长江的第二条"黄金水道"。价值堪比长城。是世界上开凿最早、最长的一条人工河道,长度是苏伊士运河的 16 倍,巴拿马运河的 33 倍。

京杭运河一向为历代漕运要道,对南北经济和文化交流曾起到重大作用。19 世纪海运兴起,以后随着津浦铁路通车,京杭运河的作用逐渐减小。黄河迁徙后,山东境内河段水源不足,河道淤浅,南北断航,淤成平地。水量较大、通航条件较好的江苏省境内一段,也只能通行小木帆船。京杭运河的荒废、萧条,是中国半殖民地半封建

制度的写照。新中国成立以后部分河段已进行拓宽加深,裁弯取直,
新建了许多现代化码头和船闸,航运条件有所改善。季节性的通航里
程已达 1100 多千米。江苏邳县以南的 660 多千米航道,500 吨的船队
可以畅通无阻。古老的京杭运河将来还要成为南水北调的输水通道。

8.1.3　注重"实证性"的科学意识

冀域古代科技成果之所以璀璨辉煌,是因为在中国古代科技史
甚至在世界科技史上都占据一席之地,冀域古代科技成就的卓越性
是建立在"实证性"的科技意识之上的。

(1)郭守敬重测验。郭守敬在创立《授时历》之初,就提出了"历
之本在于测验,而测验之器莫先于仪表"的理论。[110]"工欲善其事,必
先利其器",这是人所共知的理念。依此理念,在"历之本在于测验"
的前提下,"测验之器莫先于仪表"当是一种自然的推论,似乎不以为
奇。其实,这是一个是否要这样去做和如何去做的问题,这才是问题
的关键。"在中国古代历法史上,就有不知如何去做、也有不愿去做
的事例。"[111]"历之本在于测验,而测验之器莫先于仪表"主要体现出
郭守敬的一种"实证性"的科学意识,在古代中国的封建体制下,这种
"实证性"的科学意识显得尤为可贵。

在水利科技活动中,大量的实地研究是前期工作,浮光掠影式的
调查是难以保证其准确性的。郭守敬把兢兢业业的态度贯穿到水利
工作之中。例如,"在'水利六事'之一、之四、之五和之六中,都有关
于引水口、引水渠的设置的记述,这些都是郭守敬进行过必要的水准
测量的证明。"[112]实地考察与调查研究包括了水文、地质、地形、历史
变迁等广泛的内容,更运用了测量、地图绘制等定量的科学技术方
法,这充分反映了郭守敬水利思想中的"实证性"的科学意识。

(2)郦道元重考察。地理学巨作《水经注》共记载了 1.5 万个地
名,其中对 1052 处地名作了渊源解释,[113]在地名渊源解释上、种类

和质量上都胜过之前的成果,堪称巨作。此外,郦道元还纠正了前人诠释地名的许多错误,如此大的工作量,其坚定的"实证性"的科学意识可见一斑。

（3）扁鹊重医轻巫。在上古,神权高于一切,巫术占统治地位。在西周之前,医和巫都是不分离的。西周时期,医和巫才相互分开,扁鹊完全抛弃巫医,明确宣告了"六不治"原则,他认为有六种病不能治:"骄恣不论於(于)理,一不治也;轻身重财,二不治也;衣食不能適(适),三不治也;阴阳并、藏(脏)气不定,四不治也;形赢不能服药,五不治也;信巫不信医,六不治也。"扁鹊提出的"信巫不信医"是六不治之一,反映了扁鹊重医轻巫的唯物主义态度,这在当时的社会环境中难能可贵。清代医学家王清任在研究解剖学的过程中,不迷信前人的经验与固有的模式,坚持实际考察研究,在解剖学的研究过程中注重实际的考察、细致的临床观察,"发现古代医书中有关人体结构和脏腑功能的记载有不确之处"。[114]在研究中,他不束缚于前人的医学思想,坚持实际临床观察的结果,同时,他强调将医学与解剖生理学联系起来,这相比于前人又有较大的提高。

纵观冀域古代科技的发展历程,研究总结冀域古代科技文化,"实证性"的科学意识始终贯穿于冀域古代科技文化发展的历史脉络之中,"实证性"的科技文化特质也保证了冀域古代科技成果的准确性和权威性。

8.2 大胆创新的设计理念

8.2.1 实际应用中的创新精神

创新精神是科技进步的源泉,是科技发展的不竭动力,科技的发展离不开创新。冀域古代科技活动中的创新精神推动着冀域古代科技不断发展进步,在历史发展中形成的冀域古代科技文化中,实际应用中的创新精神是其科技文化特质的关键一点,主要体现在桥梁设计、编制天文历法等方面。

（1）赵州桥的创新

赵州桥作为冀域古代科技学术文化器物层面的优秀代表,与其他三座古桥共称"中国古代四大名桥"。同时,并称为"中国四大古桥"的另外三座：潮州广济桥（始建于 1171 年）、泉州洛阳桥（始建于 1053 年）、北京卢沟桥（始建于 1188 年）的历史均不及赵州桥历史悠久,在千年历史更迭中,赵州桥历经无数次洪水冲击以及先后八次地震考验,赵州桥却始终矗立在洨河之上,屹立如初,当时设计之合理、理念之创新、施工技术之高超可见一斑。赵州桥在世界桥梁史上闻名遐迩,其独创的"敞肩拱"在世界桥梁史上是一次伟大的革命,赵州桥也是世界上"敞肩拱"桥型的开端,

赵州桥在桥梁建筑史上占有重要的地位,对我国后代桥梁建筑有着深远的影响,尤其是"敞肩拱"的运用,实为世界桥梁史上的首创,是世界上第一座敞肩拱桥。在欧洲,直到 1883 年,法国在亚哥河上修建的安顿尼特铁路石拱桥和卢森堡建造的大石桥,才揭开欧洲建造大跨度敞肩拱桥的序幕,比安济桥晚了近 1300 年。知道安济桥（赵州桥）的西方桥梁专家也都认为,安济桥敞肩拱建筑,堪称现代许多钢筋混凝土桥梁的祖先,开了一代桥风。李春对拱肩进行的重大改进,把以往桥梁建筑中采用的实肩拱改为敞肩拱,即在大拱两端各设两个小拱,靠近大拱脚的小拱净跨为 3.8 米,另一拱的净跨为 2.8 米。这种大拱加小拱的敞肩拱具有优异的技术性能,首先,可以增加泄洪能力,减轻洪水季节由于水量增加而产生的洪水对桥的冲击力。古代洨河每逢汛期,水势较大,对桥的泄洪能力是个考验,四个小拱就可以分担部分洪流。据计算四个小拱可以增加过水面积 16% 左右,大大降低洪水对大桥的影响,提高大桥的安全性。其次,敞肩拱

比实肩拱可节省大量土石材料,减轻桥身的自重。据计算四个小拱
可以节省石料 26 立方米,减轻自身重量 700 吨,从而减少桥身对桥
台和桥基的垂直压力和水平推力,增加桥梁的稳固。第三,增加了造
型的优美,四个小拱均衡对称,大拱与小拱构成一幅完整的图画,显
得更加轻巧秀丽,体现建筑和艺术的完美统一。第四,符合结构力学
理论,敞肩拱式结构在承载时使桥梁处于有利的状况,可减少主拱圈
的变形,提高了桥梁的承载力和稳定性。

　　赵州安济桥建成以后,在我国造桥史上产生了深远的影响,不仅
在四邻出现了敞肩拱桥,而且远离河北赵县之外甚至遥远省区也受
其影响。其中最典型的一例便是位于赵县县城西门外清水河上的永
通桥。永通桥建造年代,由于没有原始资料,历来众说纷纭。据 1986
年从桥下出土的桥石构件和刻字考证,永通桥始建于唐代永泰初年
(公元 765 年)。但桥下出土的物件的风格,很像隋代作品,于是也有
的认为,永通桥和安济桥是同时建造的,或者说,永通桥的建造年代
在隋末唐初。永通桥的结构形式,完全模仿安济桥,因其修建时间晚
于安济桥(大石桥),而且形体又小,故人们将其称为小石桥。永通桥
也是一座单孔敞肩弧形坦拱石桥,全长 32 米,宽 6.3 米,主拱也采取
纵向并列砌筑法,由 21 道纵向并列的拱券石砌成,跨度 26 米,拱矢
约 5.2 米,桥面跨度很小,近于水平,极其便于车辆通行。在桥的拱
肩上大拱上同样伏设四个小拱,小拱与大拱幅度之比大于安济桥,
这是匠师因地制宜的创造性运用。永通桥的雕刻非常精美,桥面
两侧有方形座柱 22 根,在现存的栏板上,在各小券的撞券石上,都
有精美的浮雕,画面生动逼真。所以,当地流传着这样一句话:“大
石桥看功劳,小石桥看花草。”是啊,大石桥(安济桥)创敞肩坦拱之
先,对世界桥梁史有重大贡献,小石桥(永通桥)步其后,则有装饰
精美之巧,若干部分甚至超过大石桥。两桥同在一地,相距仅 3 公

里,所以古人将安济桥与永通桥并称为赵州"奇胜"。永通桥的修建承袭了安济桥的许多优点,而且有许多标新立异的发展,永通桥和安济桥一样,也在我国古代桥梁建筑史上占有重要地位。所以,1961年国务院就将永通桥与安济桥一同列为全国第一批重点文物保护单位。

赵州桥的拱用于跨度比较小的桥梁比较合适,而大跨度的桥梁选用半圆形拱,就会使拱顶很高,造成桥高坡陡、车马行人过桥非常不便。二是施工不利,半圆形拱石砌石用的脚手架就会很高,增加施工的危险性。为此,李春和工匠们一起创造性地采用了圆弧拱形式,使石拱高度大大降低。赵州桥的主孔净跨度为37.02米,而拱高只有7.23米,拱高和跨度之比为1∶5左右,这样就实现了低桥面和大跨度的双重目的,桥面过渡平稳,车辆行人非常方便,而且还具有用料省、施工方便等优点。当然圆弧形拱对两端桥基的推力相应增大,需要对桥基的施工提出更高的要求。在实际应用中,赵州桥在桥身设计上运用了单孔、大跨度的设计结构,运用单孔石拱架,相比于我国古代桥梁中常见的多孔结构,既增加了排水的作用,又方便了洨河上船舶的往来。[115]中国古代的传统建筑方法,一般比较长的桥梁往往采用多孔形式,这样每孔的跨度小、坡度平缓,便于修建。但是多孔桥也有缺点,如桥墩多,既不利于舟船航行,也妨碍洪水宣泄;桥墩长期受水流冲击、侵蚀,天长日久容易塌毁。因此,李春在设计大桥的时候,采取了单孔长跨的形式,河心不立桥墩,使石拱跨径长达37米之多。这是中国桥梁史上的空前创举。其次,"敞肩拱"桥型的优势明显:一是减轻了桥体重量,节省建筑材料。因为桥身重量的降低,进而也减轻了对地基的作用力,这样就延长了桥梁的使用年限,大大提高了桥梁的耐久度;二是在雨季,桥下过水的面积增加,相对减轻了洪水对桥身的冲力。

（2）郭守敬《授时历》的创新

在编制《授时历》的过程中,郭守敬等人摒弃了不切实际的上元积年法,而使用实测历元法。但是,上元积年法在传统历法领域根深蒂固,要打破这一传统并非易事。

古代历法中一般都设有历元,作为推算的起点。这个起点,习惯上是取一个理想时刻。通常取一个甲子日的夜半,而且它又是朔,又是冬至节气。从历元更往上推,求一个出现"日月合璧,五星连珠"天象的时刻,即日月的经纬度正好相同,五大行星又聚集在同一个方位的时刻。这个时刻称为上元。从上元到编历年份的年数叫作积年,通称上元积年。上元实际就是若干天文周期的共同起点。有了上元和上元积年,历法家计算日、月、五星的运动和位置时就比较方便。中国推算上元积年的工作,首先是从西汉末年的刘歆开始的。刘歆的《三统历》以 19 年为 1 章,81 章为 1 统,3 统为 1 元。经过 1 统即 1,539 年,朔旦、冬至又在同一天的夜半,但未回复到甲子日。经 3 统即 4,617 年才能回到原来的甲子日,这时年的干支仍不能复原。《三统历》又以 135 个朔望月（见月）为交食周期,称为"朔望之会"。1 统正好有 141 个朔望之会。所以交食也以 1 统为循环的大周期。这些都是以太初元年十一月甲子朔旦夜半为起点的。刘歆为了求得日月合璧、五星连珠的条件,又设 5,120 个元、23,639,040 年的大周期,这个大周期的起点称作太极上元。太极上元到太初元年为 143,127 年。在刘歆之后,随着交点月、近点月等周期的发现,历法家又把这些因素也加入理想的上元中去。日、月、五星各有各的运动周期,并且有各自理想的起点,例如,太阳运动的冬至点,月亮运动的朔、近地点、黄白交点等等。从某一时刻测得的日、月、五星的位置离各自的起点都有一个差数。以各种周期和各相应的差数来推算上元积年,是一个整数论上的一次同余式问题。随着观测越来越精密,一次同余式的解也越来越困难,数学运算工作相当繁重,所得上元积年的数字也非常庞大。这样,对于历法工作就很少有实际意义,反而成了累赘。后经杨忠辅等作尝试性的改革以后,元代郭守敬在创制《授时历》中废除了上元积年。

而郭守敬等人则是第一次理直气壮地对上元积年法的弊端和实测历元法的优越性的理论阐述出发,从而对一系列与实测历元相关的天文数据进行精细测算,这是极大的勇气和缜密的时间活动,冲破了上元积年法的羁绊,实现了采用实测历元法的历史性变革。

同样,测验是修订历法的基础,而要预推或逆推日月五星在任一时刻的位置,就必须在其基础上,探索日月五星的运动规律,并采用数学方法加以描述,这是多数天文学家的基本思路,但是要做到科学与合理,就必须要有创新。在编制《授时历》的过程中,郭守敬等采取了一大批创新算法,例如密算方法的创新:"三次差内插法、弧矢割圆术、日食三限与月食五限的算法"等等。[116]这样使得《授时历》的精度大大提高:《授时历》规定一年的时间只比地球公转一周的实际时间相差 26 秒,而且比欧洲相同精确度的《格里历》领先了 300 年。"《授时历》设定一年为 365.2425 天,欧洲的著名历法《格里历》也规定如此,但却是公元 1582 年开始使用的。"[117]

郭守敬同时又是一名地理学家,"他是重要概念——'海拔'的提出者"[118]。郭守敬合理地认定各地的海平面的高程是相同的,进而建立了以海平面作为衡量各地水平高度统一标准的概念,即所谓的海拔高度的概念。"我们推想,郭守敬大约是在元世祖至元十六年(1279)进行四海测验,去河南登封告成镇路经开封时,发现流经此处的黄河的流速要比流经北京的河流快得多,又兼及北京离海近而开封离海远的基本事实,而提出海拔概念并得出开封的海拔高度应高于北京的结论的。"[119]由此可见,郭守敬正是从实际的地理现象出发，进行合理的综合分析与机敏的理论思考而得到了创新理论。

冀域古代科技活动中的创新精神主要体现在实际应用中，相比于理论科技上的创新，实际应用中的创新能够保证科技成果更快地投入到现实生产之中。

8.2.2 艺术性思维纳入理性设计

艺术性思维是冀域古代科技文化特质中难能可贵的一点，冀域古代许多科技成果除了理性设计的考量之外，还将艺术性思维纳入其中。

相比于桥身史无前例的大胆设计，赵州桥上还留下了很多具有文化价值的雕刻，在桥体上的石刻中，"最引人注目的就是位于桥顶上的饕餮"[120]。设计者不仅认真地考虑到汛期洪水对桥体的冲击作用，还细致地考虑到了桥面上的承重问题：行人行走到了桥梁的顶端，这里是一小段平坦的道路，人们不免会观赏远近的景色，驻足停留，但这样容易造成桥身上的交通拥堵，会出现危险的情况，相比于桥身其他部位的美轮美奂的石刻，设计者考虑周全，有意在大桥顶部两边雕刻气势凶猛的饕餮恶兽，使得桥上往来的人们看到之后会心生畏惧，从而减少在桥身顶部逗留的时间，这样就减轻了桥面顶部的负重，使得行人和马车的流动加快，大大提高了桥体的安全性。设计者的深思熟虑在桥体图案雕刻上彰显无遗，这一设计充分体现了科学精神与艺术精神的完美结合，在赵州桥桥身细节的设计中，将艺术性思维纳入到了理性设计之中，理性的科学设计思想也可以通过艺术形式来表达。相比于并称为"中国四大古桥"的其他三座：广济桥、洛阳桥、卢沟桥上的雕刻图案装饰，除了寓意吉祥平安、祈求减少水患的共性之外，赵州桥桥顶上饕餮的雕刻图案设计可谓独具匠心。

这种设计思路在其他冀域古代其他科技成果上也有体现：香漏是古代一种计时器具，它"利用断面粗细一致，香料均匀的线香的燃烧速度基本均匀的特性，由线香火头位置的均匀移动以显示时间的均匀流逝"[121]。"香漏的采用不会晚于公元 6 世纪,而且迟在北宋时期它已在民间被广泛采用。"[122]香漏通过线香均匀燃烧的位移来计时,主要是通过火头所在的位置来显示时间。郭守敬对于这种既简便又具有一定准确度的计时器也予以了极大的重视:柜香漏与屏风香漏便是他设计的两种形式新颖的香漏,线香被巧妙地镶嵌在柜式工艺品或屏风之中,既发出幽香,又具有观赏性,还可报时,这样的设计融艺术性、科学性与适用性于一身。

将艺术性思维纳入理性设计之中,充分体现了冀域古代科技文化细腻的一面,科技成果不仅符合设计上的理性要求,更加追求艺术性完善。

8.3 难以规避的时代局限

8.3.1 科技制度尚未形成完整体系

冀域古代科技人物大部分是官员出身,在古代主流意识形态"学而优则仕"的影响下,专门从事科技活动的人员微乎其微,平民出身的百姓受自身经济条件的制约从事科技活动更是寥寥无几。专门用来建构科技组织、规范科技活动、选拔科技人才、奖励科技成果的系统制度没有建立起来,很多科技活动都是以封建统治者的意识为主要推动力,系统的科技文化制度在冀域古代并没有建立起来。

造成这种状况的原因主要是:一是科技活动在冀域古代受重视程度较轻,没有形成相对完善的科技体系;二是冀域古代从事科学活动的人员大部分是官员出身。也正是由于他们的封建官员资源,才使得他们有条件进行与封建统治联系紧密的科技学科的研究,由于冀域古代是封建政治中心,"学而优则仕"的意识深刻地影响着大众,学习的目的也是为了奔向仕途,有志于专心研究科技的人员少之又少,封建统治者也不会建立专门的机制用来选拔科技人才。

8.3.2 封建意识严重制约科技发展

（1）重农轻技。在中国古代，科技活动受封建意识的影响很大，"以农为本""重农抑商"等政策对古代科技发展的导向作用明显。冀域古代作为封建王朝的政治中心，科技活动向封建权力的辐凑表现得更加明显，跟农业相关的科技成果水平在中国古代范围内处于领先，由于处于封建政治中心，便于集中优势资源发展与农业相关、维护封建政权稳定的科技学科，例如，天文学、水利、医学等等，这些学科在冀域古代都十分繁荣。

（2）封建意识。封建意识的作用对冀域古代科技发展的影响不容小视，这种影响主要表现在两方面：一方面，由于封建意识影响深刻，便于集中优势资源发展相关科技；另一方面，这种封建意识的影响会加重科技活动本身的政治性色彩，造成科技体系的片面发展，直接关系到封建统治的科技学科会加速发展，与封建统治没有直接联系的科技学科会发展缓慢，甚至不发展。在冀域古代，封建意识对科技成果的影响作用表现尤为突出。

以天文历法的推行为例：元初，忽必烈决定改革历法，制定新历，经过一系列工作，以郭守敬、王恂为代表的科技专家取得了《授时历》等一批新成果。在《授时历》初成后不到两年，历法改革的四位核心人物中三位先后去世，另一位杨恭懿也离职而去。这样一来，郭守敬可以说是临危受命，独自承担了领导完善授时历的历史使命。郭守敬前后大约花费了 10 年的时间，"倾注心力先后完成了不少于十四种一百零五卷的系列著作"[123]。郭守敬等人的功劳固然功不可没，但与此同时，统治者的封建意识也在很大程度上左右了《授时历》的产生。同时，在冀域古代地学及农学著作上，也体现了浓重的封建意识色彩：清代康熙帝是自以为精通自然科学知识的封建君主，"在康熙帝的主持和推动之下，清政府完成了中国古代科技史上两项重大工程——《律历渊源》的编订和第一幅采用近代科学方法绘制的中国地图《皇舆全览图》"[124]。

清朝康熙五十一年(公元 1712 年),康熙帝组织了全国优秀的天文数学家,集体编纂了一部我国科技史上具有很高价值的天文数学乐理丛书《律历渊源》。其中第二部《数理精蕴》的编纂,就是在康熙直接指导下进行的。康熙时期,中国传统的数学著作大都散见于各个朝代的各种文集中,查阅起来十分麻烦;而西方数学知识又是明末利玛窦以后才陆续传进来的,翻译刊刻的数量很少,难以流传推广。这种局面对民间学习数学很不方便。玄烨担心长此下去某些数学知识有失传的危险,很想将所有的数学成果都收集起来,编一部天文数学丛书。但他身边懂得天文数学并从事这种研究的仅有几名西方传教士。他们精于西法,却不懂中国传统文化,难以胜任编书的任务。况且由于那时罗马教皇派使臣到中国颁行教皇谕旨,干涉中国内政,玄烨也不愿意把这样的重任交给外国人。

从康熙四十年代末期起,玄烨开始物色和培养自己的数学人才。当时初露头角的数学人才有梅珏成、陈厚耀、何国宗、明安图等人,都被玄烨召至宫中,并亲自指导他们学习西方数学。他给梅珏成讲解"借方根",给陈厚耀讲"西洋定位法、虚似法"。康熙五十二年,玄烨又决定兴办算术馆,地点设在畅春园蒙养斋,"简大臣官员精于数学者司其事,特命皇子亲王董之,选八旗世家子弟学习算法"(《清会典事例》)。进宫前担任过苏州府学教授的陈厚耀,深知一部完整准确的教科书对教育的重要,曾向玄烨提出过"定步算诸书以惠天下"的建议(《畴人传》)。这个建议与玄烨多年来的想法正好合拍。就在设立算学馆的这一年,玄烨命皇三子诚亲王允祉负责组织编纂大规模的天文、数学、乐理丛书《律历渊源》。梅珏成、陈厚耀、何国宗等人都是这部书的主要编纂者。全书是在玄烨亲自主持下编纂而成的。他不但亲自拟定编辑方针,而且还把自己数十年积累的算稿拿出作为编纂数学部分的资料。

《康熙皇舆全览图》为中国清朝所绘的地图。1708 年由康熙帝下令编绘,以天文观测与星象三角测量方式进行,采用梯形投影法绘制,比例为四十万分之一。地图描绘范围东北至库页岛,东南至台湾,西至伊犁河,北至北海(贝加尔湖),南至崖州(今海南岛)。绘图人士有耶稣会的欧洲人士雷孝思、马国贤、白晋、杜德美及中国学者何国栋、索柱、白映棠、贡额、明安图以及钦天监的喇嘛楚儿沁藏布兰木占巴、理藩院主事胜住等十余人。该地图经过十年的实地测绘,才于 1718 年初步完成,但由于蒙古准噶尔汗国尚未归属清朝,当时新疆一带未能详绘,直至乾隆帝两次遣专人详查后方得以补全。

清朝康熙皇帝玄烨对地理学也是很留心的。追溯其源,可能仍是受南怀仁等人的影响。南怀仁进宫不久,就与另一个传教士合写了《西方要纪》,又绘制了世界地图《坤舆全图》,向玄烨介绍西方地理知识,引起了他的兴趣。以后他一边学习传统的地理书籍《水经注》《洛阳伽蓝记》《徐霞客游记》等,一边寻找一切可能的机会进行实地考察。一个封建皇帝的活动范围是十分有限的,很难随意离开皇宫,玄烨也不例外。这样,出巡、征战就成了玄烨考察地理的良机。每次出京,他都带上钦天监官员和测量仪器,一到驻地,必定对当地的天文地理进行考察。我国几条著名的大河如长江、黄河、黑龙江、金沙江、澜沧江等,玄烨都派人勘察过。他除多次在南巡时对治黄工程进行规划和检查外,又利用亲征噶尔丹到宁夏之机,在横城口乘船顺黄河而下,体验黄河的汹涌激荡。康熙四十三年玄烨还派侍卫拉锡等人考察黄河之源。他指示:"黄河之源,虽名古尔班索罗谟,其实发源之处,从来无人到过。尔等务须直穷其源,明白察视其河流至何处人雪山边内。凡经流等处宜详阅之。"(《康熙政要》)拉锡奉旨率随员于四月初四日离京西行,五月十三日到达青海,在当地官员的陪同下,他们考察了黄河发源地的星宿海、札陵湖和鄂陵湖的大小和形成情况,以及黄河从鄂陵湖流出的路线,并且绘制了地图。从拉锡等人向玄烨的奏报中可以看出,此次考察的结果与现代地质学家对黄河河源地理环境的考察基本一致。玄烨在近 300 年前组织的这次黄河河源考察,可称是中国地理学史上的一项壮举。此后,玄烨在拉锡奏章的基础上,写了一篇短文《星宿海》记叙了黄河之源的情况。不久,玄烨又组织了一次大规模的、在当时说来是史无前例的全国地图勘测。玄烨是名军事家,自康熙十二年至三十六年,他连续部署了平定三藩叛乱、抗击沙俄入侵以及平息额鲁特蒙古贵族分裂活动的战争,并且亲临前线,指挥了一些重要的战役。战争使他深感需要有一份准确的地图。康熙二十八年《尼布楚条约》签订后,法国传教士张诚曾向玄烨呈上一份从欧洲带来的缺少中国详情的亚洲地图。玄烨从这份地图受到启发,打算利用张诚等人的西方测绘技术,组织人力绘制一份全国地图。中国幅员辽阔,地形复杂,交通又不方便,在当时要按科学的方法绘制一幅全国地图,其难度可想而知,仅几个传教士是不能胜此重任的。对此玄烨做了长远打算:他一面继续征用有科技才能的传教士,一面命令张诚等人培训中国学生,同时还派传教士到广州、澳门,以至回国去招聘人员,采办仪器。经过近十几年的培养人才、购置仪器、测定各地纬度、绘制局部地图等准备工作,测绘全国地图的工作才开始。康熙四十七年,玄烨"谕传教士分赴内蒙古各部、中国各省,遍览山水城郭,用西学量法,绘画地图。并谕部臣,选派干员,随往照料。一并各省督抚将军,札行各地方官,供应一切需要"(《正教奉褒》)。从康熙四十七年到五十六年,这支测绘队伍走遍了东北、华北、华东、华中、西南各省,绘制了一幅幅各省地图。康熙五十六年,全图告成。玄烨将之命名为《皇舆全览图》。此图采用经纬图法,梯形投影,比例为 1:1400000。它是我国第一次经过大规模实测,用科学方法绘制的地图,虽然还有不准确之处,毕竟"是亚洲当时所有地图中最好的一份。而且比当时的所有欧洲地图都更好、更精确"(李约瑟语)。在这份地图的绘制过程中,人们发现了地球经线的长度因纬度上下而有所不同,从而第一次在实践中证实了牛顿关于地球为椭圆形的理论。《皇舆全览图》的测绘,由此成为世界地理学史上的一件大事。

1717 年(康熙五十六年),出木刻版《皇舆全览图》,有总图 1 幅,分省图和地区图 28 幅,但西藏及蒙古极西地方多空白。1719 年(康熙五十八年),印行铜版图,以纬差 8 度为 1 排,共分 8 排,41 幅,这种以经纬度分幅的方法在中国是第一次。文字记注方面在内地各省注汉字,东北和蒙藏地区注满文。故后人又题名为《满汉合璧清内府一统舆地秘图》,这版本流传较广。已详绘有西藏和蒙古极西地方,分省图和地区图增至 32 幅,其范围东北至库页岛(萨哈林岛),东南至台湾,北至贝加尔湖,南至海南岛,西北至伊犁河,西南至列城以西。在西藏边境标注出朱母郎马阿林(珠穆朗玛峰)。图上以通过北京的经线为中经线,经纬网用梯形投影法。1721 年(康熙六十年),又刊印一次木刻版,木刻版的所包含的地域范围与 1719 年的铜版图相似。后来,为适应行政管理的需要,又刊木版小叶本,以省、府分幅,计 227 幅。不绘经纬线,且只包括内地各省。《康熙皇舆全览图》是中国第一幅绘有经纬网的全国地图。聘请西洋传教士经过经纬度测量绘制而成。其中,实测经纬度值的地点有六百余处,多处使用三角测量法,并使用少数的天文测量法。此地图在中国地图发展史上具有划时代的意义,自清朝中叶至中华民国初年国内外出版的各种中国地图基本上都渊源于此图。

在当时,《皇舆全览图》无论是绘制方法、精度,还是所包含的地域面积及内容的选择,在当时的制图学领域,都具有世界领先水平。除此之外,清代乾隆初年的《授时通考》一书也是由清代官修的综合性农书。

《授时历》《律历渊源》《皇舆全览图》以及《授时通考》等一系列冀域古代科技成果的产生,在很大程度上是由封建统治阶级的推动作用而决定的,封建意识在冀域古代科技成就上的影响较为深刻。

9 冀域古代科技文化的影响要素

冀域古代科技文化在长期的历史发展过程中,形成了鲜明的科技文化特质,这些特质与冀域古代的地理环境特征、经济发展状况、社会政治影响以及思想文化元素相联系,并受其影响。这些影响要素是冀域古代科技文化特质的来源,在历史的长河中,深深地影响着冀域古代科技文化特质的形成与发展。

9.1 地理环境特征

9.1.1 冀域黄土文明环境

中国自古以来,由于地理环境的特点决定了是一个农业大国,也称为"黄土文明",与西方的"海洋文明"相区别。在漫长的历史发展过程中,自然地理环境的限制使得人类活动有所不同,形成了不同的农业区域,有的地域发展缓慢,而有的地区则迅速发展成为某一历史时期的主要农业区。冀域地理环境特征明显,一是广阔的大平原带来了发达的农业;二是六朝古都的优势推动了科技相对迅速的发展。冀域古代一直是农业发达、文化昌明的地区。

磁山文化因河北武安磁山遗址的发掘而得名。磁山文化是一种早于仰韶文化的新石器时代的早期文化,它的发现说明早在距今

8000 年之前,河北南部一带就已经存在人类生存的痕迹。"磁山遗址的发现,把新石器时代提前了 1000 多年,填补了新石器时代的一段空白。"[125]

磁山被确认为是世界上粮食粟、家鸡和中原核桃最早发现地。粟、家鸡和核桃三大发现,改写了世界粟作农业、家鸡驯养和核桃产地的历史。学者普遍认为,河姆渡文化代表了南方水稻文化,而磁山文化代表了北方旱作农业中的谷子文化,在研究中国古代农业起源时,两者缺一不可。磁山文化主要分布在冀南等地。1973 年发掘。年代约为公元前 5400~前 5100 年(最新鉴定为距今约 10300—8700 年)。该文化与裴李岗文化关系密切,有人把两者连称为"裴李岗·磁山文化"。磁山文化的发现填补了中国早期新石器时代文化的重要缺环。磁山文化遗址,位于河北省南部武安市磁山村东约 1 公里处的南洺河北岸台地上,东北依鼓山,距武安城 17 公里,是我国最早发现的一种新的新石器时代早期文化遗址,距今约 7300 年,突破了新石器时代仰韶文化考古的年代,因其具有典型的代表意义,考古学上定名为"磁山文化",1988 年被国务院公布为全国重点文物保护单位。1972 年发现的磁山文化遗址,总面积近 14 万平方米。1976年至 1978 年在这里进行了三次发掘,至 1978 年底,发掘面积达 6000平方米,文化层厚 1 至 2 米,不少窖穴深达 6 至 7 米。出土了陶器、石器、骨器、蚌器、动物骨骸、植物标本等约 6000 余种,为寻找我国更早的农业、畜牧业、制陶业的文明起源,提供了可贵的线索。如果说,在 7000 多年前,地球上许多地方还是鸿蒙未开的话,而这里的人们已经种植谷物,饲养家禽,制作生产、生活用具,烧制陶器⋯⋯进入了人类最早的文明。

我国已故著名考古专家夏鼐先生指出:"磁山文化遗址的发现是我国新石器时代考古的重大突破。"它为研究和探索我国新石器时代早期文化提供了丰富、宝贵的地下实物资料。在遗址发现了两座房屋基址,均为半地穴式房屋。在房基遗址器物中,有一烧土块,沾有清晰可辨的席纹,说明在 7300 年前这一带即编制苇席,由此也可想象苇席给人们生活带来的极大便利,考古学家称此器物为全国之最。磁山遗址共发掘灰坑 468 个,发现其中 88 个长方形的窖穴底部堆积有粟灰,层厚为 0.3 至 2 米,有 10 个窖穴的粮食堆积厚近 2 米以上,数量之多,堆积之厚,在我国发掘的新石器时代文化遗存中是不多见的。

磁山文化的发现在中国考古学上的重要意义:殷玮璋指出,磁山文化遗址的发现,将仰韶文化向上推了一千多年,在学术发展史上具有极高的价值。磁山文化遗址的发现在文明探源方面具有重大的意义。段宏振认为,磁山文化发现的意义,第一是找到了 7000 年前的文化;第二是首次大批量地发现了早期农业遗存——粟。王吉怀认为,磁山文化发掘的学术意义,一是确立了冀南和冀中地区新石器时代考古学的年代序列,二是为探讨中原和北方地区古文化的交流增添了有价值的资料。

磁山文化——中国华北地区的早期新石器文化。1933 年首先在河北武安县磁山发现而命名。居民经济生活以原始农业为主,农作物有粟。以石镰、石铲、石刀、石斧与柳叶形石磨盘为生产工具,石磨盘附有三足或四足,造型独特。饲养狗、猪等家畜,兼事渔猎。制陶业较原始,处于手制阶段;椭圆口盂、靴形支座、三足钵与深腹罐等为典型陶器。陶器表面多饰绳纹、篦纹及划纹等。住房是圆形或椭圆形的,都是半地穴式建筑。储藏东西的窖穴发现较多。

1972 年在邯郸市磁山镇发现的距今 7300 余年的磁山文化,填补了中国为新石器早期文化考古的空白,把仰韶文化的考古年代上溯了一千余年,在国内外的考古界引起了巨大的轰动。磁山遗址总面积 14 万平方米,1976 年对遗址进行了部分区域的发掘,共出土陶器、石器、骨器等文物 5000 余件,其中,陶盂及支架,石磨盘及磨棒是磁山文化有代表性的遗物,遗址内还发现了房基,粮窖和成组的祭祀器物群,这表明早在远古时期,邯郸就是人类的活动中心之一。磁山遗址还出土了一批植物炭化物和动物骨骼标本,其中植物有粟、榛子、胡桃、小叶松等。动物有兽、鸟、龟、鳖、鱼、蚌五大类二十三种,专家们认为,粟的发现,把中国为黄河流域植粟的记录提前到距今近 8000 年,填补了仰韶文化植粟的空白,也修正了世界对植粟年代的认识,肯定了中国黄河流域是世界植粟最早的地区。胡桃的出土,打破了由汉代张骞引自西域的说法尤其是家鸡骨的发现,是世界已知最早记录者,修正了当代国际有关专家原认为家鸡最早出现于印度(距今 4000 年)的定论。根据遗物、遗址,尤其是房基和大量粮窖、遗址的发现。证明当时人们住的是半地穴式的房子,以原始农业为主,辅以渔猎,采集而过着定居的生活。

9.1.2 磁山文化揭示原始农业文明

在发掘过程中,有一个奇怪的现象让众多考古专家深感疑惑。在如此小的遗址上,竟有几十个有规律地集中摆放劳动工具的"组合物"。这些"组合物"多由石磨盘、石棒、石铲、石斧、陶盂、支架等组成,每组一般四件,而且大都按生产工具(石铲石斧等)、脱粒工具(石磨盘石棒等)、炊具(陶盂支架等)分组分类放置,摆放的次序非常明显。这在国内其他新石器遗址中非常罕见。最早,一些专家推测,该遗址可能是先人们的墓区,这种"组合物"是随葬品。可是经过数年大面积的普探、试掘,加之遗址外围的调查,并未发现人骨和有关丧葬的痕迹,相反倒发现了大量鸟骨、兽骨,甚至很小的鱼刺等。有的专家依据"组合物"的摆放特点,认为这里也许是一个原始人的居住区或粮食加工场所。但他们同样也未能找到相应的证据,因为这里并未发现所谓的生活起居区,就是房基也仅发掘出 2 座。另外,如果是一个粮食加工场所或生产劳动场所的话,那么每个坑内应有相应的活动空间,而实际上每组"组合物"所占的面积却很小,有的还不足两平方米。随着时间的推移,还有一些专家、学者大胆地提出了这样一个可能:这些"组合物"是先人们按照一定的思想意识和习惯格式特意堆集在一起,专门用来"祭祀"灵魂或某种崇拜的遗迹。"无论是哪种说法,他们都没有为自己的观点找到充足且准确的证据。"当地考古专家韩林太认为,从各个方面综合考虑,磁山遗址当时应是一个原始村落。

2010 年 3 月,磁山文化博物馆工作人员从一处坍塌的文化层中发现部分表面附着有植物颗粒的白色块状物体,有关专家认为可能系远古时期的"面粉"。

这些奇异的白色物是粟、黍粉、淀粉,还是白灰? 文物部门通过对物体表面的附着物,及其所在的文化层进行检查分析,认为白色块状物体属于首次发现,保存比较完好,很可能为数千年前的淀粉类物质,也就是人类最早的面粉。

磁山文化博物馆经过搜集整理,共收集到白色块状物体约 250 克。2010 年 3 月 4 日,工作人员将这些物体全部装袋封存,并将部分样品邮寄到中国科学院,请有关专家通过化验做进一步检查。

磁山是谷子的发源地。在以往的世界农业史上,粟一直被公认是从埃及、印度传播而来的。然而,随着磁山遗址的发现,这一"结论"被改写。考古专家们经科学鉴定一致认为,早在 7000 多年前,磁山先民们就已开始种植粟这一耐旱农作物,且达到了相当高的产量。在磁山遗址,考古工作者们一共发现了 189 个储存粮食的"窖穴"。这些"粮仓"形似袋状,窖口直径大都为 1—2 米,深浅不一,最浅的只有 0.85 米,而最深的则达到了 5 米。当地一位考古专家感叹地说,当地的土质极黏,可以说是"湿了泞,干了硬,不湿不干挖不动",先民们硬是用打磨的石斧、石铲挖出了那么多深达数米的窖穴,其坚韧的毅力和劳动强度令人难以想象。当时参加过发掘工作的考古专家韩林太对记者说,"窖穴"展现在世人面前时,人们禁不住大吃一惊:里面竟堆积着大量的"粟灰",刚开始它们的颜色呈灰绿,但拿到手里一会儿就变成了白灰。在一些成块的朽灰中,直接用肉眼可以看到已炭化的一颗颗滚圆的粟粒。为了鉴定这些粮食的成分,发掘者们曾两次进京,但都因找不到妥善的保管方法,标本到达目的地后全神奇般地变成了灰粉。最后,北京考古专家采用"灰象法"对标本进行了鉴定,认为当时的磁山人吃的是"小米",这也是当今人工种植谷子历史的最早发现。考古学者们在欢欣鼓舞之际,一个颇为费解的问题同时也摆在了他们面前。因为这些窖穴中的"粟灰"一般堆积厚度为0.2—2米,有10个甚至达到了2米以上。如果按照比重、体积推测,这189个"粮仓"中储存的粟,至少应在5万公斤以上。而在当时简陋的生产条件下,剩余这么多的粮食几乎是不可想象的。一时间,专家们对这一规模宏大的"粮仓"提出了种种猜测:可能是当时的农业生产已达到了一个较高的水平,除了够吃,还有部分剩余;也许是一个部落储藏的粮食种子,在还未来得及播种的时候,发生了大的自然灾害,所有的人纷纷逃离了自己的家园。还有人认为此地可能是先人们祭祀"粮神"的地方,他们为了祈求有一个好收成,便将最好的谷物奉献给了神灵。与此同时,一些学者在实验后还对窖穴是否系"粮仓"提出了质疑。他们认为,有的"窖穴"异常狭小,人很难进入,那么那些先人又是如何取放谷物的呢?面对外界的迷惑,当地的村民们有自己的解释,他们认为,这里就是传说中的"神农氏"居住过的地方,而上百个窖穴就是当时的"神农粮仓"。

在磁山遗址中,除了发现大量的石器、陶器及堆积的"粟灰"外,考古专家们还发掘出较多的鸟骨。这些鸟骨是否来自已经驯养的早期家鸡,也被认为是"磁山文化"的一个重要谜团。

按照传统说法,家鸡于公元前 2000 年左右起源于印度。但有关专家将磁山遗址中的鸟骨标本与北京自然博物馆所藏的现代鸟类骨骼进行了比较,发现其与现代原鸡跗？骨的形态和大小都很相似。他们由此认为,磁山出土的鸟骨标本属于鸡的可能性最大,而且还有可能是驯养的早期家鸡。支持这一说法的专家还提出了这样的事实:一是当时磁山的农业已有了长足发展,粮食已经有了剩余,从而为饲养家禽提供了一定的物质条件;二是根据现代动物学家的研究,家鸡由原鸡经人工驯养而成,而原鸡在我国古代的分布区已包括了北部及中原地区。但也有一些专家、学者对此提出了不同看法。他们认为相似并不能代表相同。另外,在对磁山鸟骨的标本进行研究时,还发现了一个非常有趣的问题:那就是所发现的磁山"家鸡"的跗？骨,除一根为雌性外,其余全部为雄性。大量的雄性"家鸡"的出现又代表了什么?是当时先人们因为某种宗教仪式的需要,有意选择了雄鸡?是先民们像现代人一样只留下产蛋的鸡,而将多余的雄鸡杀掉?是猎人们对原鸡(野鸡)的有选择性捕杀?至今还没有人能找到相关的线索和证据。但是,如果磁山所发现的鸟骨确系家鸡骨骼的话,那么家鸡在中国驯化的年代可以上溯到公元前 5400 年以前,比印度要早 3000 多年。

9.1.3　冀域陶器反映农耕文明

陶器是中国人的发明,是对世界文明的重大贡献。磁山遗址出土的陶器多为沙质陶器,少数为泥制陶器,均为手工制作,以素面为主,出土的陶器中有圆底钵、三足钵、钵形鼎等,其中陶盂和陶支架组成的陶器群,独具特色,最有代表性。遗址中出土的石器有打制石器、磨制石器和打磨兼制石器,主要器形有磨盘、磨棒、斧、铲、凿、锛、镰等,其中磨盘和磨棒是粮食加工工具,有重大的考古价值。磁山遗址的陶器以夹砂红陶为主,火候较低,质地粗糙,器表多素面。陶器多采用泥条盘筑法,器形不规整。陶器表面纹饰有绳纹、编织纹、篦纹、乳钉纹等。器形有椭圆形陶壶、靴形支架、盂、钵等。从磁山遗址出土的标本和大量器物看,早在 7000 多年前,河北南部太行山东麓一带就有了比较发达的农业,当时的生产力水平已经脱离了农业经济的初始阶段,有相当一部分人已从事专项手工劳动,原始手工业已成为原始农业、渔猎、采集生产及其生活的重要组成部分。磁山文化遗址的丰富内涵,为研究和探索中国新石器时代早期文化提供了新的重要的链环。

在当时最早的制作陶器时期,这么多造型别致、精美绝伦,并饰有各种花纹的陶器、富有欣赏价值的小陶器在这里出土,显示出了磁山先民生活比较富有。磁山先民陶器可以说是一种融雕塑、刻画图案和实用性于一体的艺术珍品。精雕细刻的鱼镖、网梭、磨制精细的骨针、骨镞,以骨蚌为原料的装饰器,既是实用品也是工艺美术品,另外,还发现了一些贝壳饰品和骨饰品。在附近相邻的西万年遗址,城二庄遗址等几处遗址挖掘中尚未发现这么多精致陶制品和骨饰品,充分说明磁山曾是当时这个地域部落首领居住地,是他们使用遗留下的生活用品。陶制日月,陶制祖形器、陶荟草器、圭盘、陶丸、石球、豆、盘等集中反映了磁山是当时这个地域占卜、祭祀的集中场所。特别是鸟头形支架三足平底盂在磁山出土是一个有力例证,鸟是当时吉祥物,是吉祥权利的象征,在今后皇家饰物搭配上演变发展成后来的朱雀、凤凰。磁山论经济实力是黄河流域中原地区一支强大部落,在这里创造下这么多人类最早文明,又是当时储粮基地等,可谓是最原始的"政治、经济、文化"交流中心,磁山文化,有着 8000 年悠久历史真正称得上是华夏第一都城。

20 世纪 70 年代在今河北武安市磁山发现的新石器时代早期遗址中,已有了农业的痕迹。在磁山遗址出土的各类生产工具中,数量最多、所占比例最大的当属农业生产工具。"以第一次发掘出土的石质工具为例,上、下两层共出土石器 859 件,其中斧、铲、镰、刀等农业生产工具 521 件,约占 60.7%,磨盘、磨棒等粮食加工工具 110 件,约占 12.8%,两者共计达 73.5%。"[126] 这不能不说明农业经济在磁山文化时期所占有的特殊地位。再者,考古学家在磁山遗址中发现了粟的遗迹,专家根据出土的农具来分析,当时的农业水平已不再原始,"进入到了耜耕农业阶段"[127]。可见,冀域古代农业在中国历史上发源较早。"磁山遗址的发现与发掘,是我国目前华北地区所发现的最早的新石器早期的考古遗存之一,对于认识'前仰韶时期'的古人类文明,具有极为重要的意义。"[128] 生产工具进步与否是反映生产力发展水平的重要标志,磁山遗址出土的农业生产工具绝大部分为石器,另有少量骨、蚌器。磁山文化时期的农业生产工具,不仅数量上多,而且品种上也比较完备,有了比较明确的专用工具,这说明当时的农业生产水平已达相当的高度。同时,磁山遗址"粟"的发现,"把我国人工种植粟的历史追溯到八千多年前"[129]。粟的驯化成功,是人类原始农业的一次跃进。磁山遗址出土的农具和粮食堆积痕迹的发现,证明了当时农业水平有了一定的提高,粟类作物开始被人类种植,与此同时,农业水平在一定程度上的提高,使得粮食有了剩余,这样就为饲养家畜提供了物质条件,磁山文化遗址中也出现了原始的畜牧业的痕迹。

随着历史朝代的更迭,冀域地区的农业发展水平不断提高。东汉末年,董卓举刘馥为冀州牧,时"冀州民人殷盛,兵粮优足"。[130]《齐民要术》中反映的北魏时河北平原的农业技术已相当发达,农作物品种已达到 20 余种。河北地区人口众多,唐代瀛洲(今河间地区)是河北诸州中人口最密集的一州。"到了 8 世纪中叶唐安史之乱之前,河北平原已是全国最发达的农业地区。"[131]

但此之后,由于战乱等原因,导致冀域农业发展受阻,但当战乱平息之后,政治稳定,统治者又开始大力发展农业。由于冀域地理环境的优势,许多朝代的统治者选择在这里建都,冀域属于古代多数王朝的政治中心,在封建社会,统治者的主张又大都是"以农建国",所以,在冀域地区,古代科技活动的环农业特征明显。

9.1.4 农业社会的民本思想

在中国几千年的传统社会之所以能够形成比西方同时期更先进的科技文明,就是因为中国传统社会盛行的"民本思想"。"民本思想"是中国传统文化中极其重要的思想资源。古代民本思想经历了从重天敬鬼到敬德保民,再从重民轻天到民贵君轻这样发展历程。殷商时期,迷信的氛围特别强烈,事无巨细,每事必卜,甲骨文即是为记录占卜而产生。人们祭天地、鬼神,祭星辰、日月,在人们心目中地位最高的是太阳神,以致夏桀暴虐无道,却以太阳自比,曰"天之有日,犹吾之有民"。到了西周,周人把天奉为有意志的人格化的至上神,周王亦称"天子",是受了"天命"取代商来统治天下的。另一方面,周人又从商的覆灭中认识到"天命靡常",看到了人民的武装倒戈,才使西周打败了商王朝,这是"天惟时求民主","民之所欲,天必从之","天视自我民视,天听自我民听"。既而提出"皇天无亲,唯德是辅","敬德"才可以"保民"。这开启了春秋战国时期民本思想的先河。春秋时期,周王室衰败,原来神圣不可动摇的天——周天子已失去天下共主的身份,天下大乱,礼乐崩坏。现实已动摇了人们对于神圣天道的崇拜。另一方面,在人类与自然的关系上,突出人的地位。荀子提出了"制天命而用之"观点,强调人在认识自然,改造自然中的主观能动作用,"天"的地位已开始动摇。与此同时,从君主到一些大臣对"民"的认识都有了新的提高,认识到"政之所兴,在顺民心,政之所废,在逆民心",田氏代齐的重要手段就是收买人心,搞大斗出货,小斗收进,结果"得齐民心","民众归之如流水"。孔子提出的"节用而爱人,使民以时"的思想,发展到孟子时的"民为贵,社稷次之,君为轻"的仁政思想,告诫统治者"爱民""利民",轻刑薄赋,听政于民,与民同乐。这标志着民本思想至此真正形成了。明末清初,随着激烈的阶级斗争和新的生产关系的因素产生,古代民本思想得到极大发挥,就是以黄宗羲、顾炎武、王夫之为代表的进步思想家对君主专制独裁进行了深刻地揭露和批判。指责君主制度是"天下之大害",反对君主把天下当作私产,提出"天下为主,君为客",君的责任就在于"以天下万民为事"。这种社会政治思想是进步的,可以看作是早期民主思想的启蒙。

虽然在传统社会中,统治者的皇权地位是不可比拟的,但是占统治地位的儒家思想始终信奉"民为贵,君为轻","历代王朝也都以是否福祉于百姓及福祉于百姓程度的高低作为衡量其有道与否及有道多寡的根本尺度。这就使中世纪的中国比同时期的西方更关注物质生产,其所需借助科学来从事生产的分量自然要比西方多得多,这样就很自然地造就了传统社会里的中国在科技发达程度上比传统社会里的西欧要先进得多"[132]。

由于冀域地区古代优越的地理环境优势,使得冀域在古代一直是农业发达、文化昌明的地区。再者,由于政治中心以及封建统治意志催生科技发展等原因,造就了冀域古代科技活动主要是围绕着封建意识、农业生产活动来展开的,由此形成的科技文化中封建意识、实用思维也就较为深刻。

9.2 经济发展状况

经济发展是科学技术进步的重要基础,因为科学技术的进步是

191

以广泛的物质、经济需要为背景的。经济的发展为整体社会文化的繁荣和提高奠定了基础,同时,这也给科技的进步提供了一个良好的空间;"同时,作为动态与竞争的经济发展本身必然对科学技术提出更高的要求。科学技术被视为经济的杠杆。经济要想取得更大的成就总是需要更高的科学技术的保障和支持"[133]。

9.2.1 平原地理的农业经济基础

冀域古代优越的地理条件为传统农业经济的发展提供了物质基础,一方面,农耕经济的不断发展使得封建社会向前进步,农耕经济成为社会经济的主要经济形式,占绝对优势地位;另一方面,农耕经济的绝对优势又抑制了冀域古代一些与农业关系不密切科技的发展。科技活动在古代相比于农业活动,地位差距较大,加上封建思想的影响,科技活动在平民中的普及并不高,冀域古代处于封建王朝的政治中心,这种影响更为深刻,所以在冀域古代,科技活动人员大部分都是出自官身,很少是布衣出身。这种农耕经济的绝对优势和封建思想的深刻影响,抑制了冀域古代一些科技水平的提高。

"王充《论衡·率性》说:战国时期魏国西门豹、史起先后引漳水灌田,使河北临漳县西南邺城一带的土地,'成为膏腴,则亩收一钟'。由于农业发达,西汉时漳河上游的魏郡是人口最密集的地区之一。这种农业发展势头保持到公元3世纪不衰。东汉末年曹操定都于邺,在战国水利工程基础上进一步加以扩建,发挥了更大的作用。"[134]以后十六国后赵、前燕,北朝的东魏、北齐因相沿袭建都于此,均与当地农业发达有关。

同样,在出土的战国时期燕国的农业生产工具和粮食加工工具中,铁制农具已占相当大的比例,"在今河北新城一带的督亢陂,在战国时为燕国境内富饶的农业水利灌区"[135]。荆轲刺秦,他向秦王献的就是督亢地图。"东汉建武年间,渔阳太守张堪在今北京市顺义县境引白河开稻田 8000 余顷,这是北京地区种植水稻的最早记载。以后三国魏嘉平二年(250 年)驻守在蓟城(今北京城西南隅)的征北将军刘靖在石景山南水(今永定河)上,筑戾陵堨,引水开车厢渠东入高梁水,又东注入水,灌田 2000 顷。不久又自车厢渠引流入鲍丘水(今白河),灌田万余顷。这是永定河、潮白河冲积扇上大规模开发水田的先声。以后北魏、北齐、唐代都曾在此基础上整修过督亢陂、戾陵堨、车厢渠等水利工程,发展水田,成效显著。"[136]

在明清时期,"明代汪应蛟、左光斗、董应举、徐光启等人也先后在天津兴修水利,开垦水田,使京津地区的经济迅速发展起来"[137]。"《明史》记载,汪应蛟在天津驻兵的时候,募民垦田 5000 亩,其中十分之四为水田,获得了每亩 4—5 石的收成。"[138] 这是天津附近大规模改造盐碱洼地种植水稻的开始。同时,明代的徐贞明在冀域古代稻田的种植上也有贡献:"曾从南方招募农民来京东以代营治水田,一年间就垦田 4 万亩。"[139] 从历史发展上看,冀域古代的农业经济一直较为发达。

9.2.2 科技成果侧于重农耕文明

在封建社会,"以农为本"的意识影响颇深,尤其在冀域古代,位于封建王朝的权力中心,这种"以农为本"的思想更加根深蒂固,所以,社会活动是围绕着农耕经济而展开的,科技活动亦是如此。与农业联系密切的科技学科会得到优先发展,联系不紧密的学科的发展则受到抑制。在中国古代的科技发展中,亦是这种特点,只不过在冀域古代,这种特点尤为深刻。

例如,天文学中的历法与农业联系最为紧密,季节是历法的核心所在。"《尚书·尧典》记载,'日中、星鸟,以殷仲春','日永、星火,以正仲夏','宵中、星虚,以殷仲秋','日短、星昴,以正仲冬'。这种根据恒星位置来判断时间的方法大概是最原始的季节形式。"[140] 在重视农业生产的古代,天文历法取得了辉煌灿烂的成就。在元朝建立之初,常年的战乱导致民不聊生,忽必烈认识到亟须大力发展农业增强实力,而农业的振兴需要历法的改革来作为支撑,在此背景下,郭守敬主持修订的《授时历》应运而生。水利工程技术显然也与农业相关,发展水利事业为发展农业的基础与命脉。加上由于冀域古代政治中心的缘故,水路交通运输情况、水患治理情况影响着封建政权的稳固,所以冀域古代水利科技也是发达的科技学科之一:元初定都北京后,先后开凿了济州河、会通河等运河,元代的天文学家郭守敬还是一名水利学家,在北京附近主持修建了白浮堰工程。

元代,大都的空气湿润,地下水非常丰沛。至元二十八年(1291年),朝廷派郭守敬巡察水利。他经过详细勘测,发现了白浮泉的利用价值,回来后,便把多年对水利调查研究的成果,归纳为 11 项建议,向朝廷禀报。第一条便是彻底改变大都地区的水源问题,提出了一个大胆的建议:"上自昌平县白浮村引神山泉西折而南,过双塔、榆河、一亩、玉泉诸水,经瓮山泊至西水门入都城。"《元史·河渠志》:"南汇为积水潭,东南出文明门(今崇文门),东至通州高丽庄入白河。"最后"入于潞河,以便漕运。"元世祖忽必烈非常高兴,对这一方案给以极高的评价,立即表示:"当速行之",并下了一道特殊的命令:"丞相以下皆亲操畚锸倡工",多大的领导也要带头干活;且"待守敬指授而后行事",一切还要听从郭守敬安排。这给郭守敬以极大的支持。引水方案有几个重大的技术问题:如直奔东南引向大都,有沙河、清河两条大河当道,且河谷低下,难以逾越;如向西行,那里是西山,京都西高东低。面对这种复杂的地形条件,郭守敬运用早年在治理黄河时总结出的理念:也就是今天的海拔高度理论。经过实地测量,他得出了白浮泉地势要高于西山山麓。按今天的测量,白浮泉的海拔为 55 米,瓮山泊的海拔为 40 米。时人不能知道海拔概念,而感叹:"守敬乃能引之而西,是不可晓。"这一结论强力支持着郭守敬的观点。他把泉水引向西山,然后大体沿 50 米等高线南下,避开河谷低地,再向东南注入瓮山泊。瓮山泊又名七里泊,清代向东南开拓,改名为昆明湖,用它作为河水涨落的调节水库。沿渠修筑堤堰——白浮堰。《天府广记》载:"郭守敬所筑堰,起白浮村至青龙桥,延袤五十余里。"河渠沿大都北部的山脚划出一道漂亮的弧线,沿途又拦截了沙河、清河上游的水源,汇聚西山诸泉,使水量大增。河水再向东南流入高梁河,进入积水潭,并以此为停泊港。积水潭东侧开河引水,向东南流,再经金代的闸河故道向东至通州。"全长一百六十四里又一百四步",真乃北京水利史上的惊世杰作。从此,北京有了供水的命脉。

此外,一些其他的科学技术:冶炼技术等等,这些科技也间接地与农业的发展相关,在古代战国中期以后,农业生产活动中铁制农具的普及率已相当高:"河北庄村赵国遗址与辽宁莲花堡燕国遗址出土的铁农具分别已占农具的 65% 和 85%"[141],而铁制农具的使用在相当大程度上带动了冶炼技术的进步,而冶炼技术的进步也是源于农业发展的需要。

农业发展的需要极大地促进了冀域古代相关科学技术的发生和发展,科技活动都是围绕着农业的发展需要而展开的,科技活动有着明确的目的,这个目的就是农业生产。虽然农业生产有时候并不是冀域古代所有科技发展的唯一目的,但是注重农业生产而进行科技发展这一主线贯穿于冀域古代科技发展的脉络之中。冀域古代"以农为本"发展而来的农耕经济的绝对优势导致了科技发展的片面性,与农业相关的科技能够得到优势的资源大力发展,另一方面,与农业关系不密切的科技则发展滞后,甚至不发展,这样就造成了冀域古代科技体系片面发展的状况,也造就了冀域古代科技文化的特质。

9.3 社会政治影响

科学技术活动往往会受到一些社会政治因素的影响,在古代科技活动中,受政治因素的影响更为深刻。"对于科学技术自身的研究活动而言,它的运行既受科学技术共同体内学术规范(如默顿规范)的制约,也受科学技术共同体之外政治的、社会的非学术规范的制约。"[142]同时,科技活动对政治也具有反作用:美国在大力发展科学技术的过程中,也有其政治目标的考量。通过保持科技在全球范围内的领先来巩固经济、军事领头羊地位,进而在全球推行其政治制度。"一是借助科技保持国防优势,以国防力量强化政治力量;二是通过科技来增强产业竞争力,力求以经济为中介达到自身的政治目标。"[143]"科学技术与政治的关系离不开特定社会历史条件下政治主体的政治利益需求"[144],在冀域古代更是如此,科技向封建权力的辐凑表现得更为深刻,冀域古代许多科技的产生与发展直接受到封建统治政治因素的影响,也造就了实用思维、科技制度文化不足、封建意识影响严重等鲜明特质。

9.3.1 重农偏向促进天文、地理学发达

在冀域古代,科技活动受封建制度的影响更为深刻,科技活动向权力的辐凑,表现为很多科技人物均为官身。同时,冀域古代天文学成就突出。在古代科技活动中,与农业关系最紧密的无疑是天文学。冀域是许多历代王朝的政治中心,统治者的支持使得天文学发展较快;在古代,与天文学关系最为紧密的学科无疑是数学,天文学家的许多精确数字都依赖于他们扎实的数学功底,所以在古代,许多天文学家也兼修数学:冀域古代数学巨匠祖冲之便曾经参与过大明历的编制工作。由于封建意识的作用,在冀域古代,数学也是科技昌明的学科之一:祖冲之、李冶、朱世杰都是古代著名的数学家。此外,还

有一些科学技术间接地与农业有关,由于农业的发达,冀域古代也出现了一批地学科技人物及其著作:例如,郦道元及《水经注》、贾耽及《海内华夷图》、李吉甫及《元和郡县图志》。

(1)地理学家贾耽

第一,贾耽其人。贾耽(730年—805年),字敦诗,沧州南皮(今河北南皮)人。唐代著名地理学家、宰相,曹魏太尉贾诩之后。历仕玄、肃、代、德、顺、宪六朝。天宝十载(751年),贾耽登明经第。乾元元年(758年),任临清尉,累擢汾州刺史,任内有异绩。历任河东节度副使、鸿胪卿、山南西道节度使、山南东道节度使、工部尚书、东都留守、义成军节度使等职,曾参与征讨梁崇义、李希烈叛乱。贞元九年(793年),以右仆射衔拜同中书门下平章事,正式拜相。任内虽无关于安危大计的建言,但他恭行温厚,被时人称为淳德君子。贞元十七年(801年),封魏国公。唐顺宗即位后,进左仆射。永贞元年(805年),贾耽去世,年七十六。册赠太傅,谥号"元靖"。大中二年(848年),绘像凌烟阁。贾耽工诗擅书,擅长地理学。郑馀庆称其"文章之制,博达而清约"。他是裴秀之后中国地理地图史上一位划时代的人物,继承并发展了科学制图的方法,对后世制图影响深远。著有《海内华夷图》《备急单方》等。《全唐诗》存其诗。

贾耽从小就喜欢读地理书籍,喜爱骑马射猎。步入中年以后,十分重视地理研究工作。"筮仕之辰,注意地理,究观研考,垂三十年。"天宝十年(751年),贾耽22岁时以两经登第,他自此走上仕途。乾元元年(758年),授贝州临清(今河北清河)县尉,继而授绛州正平(今山西新绛)县尉。处理日常政务中,表现出"器重识高,涵泳万顷"的良好素质,颇得太原尹王思礼赏识,授度支判官。后转试大理司直、监察殿中侍御史。上元二年(761年),被擢为检校膳部员外郎兼太原少尹、侍御史、北都副留守、检校礼部郎中。大历八年(773年),迁汾州刺史。他在郡七年,政绩茂异。大历十四年(779年),提升为鸿胪卿兼左右威远营使,负责接待入朝使者和出使归臣的工作。同年十一月五日,以检校左散骑常侍兼梁州刺史、山南西道节度观察度支营田等使,加朝议大夫,封广川男。时值山南东道节度使梁崇义起兵谋反,贾耽受命领麾下沿江东讨,协力群帅,平夷江汉,所向皆捷,荣立军功,加银青光禄大夫。建中三年(782年)十一月,任检校工部尚书、山南东道(今河南、陕西、湖北、四川交界地区)节度观察使。兴元元年(784年),迁任检校工部尚书兼御史大夫、东都留守、判东都尚书、东都畿汝州都防御观察等使。因德政兼优,得到德宗的信任,下诏特许贾耽在近郊狩猎。贞元二年(786年),贾耽因平讨李希烈有功,加东都畿唐、汝、邓都防御观察使。同年九月十一日,任检校尚书右仆射,兼滑州刺史,充义成军(今河南滑县)节度,郑、滑等州观察处置等使。淄青兵数千人从行营回来,经过滑州,贾耽的将佐们都说:"虽然李纳(平卢节度使)表面上遵奉朝廷的命令,骨子里却包藏着吞并土地的意图,请将他的人马安排在城外。"贾耽说:"我们与人家州道相邻,怎么能够让人家的将士住在野外呢!"他让淄青兵住在城中。贾耽时常带领一百人骑马到李纳的境内打猎,李纳听说后,很高兴。他佩服贾耽的襟怀,不敢侵犯义成军。贞元九年(793年),贾耽以64岁高龄奉诣入觐。同年五月二十七日,拜尚书右仆射、同中书门下平章事,并加金紫光禄大夫。贞元十二年(796年),贾耽因健康原因,首次上表提出辞呈。表曰:"荏苒四年,昧于摄生,素有多病。眼有盲膜之疾,耳闻风雨之声。自赵憬云亡,卢迈染患,忽忽惊悸。旧疹顿加,尸素之中,视听不逮。……省躬量力,诚所不任。非求退让之名,实为官谤所迫。伏希圣鉴俯察恳诚,无任惶迫切之至。"辞职未予恩准。贞元十三年(797年),贾耽又以疾避相位,未允。贞元十七年(801年),完成撰成《海内华夷图》及《古今郡国县道四夷述》四十卷,进献朝廷,获封魏国公。永贞元年(805 年),唐顺宗即位,转任左仆射,依前平章事,迁检校司空。贾耽厌恶王叔文一党当权,便托称有病,不再出门,屡次请求退职。同年十月一日(10 月 26 日),贾耽于长安(今西安)光福里的私宅中病逝,享年 76 岁。唐宪宗为其辍朝四日,册赠太傅,谥号"元靖",赠绢一千匹、米粟一千石,葬于长安高阳原。大中二年(848 年)七月十一日,贾耽与李岘等共三十七人得以绘像凌烟阁。

第二,《海内华夷图》。贾耽是继裴秀之后中国地理地图史上一位划时代的人物。他继承并发展了科学制图的方法,对后世制图影响深远。贾耽在书籍中的地理记述是中国对外宣示领土和海权的重要依据。贾耽生活在唐王朝由繁荣昌盛的顶峰走向跌坡的转折时期。他一生大部分时间从事政治活动,长期在地方和中央任重要职务,目睹了国势衰落边疆多事的情景,深表忧虑。常说"率土山川,不忘寝寐",盼望早日收复失地,恢复领土完整,怀抱强烈的爱国热忱。贾耽一生为官四十七年,其中居相位十三年,事务繁忙,政绩茂异。与此同时,他根据国家的需要,充分利用各种机会,结合政治、军事研究地理,考察地理。贾耽研究并绘制地图的目的很明确,是要像西汉萧何那样搜集秦国地图帮助刘邦夺天下,像东汉伏波将军马援那样用米堆积立体地理模型供军事行动之用。他羡慕前哲,绘制地图,要为唐朝的政治、军事服务。贾耽年轻时正值"安史之乱",政治不稳定,人民赋税很重,生活困难,国力衰弱,没有足够的力量确保边疆安全,河西陇右(今河西走廊)一带被吐蕃所占。"职方失其图记,境土难以区分""剑南西山三州七关军镇监牧三百所丧失,河西陇右州郡悉陷吐蕃。国家守于内地,旧时镇戍,不可复知"。贾耽对此深为焦虑,决心绘制陇右沦陷区的地图,以备政治军事所需。为此,一方面他采撷舆议,进行广泛的调查采访,凡四夷之使及使四夷还者,必与之从容,讯其山川土地之终始。收集"绝域之比邻,异蕃之习俗,梯山献琛之路,乘舶来朝之人,咸究竟其源流,访求其居处。之行贾,戎貊之遗老,莫不听其言而掇其要;闾阎之琐语,风瑶之小说,亦收其是而芟其伪"。另一方面,"寻研史牒",经常查阅中央和地方保存的旧有图籍。对"九州之夷险,百蛮之土俗,区分指画,备究源流"。从而掌握了许多第一手资料,积累起丰富的地理知识。贾耽对裴秀的"制图六体"非常推崇,认为"六体则为图之新意",要"夙尝师范",加以学习和借鉴。贞元十四年(798年),贾耽果真用裴秀的制图六原则绘制"关中陇右及山南九州图"一轴(已佚),主要表现陇右兼及关中等毗邻边州一些地方的山川关隘、道路桥梁、军镇设置等内容。由于贾耽对搜集到的地理资料作了慎重的取舍,所以,"岐路之侦候交通,军镇之备御冲要,莫不匠意就实,依稀象真",内容较为翔实。他在献图的表文中写道:"诸州诸军,须论里数人额;诸山诸水,须言首尾源流。图上不可备书,凭据必资记注"。就是说,图中难以用符号表示的地理内容,如政区面积、户口人数、山川源流等,他用文字注记详加说明,然后汇编成册,故名《关中陇右山南九州别录》《吐蕃黄河录》。图和说明一并奏之朝廷,希望作为收复失地,用兵经略的参考。德宗皇帝览后称善,特赐厩马一匹,银二百匹,银盘银瓶各一,以示奖励。

贾耽一生喜爱地理,尤勤于搜集地理方面的资料。从兴元元年(784年)至贞元十七年(801年),他经过17年的充分准备,终于绘成名闻遐迩的《海内华夷图》,撰写了《古今郡国县道四夷述》,献给朝廷。他在表文中简要记述了绘图的目的、经过、内容及用途:"臣闻地以博厚载物,万国棋布;海以委输环外,百蛮绣错。中夏则五服、九州,殊俗则七戎、六狄,普天之下,莫非王臣。昔毋丘出师,东铭不耐;甘英奉使,西抵条支(今伊朗、伊拉克境);奄蔡(今咸海、里海北)乃大泽无涯,宾(今喀布尔河下游及克什米尔一带)则悬度作险。或道里回远,或名号改移,古来通儒,罕遍详究。臣弱冠之岁,好闻方言,筮仕之辰,注意地理,究观研考,垂三十年。……去兴元元年,伏奉进止,令臣修撰国图。旋即充使魏州、汴州,出镇东洛、东郡,间以众务,不遂专门,绩用尚亏,忧愧弥切。近乃力竭衰病,思殚所闻见,丛于丹青。谨令工人画'海内华夷图'一轴,广三丈,纵三丈三尺,率以一寸折成百里。别章甫在衽,奠高山大川;缩四极于纤缟,分百郡于作绘。宇宙虽广,舒之不盈庭;舟车所通,览之咸在目。"

第三,《海内华夷图》价值和特点。《海内华夷图》的幅面大,载负量亦丰:①由于贾耽采取"多闻阙疑,讵敢编次"的严肃态度,图中内容当是翔实可信。除绘有国内及毗邻边疆地区的山川、政区形势而外,对域外许多国家和地区的名称、方位、山川等内容,亦有适量的记载,称它是小范围的亚洲形势图,并不言过其实。②有统一的比例尺。图中采用一寸折地百里(相当于 1:1800000)的比例尺绘制而成。图形轮廓比较准确。③图中的地名古今并注,"古郡国题以墨,今州县题以朱,今古殊文",开我国以两种颜色标注地名的先河。此法一直为后世的历史沿革地图所沿用。《古今郡国县道四夷述》40卷,形式上是"海内华夷图"的文字说明,但其图、说各自独立成篇,视它为总地志性质的地理著述亦不为过。"中国以《禹贡》为首,外夷以《班史》(即班固《汉书·地理志》)发源,郡县记其增减,蕃落叙其衰盛","凡诸疏舛,悉从厘正"。如"前地理书以黔州属西阳,今则改入巴郡;前西戎志以安国为安息,今则改入康居",可见他对历代地理沿革,边防及城镇都会的变迁、各地人口增减的考订,大大超过前人。对当时政治地理、物产、经济状况的叙述,也比较完备。此书已初具方志规模,对后世地方志的编纂有深刻的影响。它以详于考订古今地理见长。原书佚。贾耽还著有《皇华四达记》十卷、《关中陇右山南九州别录》六卷、《吐蕃黄河录》四卷。这些著作大都没有流传下来,但《海内华夷图》在 1137 年时被缩成《华夷图》和《禹迹图》刻于石上，现保存在西安碑林。

贾耽奉唐德宗之命，于公元 801 年完成《海内华夷图》的绘制。"图中以黑色书写古时地名，以红色书写当时地名，这是地图史上一项创新，为后世地图绘制所沿用。"[145]这样在同一幅图上表明古今两种情况，便于对照，"后代绘制历史地图，常用这种朱墨套色法，也就是现代通用的底图填图法的先驱。"[146]可见，《海内华夷图》对后世制图的影响之深。

《海内华夷图》是按照晋代裴秀六体方法编绘，比例是一寸折百里，用不同的颜色注记地名："古郡国题以墨，今州县题以朱"。图的中国部分本于《禹贡》，外国部分本与班固的《汉书》，是一幅中国及邻近地区的中外大地图。《海内华夷图》主要有以下几个特点：一是注重外国部分，虽然是采访材料，但注重实际，修正了不少错误。时间跨度自传说时代中的夏朝至唐朝，地域范围不限于唐朝本土，包括了作者所了解的唐朝以外的全部地理范围，大致包括今天的亚洲。二是注重历史地理的考证，古今地名分别用不同颜色绘注，开创了我国沿革地图的先例。《海内华夷图》幅面约 10 平方丈，比裴秀的《地形方丈图》大 10 倍，可见工程之浩大，亦可见唐代制图事业之规模。将与地图有关的考证和说明文字另撰专书，作为该图的附件。三确立了"古墨今朱"的标识方法，既坚持了古今对照的原则，又解决了历史地理要素与今要素混淆不清的矛盾。

（2）地理学家李吉甫

第一，李吉甫其人。李吉甫（758 年—814 年），字弘宪，唐代政治家、地理学家，赵郡赞皇（今河北赞皇）人，御史大夫李栖筠之子。"李吉甫晚年著有《元和郡县图志》。书中记述了当时全国 10 道所属州县的沿革、通道、山川、户口、贡赋和古迹等，是现存最早的一部全国性地理著作。它继承和发扬了《汉书·地理志》的传统地理学体系,对后世全国性地志的编纂影响很大。"[147] 因为李吉甫久任宰相与地方官,对当时的全国图籍较为熟悉,所以《元和郡县图志》记载详尽,引证有据。"其记叙方法以贞观十道为纲,配合元和时一级行政兼军事区划的 47 镇,以下每府、州,首记治城、地方等级、户乡数目、沿革、疆域、四至八到、贡赋;记次县分等级、沿革、山川、古迹、道里、关塞等。每镇篇首有图,其内容集魏晋以来地理总志之大成,图文并茂。"[148]

李吉甫出身于赵郡李氏西祖房,早年以门荫入仕,历任左司御率府仓曹参军、太常博士、屯田员外郎、明州长史、忠州刺史、柳州刺史、考功郎中、中书舍人等职。元和年间,李吉甫两次被拜为宰相,期间一度出掌淮南藩镇,爵封赵国公。他策划讨平西川、镇海,削弱藩镇势力,还裁汰冗官、巩固边防,辅佐宪宗开创元和中兴。元和九年(814 年),李吉甫去世,追赠司空,谥号忠懿。

第二,李吉甫的历史功绩。李吉甫年轻时勤奋好学,善写文章,以门荫补任左司御率府仓曹参军,27 岁便担任太常博士。他学识渊博,尤精国朝典故,历任屯田员外郎、驾部员外郎,受到宰相李泌、窦参的器重。贞元八年(792 年),李吉甫被外放为明州(治今浙江鄞州)长史,后起复为忠州(治今重庆忠县)刺史,历任柳州(治今广西柳州)刺史、饶州(治今江西鄱阳)刺史。永贞元年(805 年),唐宪宗继位,征召李吉甫回朝,授为考功郎中、知制诰。他返回朝廷后,又被召入翰林院,担任翰林学士,并改任中书舍人,获赐紫衣。

元和元年(806 年),西川节度副使刘辟叛乱。朝臣都认为蜀地险要,易守难攻,不主张出兵讨伐。宰相杜黄裳却极力主战,还推荐神策军使高崇文为伐蜀主帅,李吉甫也赞同出兵。唐宪宗便命高崇文与山南西道节度使严砺入川平叛。高崇文久攻不破鹿头关(在今四川德阳)，李吉甫奏道："汉晋南朝五次伐蜀，四次都是沿江而上。江淮地区的宣州(治今安徽宣城)、洪州(治今江西南昌)、蕲州(治今湖北蕲春)、鄂州(治今湖北鄂州)，强弓劲弩，号称天下精兵。陛下可让江淮军直捣三峡腹心，叛军必会分散兵力，前去救援。而且高崇文担心江淮军率先建功，也会增强斗志。"西川平定后，李吉甫又建议让高崇文、严砺分别节度西川(治今四川成都)、东川(治今四川三台)，使两川相互制衡。

元和二年(807年)，杜黄裳罢相，李吉甫则被任命为中书侍郎、同中书门下平章事。他外放江淮十余年，深知百姓疾苦，拜相之后鉴于藩镇节度使贪婪恣肆，便奏请皇帝，让节度使属下各郡刺史独自为政。李吉甫还建议，应禁止州刺史擅自谒见本道节度使，禁止节度使以岁末巡检为名向管内州县苛敛赋役。唐宪宗对他愈加倚重。

镇海节度使李锜骄横不法，李吉甫认为他定会反叛，便劝宪宗召他回朝，加以控制。面对朝廷三次征召，李锜都称病不应，还以重金贿赂朝中权贵。十月，李锜攻掠州县，发动叛乱。李吉甫道："李锜不过是个庸材，网罗的都是些亡命群盗，哪有什么斗志？如果朝廷征伐，定可成功。"他又征调素为江南藩镇所畏惧的徐州军和汴州军参与平叛，以震慑叛军。叛军听闻徐州(治今江苏徐州)、汴州(治今河南开封)兴师南下，果然斩杀李锜，向朝廷投降。李吉甫因功获封赞皇县侯。

唐朝自德宗年间以来，对藩镇一直采取姑息的态度。很多节度使都是终身任职，拥兵自重，形成尾大不掉的态势。李吉甫针对这一弊病，加以改革。他在拜相后的一年多时间内，共调换了三十六个藩镇的节帅，使得节度使难以长期有效地控制某个藩镇。元和三年(808年)，右仆射裴均交结权幸，欲求取宰相之职。当时朝廷正举行"直言极谏科"制举考试，有举子在考卷中抨击朝政，唐宪宗非常不满。裴均便指使党羽,称此事背后有宰相教唆,希望借此让李吉甫罢相。谏官李约、独孤郁、李正辞、萧俛等人上疏陈述原委,竭力为李吉甫辩白,唐宪宗这才怒气稍解。

李吉甫原本与窦群、羊士谔、吕温交好。窦群担任御史中丞后,举荐羊士谔为侍御史、吕温为知杂事。李吉甫却恼怒他事先没有向自己禀报,不肯批准,引起窦群等人的怨恨。后来,李吉甫患病,让医士留宿在家中。窦群却抓捕医士,上书弹劾李吉甫,称他结交术士。唐宪宗查知实情,贬逐窦群等人。李吉甫知道自己树敌过多,便请辞相位,并推荐裴垍接任。同年九月,李吉甫出镇淮南(治今江苏扬州),授检校兵部尚书、中书侍郎、同平章事、淮南节度使。唐宪宗亲自在通化门为他饯行。

李吉甫在淮南三年,常上书议政,指陈朝政得失,论列军国利害。他率领民众修筑富人塘、固本塘、平津堰(在今江苏高邮)等水利工程,灌溉农田近万顷,还奏请朝廷,免去当地百姓数百万石欠租。元和六年(811年),裴垍因病罢相。宪宗遂将李吉甫从淮南召回,再次任命他为中书侍郎、同平章事,加授金紫光禄大夫、集贤殿大学士、监修国史、上柱国,进爵赵国公。他建议裁汰冗杂官吏,减低百官俸禄,以节省国家财政开支。唐宪宗采纳了他的建议,最终裁减内外冗官八百余人、冗吏一千七百余人。

当时,宗室诸王居住在十六宅中,连女儿的婚姻都要由宦官掌管。诸王只能厚礼贿赂宦官,以求得到嫁女的目的。李吉甫奏知皇帝,唐宪宗遂封诸王之女为县主,命有司挑选门阀子弟加以婚配。元和七年(812年),魏博节度使田季安病逝,其子田怀谏继任。李吉甫劝唐宪宗出兵征讨,并推荐薛平为义成节度使,欲趁机收复魏博镇(治今河北大名)。但唐宪宗因宰相李绛极力反对,最终没有采纳。李绛刚正不阿,唐宪宗为制衡李吉甫,特意擢其为相。二人常在御前争论,唐宪宗认为李绛耿直,常听从他的主张。

后来,李吉甫又绘制《河北险要图》,呈献给唐宪宗。宪宗将地图挂在浴堂门壁上,每逢议论河北局势,都对李吉甫大加赞扬。

元和八年(813 年),回鹘越过大漠,南攻吐蕃。朝廷得报,却认为回鹘表面声称讨伐吐蕃,真实意图是要入侵唐境。李吉甫道:"回鹘并未与朝廷断绝和好关系,南下目的不大可能是侵扰边境,我们只要加强戒备,则不足为虑。"他建议恢复自夏州至天德军之间的十一所驿站,以便传递边境军情,又征调夏州精骑五百人驻屯经略故城,以接应驿使,同时护卫党项部落。李吉甫又建议朝廷复置宥州,以防御回鹘,安抚党项。唐宪宗遂在经略故城重新设置宥州,隶属于绥银道,并征调鄜城九千神策军前往驻守。李吉甫又征调江淮地区的三十万件兵器与千余匹战马,补充给太原、泽潞两军,以加强唐朝北部边防。

元和九年(814 年),淮西节度使吴少阳病逝,其子吴元济请求袭任。李吉甫认为淮西镇(治今河南汝南)深处内陆,四周又无党援,不宜效仿河朔三镇父死子继的惯例,主张趁机出兵夺取淮西。唐宪宗赞同他的意见,便让他策划征伐淮西之事。同年十月,李吉甫暴病去世,时年 57 岁。唐宪宗闻讯伤悼,派宦官前去吊唁,在按惯例馈赠之外,又从内库拿出绢帛五百匹以抚恤其家属,并追赠他为司空。太常博士为李吉甫拟谥号为敬宪,度支郎中张仲方却表示反对,认为谥号过于美化。宪宗大怒,贬斥张仲方,赐李吉甫谥号为忠懿。

李吉甫在元和年间两次担任宰相,共计三年七个月,被誉为"元和名相"。他的政绩主要有:抑制藩镇:加强藩镇所属州郡的权力;平定镇海李锜叛乱;调换藩镇节帅;将普润军划归泾原;策划征讨淮西(未完成便病逝)。打击宦官:削去宦官对宗室诸女的婚配管理权。整顿吏治:裁汰冗杂官吏;减低百官俸禄。巩固边防:恢复边境驿站;屯兵经略故城;增置宥州;为边军补充战马兵器。

第三,李吉甫的《元和郡县图志》。

《元和郡县图志》简介:李吉甫著有《元和郡县图志》,叙述全国政区的建置沿革、山川险易、人口物产,以备唐宪宗制驭各方藩镇之用。《元和郡县图志》的名称有多种记载,《旧唐书·李吉甫传》《旧唐书·宪宗本纪》作《元和郡国图》,李吉甫所作《元和郡县图志·自序》及《新唐书·艺文志》作《元和郡县图志》,南宋时期因图已亡佚,改称《元和郡县志》。《元和郡县图志》是中国现存最早的一部地理总志,书成于元和八年(813 年),次年又作补充。全书首起京兆府,末尽陇右道,共四十七镇,每镇篇首有图。而今仅存残本,第十九、二十、二十三、二十四、二十六、三十六诸卷已佚,第十八卷和第二十五卷缺一小部分。《元和郡县图志》继承和发展了汉魏以来地理志、图记、图经的优良体例传统,对各项地理内容作了翔实的记载,又在府州下增加府境、州境、八到、贡赋等项内容,这是以往地理志、地理总志所没有的,是李吉甫的独创,这个创新为后来的地理志、地理总志所效法。

《元和郡县图志》的内容:《元和郡县图志》是一部中国唐代的一部地理总志,对古代政区地理沿革有比较系统的叙述。常简称为《元和志》。《元和郡县图志》在魏晋以来的总地志中,不但是保留下来的最古的一部,而且也是编写最好的一部。清初编写的《四库全书总目提要》说:"舆地图经,隋唐志所著录者,率散佚无存;其传于今者,惟此书为最古,其体例亦为最善,后来虽递相损益,无能出其范围。"

《元和郡县图志》写于唐宪宗元和年间(806—820 年),当时正处于藩镇割据的局面。按唐代政区来说,起初基本上实行的是州、县二级制。贞观年间分全国为 10 道,即:关内道、河南道、河东道、河北道、山南道、陇右道、淮南道、江南道、剑南道、岭南道。到开元年间,又析关内道置京畿道，析河南道置都畿道，分山南道为山南东、南三道，分江南道为江南东、西二道和黔中道，这样就成了 15 道。但道只是监察区，并不构成一级政区。州的长官仍然听命于中央。而在安史之乱以后，一些藩镇"大者连州十余，小者犹兼三四"，实际上形成州县以上的一级政区。李吉甫在《元和郡县图志》中即以贞观十道为基础。唐中叶以后，陇右道被吐蕃占去，但为了表示有志于"收复故土"，仍列于最后。又按照当时的情况，分为 47 个节镇，将所属各府州县的户口、沿革、山川、古迹以至贡赋等依次作了叙述。每镇篇首有图，所以称为《元和郡县图志》。但到南宋以后图已亡佚，书名也就略称为《元和郡县志》了。

李吉甫的科学态度：《元和郡县图志》在魏晋以来的总地志中，不但是保留下来的最古的一部，而且也是编写最好的一部。清初编写的《四库全书总目提要》说："舆地图经，隋唐志所著录者，率散佚无存；其传于今者，惟此书为最古，其体例亦为最善，后来虽递相损益，无能出其范围。"《元和郡县图志》的内容非常丰富，作为一部讲述全国范围的地理总志，首先对政区沿革地理方面有比较系统的叙述。在每一州县下往往上溯到三代或《禹贡》所记载，下迄唐朝的沿革。其中特别是关于南北朝政区变迁的记载尤其可贵。记述南北朝时期的正史，除《宋书》《南齐书》《魏书》外，其他各史皆无地理志；《隋书·地理志》虽称梁、陈、北齐、周、隋五代史志，但隋以前的四个朝代较为简略；《水经注》虽是北魏时期的地理名著，但它毕竟是以记述水道为主，因而《元和郡县图志》有关这一时期的叙述至关重要。《元和郡县图志》中在每一县下都简叙沿革及县治迁徙、著名古迹等，还做了一些必要的考证。如京兆府万年、长安、咸阳三县均有名叫细柳营的地方。《元和郡县图志》在"万年"县下注明："细柳营在县东北三十里，相传云周亚夫屯军处。今按亚夫所屯，在咸阳县西南二十里，言在此非也"。又在"长安"县下载:"细柳原在县西南三十三里,别是一细柳,非亚夫屯军之所"。在"长安"县下还有关于秦阿房宫、汉长乐宫、汉未央宫及秦始皇陵等遗址的记载。所有这些,都对我们研究历史上的政区变化,考证一些名胜古迹遗址,有重要参考价值。对于某些弄不清楚的问题,书中也并不是武断地下结论,而是抱着存疑的态度。如《元和郡县图志》卷2京兆府兴平县(今陕西兴平县)对马嵬故城的记载,就说:"马嵬于此筑城,以避难,未详何代人也。"又如,卷9申州义阳县(今河南信阳市)对平靖关城的记载,只是说:"旧有此关,不知何代创立。"这些都反映了作者实事求是的科学态度。资料有极其丰富的自然地理记录。在每县下记载着附近山脉的走向、水道的经流、湖泊的分布等等。在这方面自班固著《汉书·地理志》以来,历代正史地理志中大部分都有记述,但内容过于简略。郦道元《水经注》中记载比较详备,可是自北魏至隋唐数百年中没有记载这方面的书籍保存下来。因此,《元和郡县图志》中保存下来的这部分资料也非常可贵。全书记载到的水道有550余条,湖泽陂池130多处。不仅记载了人所共知的大川大泽,也记载了一些小的河流和陂泽。如卷11密州高密县(今山东高密县)的夷安泽,"周回四十里,多麋鹿蒲苇"。又如卷18定州望都县(今河北望都县)的阳城淀,"周回三十里,莞蒲菱茨,靡所不生"。另外还有对各种地形特征的描述。如卷1京兆府万年、长安、三原等县均有关于西北黄土高原上所谓"原"的记载,如毕原、白鹿原、细柳原、孟侯原、丰原、天齐原等。卷4灵州鸣沙县(今宁夏中宁县东北)有关于沙漠的记载,说"人马行经此沙,随路有声,异于余沙,故号鸣沙"。卷30辰州卢溪县(今湖南沪溪县西南)又有对于喀斯特地形的记载,说"溪山高可万仞,山中有盘瓠石窟,可容数万人"。所有这些,都对我们研究历史上水道、湖泊的变迁,各地自然环境的变化,提供了极其珍贵的资料。每个府、州之后有"贡赋"

一项,可以说是《元和郡县图志》一书所首创。贡品多数都是当地的土特产,包括著名的手工业产品及矿产、药材等;赋为绵、绢等物。如卷1京兆府下记载:"开元贡:葵草席、地骨白皮、酸枣仁;赋:绵、绢。"在县下又有对于当地水利设施、工矿业及其他经济资料的记载。如卷1京兆府醴泉县(今陕西礼泉县)有关于郑、白渠灌溉情况的记载;卷16相州邺县(今河北临漳县)有西门豹及史起引漳水灌田的记载;卷11密州辅唐县(今山东安丘县)有语水堰灌田的记载,并说"今尚有余堰,而稻田畦畛存焉";卷3原州平高县(今宁夏固原县)有西北地区监牧场地、马匹数字的记载;卷4盐州有关于盐池的记载;卷3延州肤施县(今陕西延安市东北)和卷40肃州玉门县(今甘肃玉门市北)都有关于石油矿的记载;卷14蔚州飞狐县(今河北涞源县)有三河冶官营铸钱工业的记载,并描述了作者亲自主持恢复铜冶置炉铸钱的经过。至于一般铜矿、银矿、铁矿的记载就更多了。《元和郡县图志》对各地户口记载的一大特色是兼记不同时代的户口数。地理志对户口的记载始于《汉书·地理志》,但《汉志》对西汉一代的户口,只记平帝元始二年(公元2年)的数字;《元和郡县图志》既记载开元年间的户数,也记载元和时的户数,为我们研究安史之乱前后各地户口的变动提供了重要佐证。

当然,《元和郡县图志》也还存在着不少的缺点,如叙述某些州县沿革过于简略。由于资料不全,往往显得残缺、混乱,给人以拼凑起来的感觉。而且,《元和郡县图志》的作者李吉甫,是封建统治集团的一员,他在宪宗时,两度被升为中书侍郎、平章事,官居宰相要职。他编写《元和郡县图志》的目的,完全是为了巩固封建统治。

由于统治者偏向农业发展,造就了冀域古代在天文历法、地学方面的突出成就,天文历法、地学的发展过程中也铸就了注重"实证性"意识、顽强的探索精神、实际应用中的创新精神等科技文化特质。

9.3.2　战争与维稳催生水利科技发展

（1）战争催生水利科技发展

冀域古代战争的频发是催生水利科技发达的一个重要原因。东汉末年，皇权衰落，群雄并起，曹操与袁绍父子形成了两大对立的军事集团。为了彻底消灭盘踞在北方邺城（今河北邯郸市临漳县西南邺镇）的袁氏集团，具有雄才大略的曹操决定疏通白沟水道，借助这条水路向邺城进攻。白沟发源于今河南省浚县西南，此处接近淇水，往东北方向流去。"由于河水流量较小，不能满足航运的需要，只有将淇水引入白沟，才能达到通航的目的。《三国志》曰：'遏淇水入白沟，以通漕运。'"[149]此后，粮船可以进入白沟而逼近邺城，使得曹操很快打败了袁军主力，攻克了邺城，为称霸北方创造了良好的条件，同时，曹操修建白沟，也为两岸的农业提供了灌溉的便利。曹操以邺城为国都建立了曹魏政权。"为了加强邺城与四方的联系，决定将白沟与漳河连接起来，于建安十八年（213 年）九月征集民工又开凿了利漕渠。从此，来自中原或河北东北部的船只均可由利漕渠折入漳河，溯漳水直接抵达邺城都下。"[150]"历史上，邺城曾为曹魏、后赵、冉魏、前燕、东魏、北齐六朝古都。"[151]东汉末年时，邺城为曹操的大本营，实际上那时的邺城是中国北方政治、军事、经济和文化的中心。到隋炀帝即位后，当时黄河以南开凿了通济渠，从洛阳至江都都十分畅通，而黄河以北，从洛阳到涿郡（今北京）则长期交通不畅，再加上隋炀帝为了征服辽东，永济渠便开始动工。"永济渠是在曹魏所开白沟的基础上开凿的一条南达黄河、北通涿郡（今北京市）的运河。"[152]永济渠的开通为当时隋朝起兵攻打高丽奠定了基础，唐太宗时期也曾利用永济渠征讨高丽，并凯旋。

（2）经济发展需要水利科技发展

元朝建都北京后，先后开凿了济州河、会通河等运河，这些运河与隋朝开凿的运河河道相接,从而形成了贯通南北的大运河,为政治、经济、文化做出了卓越贡献。"元代建都(今北京)后,凿成了京杭大运河。京杭大运河建成后直到京广铁路和津浦铁路修成前600年中,始终是中国南北交通的大动脉。"[153]

元人对于济州河的开凿给予很高的评价。延祐二年二月,中书省官员称,"江南行省起运诸物,皆由会通河以达于都。"泰定四年,御史台一份奏章中也提道:"自世祖屈群策,济万民,疏河渠,引清、济、汶、泗,立闸节水,以通燕蓟、江淮,舟楫万里,振古所无。"济州河的开凿对于南北交通以及周边地区经济文化发展起到十分重要的作用。济州河的开凿和南北大运河的贯通,大大便利了全国物资的转运,促进南北经济文化的交流,特别是南方粮食和其他物资大量输往北方。至元后期,通过济州河的江淮漕米每年多达三十多万石。至元二十三年,元廷"增济州漕舟三千艘,役夫万二千人"。此后,通过运河转运漕粮的数目不断上升。南方物资源源不断地输送到北方地区,通过运河,"江淮、湖广、四川、海外诸番土贡、粮运、商旅贸迁,毕达京师",海运兴起后,朝廷漕粮主要依靠海船解决,但民间所用粮食则主要通过运河转运。至元二十九年,元朝御史台一份文书中提到,"大都里每年百姓食用的粮食,多一半是客人从迤南御河里搬将这里来卖有。来的多呵贱,来的少呵贵有。"当时南北大运河上十分繁忙,交通十分拥挤。元朝后期,两淮转运使宋文瓒还说,"世皇开会通河千有余里,岁运米至京者五百万石。"

明清时期的大运河就是在此基础上进行改建、扩充的。明清漕运主要借助大运河,通过运河漕运粮食数量超过元朝官方漕粮的十倍以上。明人陈邦瞻说,会通河(包含济州河)为"元人始创为之,非有所因也。元人为之而未大成,用之而未得其大利,至国朝益修理而扩大之。前元所运,岁仅数十万,而今日极盛之数,则逾四百万石焉,盖十倍之矣"。

济州河的开通,推动了会通河与通惠河的兴建,从而彻底改变了大运河迂回曲折的河道。新开通的大运河全长 3000 余里,比隋代大运河缩短 900 公里,促进了南北之间的交通。济州河通航后,元朝随即调整驿路。至元二十年八月,开通了大清河北岸东阿到御河的驿道,"立东阿至御河水陆驿,以便递运。徙济州潭口驿于新河鲁桥镇"。到达安山以后可转入东阿到御河的驿道,而从东阿过大清河以后可以转入济州河沿岸水驿,继续沿运河南下。十月,元朝规定前往江南地区人员,一律从鲁桥乘船南下,"使臣无急务者,从此一站令由水驿"。此后,元廷在运河地区增设驿站,添置船只和马匹,以供官员和使臣往来。据《永乐大典·站赤》记载,至元二十三年九月,中书省委派"兵部员外郎添置宿迁、吕梁、沛县、济州至东阿水站,每一大站,置五十料船五十艘,递运物货,远者相去二百余里。两大站之间,又立二小站,各置二三十料船六七艘,远者相去八九十里。近者六七十里"。济宁路就设有驿站十处,其中马站七处,有马三百四十七匹;水站三处,有船二百四十四只。济州站有马九十匹,鲁桥站有马六十匹。特别是济州成为当时交通枢纽,"当水陆要冲,侯藩朝觐,要甸贡赋,舟车相望"。运河沿线交通极为方便,"自大都给驿至通州倒换站船,经由清州、长芦、陵州、临清、济州等处至于建康,仅及月余","通惠、御河、会通等水南北通贯,江淮河海达乎京城"。当时运河交通便捷,是南北交通的大动脉。济州河的通航,促进周边地区经济的发展和商业繁荣。济州治所任城,很快成为运河上繁华城市。元人赵孟頫作《济州》写道:"旧济知何处,新城久作州。危桥通去驿,高堰裹行舟。市杂荆吴客,河分兖泗流。人烟多似簇,聒耳厌喧啾。"曾经沿运河南下到扬州做官的意大利人马可·波罗在其"游记"中描写了济州沿岸以及济州河周围地区的繁盛景象:"离开济南府,向南走三日,沿途经过许多工商业兴盛的大市镇和要塞。这里盛产鸟兽等猎物,并出产大量的生活必需品"。接着他又写道:"第三日晚上便抵达济宁,这是一个雄伟美丽的大城,商品与手工艺制品特别丰富。所有居民都是偶像崇拜者,是大汗的百姓,使用纸币。城的南端有一条很深的大河经过,居民将它分成两个支流,一支向东流,流经契丹省,一支向西流,经过蛮子省。河中航行的船舶,数量之多,几乎令人不敢相信。这条河正好供两个省区航运,河中的船舶往来如织,仅看这些运载着价值连城的商品的船舶的吨位与数量,就会令人惊讶不已。"

起初,会通河的范围较小,仅指临清—须城(东平)间的一段运道。后来,范围扩大,明朝将临清会通镇以南到徐州茶城(或夏镇)以北的一段运河,都称会通。会通河是南北大运河的关键河段。

明洪武二十四年(公元1391年),黄河在原武(河南原阳西北)决口,洪水挟泥沙滚滚北上,会通河1/3的河段被毁。大运河中断,从运河漕粮北上被阻。元朝初年的漕运基本上是利用隋炀帝时所开凿的那条南北大运河。它由杭州至镇江,过江北上入淮,西逆黄河到中滦(今河南封丘),然后陆运至淇门(今河南淇县),入御河(今卫河),经直沽(今天津)转入白河,达通州(今北京通州区),再陆运至大都。这条路线,不仅河道迂回曲折,而且水陆并用,很不方便。1289年(至元二十六年),元世祖下令开凿会通河即山东运河,起自东平路须城县(今山东东平)安山西南,至临清抵达御河,全长二百五十多里,建闸门31道,计役人工二百五十多万工。1291年(至元二十八年),元世祖又从郭守敬建议,役使一万九千多名兵士、五百四十多名工匠、三百多名水手、一百七十多名"没官囚奴",共用二百八十多万工,开凿了从大都到通州的通惠河,全长一百六十多里。这样,南北大运河全线开通,连接海河、黄河、淮河、长江和钱塘江五大水系,加强了京师与最富庶的江南地区的联系。

（3）水利科技发展历史原因

永乐元年(公元 1403 年),定北平为北京,准备将都城北迁。永乐帝鉴于海运安全没有保证,为解决迁都后的北京用粮问题,决定重开会通河。永乐九年(公元 1411 年),他命工部尚书宋礼负责施工,征发山东、徐州、应天(南京)、镇江等地 30 万民夫服役。主要工程为改进分水枢纽、疏浚运道、整修坝闸、增建水柜等。其中有些工程在当年即告完工。改进分水枢纽。元朝的济州河,以汶、泗为水源,先将两水引到任城,然后进行南北分流。由于任城不是济州河的最高点,真正的最高点在其北面的南旺,因此,任城分水,南流偏多,北流偏少。结果,济州河的北段,河道浅涩,只通小舟,不通大船。分水枢纽选址失当,是元朝南北大运河没有发挥更大作用的主要原因。宋礼这次治运河,对它作了初步改进。他除维持原来的分水工程外,又采纳熟悉当地地形的汶上老人白英的建议,在戴村附近的汶水河床上,筑了一条新坝,将汶水余水拦引到南旺,注入济州河。济州河北段随着水量的增多,通航能力也就大幅度地提高了。为了克服河道比降过大给航运造成的困难,元朝曾在河道上建成 31 座坝闸。这次明朝除修复元朝的旧坝闸外,又建成七座新坝闸,使坝闸的配置更为完善,进一步改进了通航条件。由于会通河上坝闸林立,因此,明人又称这段运粮河为"闸漕"。

除上述工程外,为了更好地调剂会通河的水量,宋礼等人"又于汶上、东平、济宁、沛县并湖地",设置了新的水柜。经过明朝初年的大力治理,会通河的通航能力大大提高,漕船载粮的限额,每船由元朝的 150 料,提高到明朝的 400 料;年平均运粮至京的数量,由以前的几十万石,猛增到几百万石。明初成功地重开会通河,加强了永乐帝迁都北京的决心,并宣布停止取道海上运输南粮。内河航运的开通,促使运河城镇进一步繁荣。每当漕运季节,就会看到运河上舳舻相接、樯橹高耸、白帆点点、百里不绝,十分壮观。除了粮船以外,航行在运河上的还有许多官船、商船和民船,南方生产的丝绸、茶叶、瓷器和北方生产的豆、麦、枣等特产,都通过大运河进行交易。《元史·河渠志》中说:"舟楫万里,振古所无。"这一时期新兴的商业城市,十分之八九都分布在大运河沿岸。运河两岸商贾云集,货堆如山,店铺林立。城市以高大的城楼为中心,街道纵横交错,各种店铺鳞次栉比,有酒肆、茶馆、公廨、寺观等。街道中乘骑、轿夫、挑夫、商贩等各色人等,熙熙攘攘。随着济州河、会通河的相继开通,岸边的济宁、东平、东昌、临清等城市逐渐崛起为元代重要的工商业城市。这些城市宛若一串镶嵌在济州河、会通河上的明珠,璀璨辉映,耀人眼目。元朝以前,临清只是一个普通的小县城。会通河开通后,临清因为位于运河岸边而逐渐发展起来。公元 1369 年,临清迁到会通河、卫河交汇处——临清闸,另建新城。临清很快发展为中国北方地区最大的商业城市,到万历年间(1573—1619),临清有布店 73 家,绸缎店 32 家,杂货店 65 家,纸店 24 家,典当铺 100 多家,粮店 100 多家,瓷器店数十家,客栈数百家。在临清经商者来自全国各地,其中最多的是徽州(今安徽歙县)商人——史称"徽商",其次是"晋商"(山西商人)。聊城"山陕会馆"就是山西、陕西商人的"联络处"。

随着运河沿岸商业经济的繁荣,运河文化也随之发展起来。特别是南北大运河的大贯通,在地理上把华北、中原与江淮等几个文化重心区域联为一体,因而极大地促进了整个运河区域文化事业的蓬勃发展,使这里成为人才荟萃、文风昌盛之区。会通河岸的东平,便成为当时杂剧创作的中心。东平因杂剧家、散曲家辈出,而形成了典型的"东平杂剧",深深影响了元代的杂剧创作,使元代杂剧在中国文学史上占有重要地位。运河沿岸的城镇构成了一道新兴的文化带。这道文化带成为齐鲁文化的重心。例如,明清两代山东出了 10 名状元,其中有 6 名出自运河文化带,他们是武城韩克忠,茌平朱之蕃,聊城傅以渐、邓钟岳,济宁孙毓桂、孙如仅。

明永乐年间迁都北京,漕运为国家急务。于是永乐九年(1411年)工部尚书宋礼主持修浚运河,他采用汶上老人白英策的建议,"在东平县东戴村(今汶上县东北)筑坝,遏汶水入南旺湖分流南北济运,于沿岸设置安山、南旺、马场、昭阳四湖为水柜,'柜以蓄泉',西岸设陡门,'门以泄涨',全线设闸以通运,故又称'闸河'。"[154]永乐十三年(1415 年)运河大通,"逮会通河开,海陆并罢。南极江口,北尽大通桥,运道三千余里。"[155]此外,元代的"郭守敬于 1291—1292 年,在北京附近主持修建了用来解决大运河北段通惠河水源不足的白浮堰工程"[156]。

兴利除害,恢复生产、发展经济,以造福百姓,是冀域古代水利科技的一个重要出发点,同时,这个出发点也是维护封建政权稳定的重要一点。例如郭守敬"水利六事"的提出,显然与他亲见父老乡亲深受水患之苦有密切的关系,郭守敬把他关注的目光扩展到他故乡的周边以至更远的地域,在当时忽必烈试图增强实力、统一中国的历史背景下,这一出发点无疑还具有更深层次的政治与军事含义,这也正是郭守敬提出的"水利六事"得到忽必烈重视的原因。郭守敬对水利事业的追求无疑已经上升到服务国家、增强国力的层面,这些水利活动对华北地区农业生产基地的形成,对于京城的建设都起到了十分重要的作用。

可以看出,为了稳定封建统治阶级政权的需要,冀域古代作为封建王朝的政治中心,水利的发展尤其得到重视,这其中主要有两方面原因,一是政治中心周围的水患亟须治理,周围稳定的水文环境为政权的稳固提供了基础;二是作为封建政治中心,漕运的通畅也是至关重要的,航道的畅通为运输等贸易往来也提供了保证,政治中心周围

的农业发展也需要良好的灌溉条件,以上种种原因造就了冀域古代
水利科技的发达,冀域古代的水利科技着重体现了贴近生产的实用
理念以及封建意识对科技成就的影响。

9.3.3 统治者与民众需求催生医学发展

人是一切社会经济、政治、文化活动的创造者。相比于现代,古
代人类改造自然的能力较弱,人类活动依据自然环境的状况而相应
展开。客观因素上,自然环境的优劣对人类生活、人口的数量、分布
与迁徙影响很大。而在古代封建统治者选择定都的时候,自然地理
环境的优势往往也是统治者优先考虑的因素,因此,冀域古代作为六
朝古都,是政治、经济、文化繁荣之地,带来的直接效应便是吸引人口
大量地向此迁移。特别是在"以农为本"的中国古代,充足的劳动力
是保证农业发展的根本条件,这也直接关系到地区经济的发展。冀
域古代作为六朝的政治中心,统治者对农业经济的发展要求较高,也
促使了冀域古代地区人口数量的增多。

人口数量的庞大,必然要求这个区域医学人才的聚集。首先,冀
域古代优越的地理环境为中医的发展提供了物质基础。其次,由于
冀域是六朝古都、皇家所在地以及政治中心的缘故,相比于偏于贫困
地区,统治者更需要中心地区的社会稳定、对生命的珍视和对健康的
更高需求,这些需要自然催生了医学的发达。因此,冀域古代涌现出
一大批医学人才:扁鹊、刘完素、李杲、王清任等等,这些冀域古代医
学家,在中医史上都占有举足轻重的地位。人口众多催生了冀域古
代医学科技的发展繁荣,而冀域古代的中医诊断思路则代表了阴阳
对立统一的辩证整体思维。

9.4　思想文化元素

科技文化特质既受地理环境、经济发展和政治制度的影响,同时

也受当时特定的思想文化的制约。

9.4.1 "唯物主义"创新观念

突出的"唯物主义"观念为古代科技发展奠定了哲学基础。冀域古代不仅自然科技成果璀璨,更涌现出一批哲学家,在冀域古代,"唯物主义"思想观念较为突出,这也影响着冀域古代科技文化,使得科技成果较为贴近社会生产生活,突出的"唯物主义"观念为冀域古代科技发展奠定了哲学基础。

(1) 荀子反对宿命论的唯物主义思想

荀子其人。荀子(约公元前 313 年—公元前 238 年),名况,字卿,华夏族(汉族),战国末期赵国人。著名思想家、文学家、政治家,时人尊称"荀卿"。(西汉时因避汉宣帝刘询讳,因"荀"与"孙"二字古音相通,故又称孙卿。)曾三次出任齐国稷下学宫的祭酒,后为楚兰陵(位于今山东兰陵县)令。荀子对儒家思想有所发展,在人性问题上,提倡性恶论,主张人性有恶,否认天赋的道德观念,强调后天环境和教育对人的影响。其学说常被后人拿来跟孟子的"性善论"比较,荀子对重新整理儒家典籍也有相当显著的贡献。

荀子的天人观。荀子对各家都有所批评,唯独推崇孔子的思想,认为是最好的治国理念。荀子以孔子的继承人自居,特别着重地继承了孔子的"外王学"。他又从知识论的立场上批判的总结和吸收了诸子百家的理论主张,形成了富有特色的"明于天人之分"的自然观、"化性起伪"的道德观、"礼仪之治"的社会历史观,并在此基础上,对先秦哲学进行了总结。

天、天命、天道的问题一直是先秦时期各家关切的问题。殷商西周时期,"天""天命"是被作为人格神看待的。到了孔子,它的人格神色彩被淡化,孔子主要借亲亲之情论仁德,而视天命为一种盲目的主宰力。孔子之后,其弟子和后学力图使"仁德""心性""天命"得以贯通,这一方面是要使"仁德""心性"的追求获得存在论的支撑,另一方面又将"天""天命""天道"义理化、价值化。荀子有取于道家在"天""天道""天命"上的自然观的成分,然而它的理论宗旨却不在于走向自然主义,而在于凸显"天人相分",然后以"天人相分"为基础,建构自己的"人道"学说。

荀子将"天""天命""天道"自然化、客观化与规律化,见于他的《天论》一文。"列星随旋,日月递炤,四时代御,阴阳大化,风雨博施,万物各得其和以生,各得其养以成,不见其事而见其功,夫是之谓神;皆知其所以成,莫知其无形,夫是之谓天。"在荀子看来,天为自然,没有理性、意志、善恶好恶之心。天是自然天,而不是人格神。他把阴阳风雨等潜移默化的机能叫作神,把由此机能所组成的自然界叫做天。宇宙的生成不是神造,而是万物自身运动的结果。荀子以为,天不是神秘莫测、变幻不定,而是有自己不变的规律。这一规律不是神秘的天道,而是自然的必然性,它不依赖于人间的好恶而发生变化。人不可违背这一规律,而只能严格地遵守它。天行有常,不为尧存,不为桀亡。应之以治则吉,应之以乱则凶。天道不会因为人的情感或者意志而有所改变,对人的善恶分辨完全漠然置之。

荀子对传统的宗教迷信持批判的态度,认为自然的变化与社会的治乱吉凶没有必然的联系。认为祭祀哀悼死者的各种宗教仪式,仅仅是表示"志意思慕之情",是尽"人道"而非"鬼事"。

荀子认为自然界和人类各有自己的规律和职分。天道不能干预人道,天归天,人归人,故言天人相分不言合。治乱吉凶,在人而不在天。并且天人各有不同的职能,"天能生物,不能辨物,地能载人,不能治人"(《礼论》),"天有其时,地有其才,人有其治"(《天论》)。在荀子看来,与其迷信天的权威,去思慕它,歌颂它,等待"天"的恩赐,不如利用自然规律以为人服务。

　　荀子强调"敬其在己者",而不要"慕其在天者"。甚至以对天的态度作为君子、小人之分的标准。强调人在自然面前的主观能动性,主张"治天命""裁万物""骋能而化之"的思想。荀子明确地宣称,认识天道就是为了能够支配天道而宰制自然世界。

　　荀子的性恶论。荀子最主要的努力是确认人在道德修养和治理国家中的主体地位。在道德修养方面,作为前提与起点的,是荀子主张的性恶论。荀子从天人相分的立场出发,而否定人性中先验的道德根据。在他看来,所谓人性就是人的自然本性,是所谓"生之所以然者"。其自然表现为"饥而欲饱,寒而欲暖,劳而欲休"。其实质就是人天然有的抽象的自然生物本能和心理本能。荀子认为人的这种天然的对物质生活的欲求是和道德礼仪规范相冲突的。他认为人性"生而有好利焉""生而有疾恶焉""生而有耳目之欲,有好色焉",如果"从人之性,顺人之情,必出于争夺,合于犯纷乱理而归于暴"。所以说人性是"恶",而不是"善"。荀子这里的情性观与早期儒家《性自命出》一派的思想有关。然而性自命出以"情"为天的观念引出的是自然主义、情感主义的生存论调。荀子没有沿着这一个路向发展,这是因为,他认为天然禀赋的性情是恶的。因而顺应他的发展,将引起人与人的争夺,贼杀,导致社会的混乱,这就是性恶论。荀子认为,凡是没有经过教养的东西是不会为善的。对于人性中"善"的形成,荀子提出"人之性恶,其善者伪也"的命题。荀子的人性论虽然与孟子的刚好相反,可是他也同意,人人都能成为圣人。荀子以为,就人的先天本性而言,"尧舜之与桀跖,其性一也,君子之与小人,其性一也",都是天生性恶,后天的贤愚不肖的差别是由于"注错习俗之所积耳"。后天的环境和经验对人性的改造其则决定性的作用。通过人的主观努力,"其礼义,制法度",转化人的"恶"性,则"涂之人可以为禹"。孟子说人皆可以为尧舜是因为人本来就是善的,而荀子论证涂之人可以为禹是因为人本来是智的。

性恶论的价值在于：第一，提出人的自然本性的先天合法性，从人的实然层面来看待人性。第二，强调后天环境对人发展的作用。第三，进而说明礼乐教化的价值与意义。

性恶论的局限性在于：第一，从性恶出发，固然可说明礼乐教化之"伪"的现实必要性，但由于否认了人的道德先验性，圣人治礼作乐的"化性起伪"的教化行为就失去了坚实的存有论根据。第二，把人的先天的自然本性等同于社会道德之恶，没有真实地看到人的自然本性和人的社会性"恶性"之间具有人的意识的造作性。如此将使社会性的"恶行"具有自然存有论根基，以至于"恶"成为价值的合理性行为。第三，性恶论使人性的超越幅度丧失殆尽，人完全成为社会宗法等级的奴隶。性恶论的目的：性恶，或性善，对儒家并没有决定性的意义。其价值仅仅在于如此的人性论奠基可以为现实社会的礼乐教化提供内在人性的根据。就道德修习而言，荀子认为最高的要求就是"成圣"。

荀子坚持自己的理论的一贯性，认为在天生的情性方面，圣人与普通人没有什么不同。从一个侧面表现了战国末年贵族和平民依血缘形成的原有的界限的消解。荀子还认为圣人与普通人一样，也只有经过后天的努力，才能够成就自己。"圣人者，人之所积而致也。"圣人与一般人，君子与小人，在先天本性上的差别被取消了。但是荀子立论的意图并不在于从根本上废弃这种差别，反而要从后天努力的角度凸现这种差别。凸显后天努力修为造就君子、圣人，是在强调精神气质、文化教养上的贵族性，荀子学说有浓重的知识化、工具化的倾向，然而在追求成圣，追求贵族性的精神气质与品格的这点上，与孔子的理念是一脉相承的。荀子讲成圣，又希望借圣人的教化，使得社会大众得以转变性情，以至于善。以往的儒家学者都曾建筑过自己的外王学,而且大都把这种外王学的正当性诉之于天道、天命,很少有人能够从现实社会组织、社会结构的源出处证明自己的外王学。

荀子的经验知识的立场使他得以面对现实,回到现实社会组织、社会结构的源出处。荀子注意到,人与动物的不同而且得以优异于动物的地方,是人能群,即人能组织社会。而人所以能"群"者,在于"分"。"分"即是建立社会等级,从事不同的社会分工,将社会协同为一个统一的整体,以面对自然、战胜自然。"分"是组织社会的根本法则。而"分莫大于礼"。通过圣人的治礼作乐,将社会分为上下有序的等级,以解决基于物欲的争斗。"分"的标准就在于"礼义",即封建的伦理道德和礼法制度。关于分靠什么维系,荀子有两个说法:一是"分何以能行?曰:义"。一是"分莫大于礼"。显然前一种说法侧重于道德教化;后一种说法则侧重于礼法制度。从"人之性恶,其善者伪也"的人性论出发,荀子提出了"名分使群"的社会起源说,以论证礼乐教化之必要性。

荀子朴素唯物主义观点的意义。荀子是一位儒学大师,他主张"性恶论",强调后天的学习,荀子在《天论》中提及:"天行有常,不为尧存,不为桀亡。"荀子批判了唯心主义的观点,认为自然界的变化是不以人的意志为转移的,他提出了人定胜天,反对宿命论,万物都遵循着自然规律变化等朴素唯物主义观点。这些唯物主义观点就为科技的发展进步提供了适宜的土壤,也为科技活动的开展提供了必要的动力。在商代时期,医与巫、科学与迷信难以分开,巫除了进行"祭祀"外,也掌握一些药物知识,使用药物治病。到了西周时期时,医和巫才分开。所以,当时在进行医学治疗时,难免会掺杂一些虚幻的因素在其中,这就会对医疗水平造成不小的影响。就是因为当时的环境文化所致,才导致医学的发展受阻。战国后期赵国人荀子提出的反对宿命论则是一个积极的进步,他使得人们摆脱了消极的情绪,能够运用主观能动性去尝试着改变,这为科技发展提供了一个有力的思想武器。

(2)欧阳建《言尽意论》的反映论观点

欧阳建其人。欧阳建,字坚石,冀州人石崇之甥。西晋渤海南皮(今河北南皮)人,生年不详(据《鲁西南欧阳氏宗谱》载欧阳建生于269年),卒于晋永康元年,年30余岁。著有《临终诗》以及《言尽意论》,提出了古代唯物辩证观点。历任尚书郎、冯翊(今陕西大荔)太守,到赵王司马伦专权时,欧阳建想有所作为,欲立楚王,由是与司马伦有隙。于是他与潘岳偷偷劝淮南王司马允诛杀司马伦,事泄,欧阳建全家不论老少都被斩首。临刑时,做诗文《临终诗》,甚哀楚。

欧阳建的唯物主义认识论观点。欧阳建曾提出"言尽意"的思想,否定语言不能表达事物的说法。欧阳建雅有理想,才藻美赡,擅名北州。时谚有云:"渤海赫赫,欧阳坚石。"辟公府,历山阳令,尚书郎,冯翊太守,甚得时誉。时赵王伦专权,建每匡正,不从,欲立楚王王伟,由是有隙。建乃与潘岳阴劝淮南王允诛伦。事泄,伦收建及母妻,无少长,皆斩。建临刑时,做诗文甚哀楚。《文选》中有《临终诗》一首,可见一斑。

《隋书经籍志》著录他的文集二卷。在魏晋之前,皇朝大多都是享国长远,从夏商周两汉,除了从来没有被世人所认同的秦和新以外,都代表着一个时代。而大王朝的兴衰往往都是不可避免的。到了魏晋南北朝,与民怨满天的王朝的终结不同,魏代汉,晋代魏,不是商汤和武王的吊民伐罪,而是类似新一样篡夺。而在夫子们的信徒看来。天不正,理不顺。晋的士人们熟知典故。孔子作《春秋》,而乱臣贼子惧。而他的信徒们活得很好,于是开始思考这个世界,却发现高堂之上尽是乱臣,小人方能人生得意。心又郁积,只好影射,只好发泄,于是曹阿瞒做了司马王朝的替代品坏了名声。于是竹林七贤们不满,却又不敢,不敢却总不甘,只好选择藐视礼节来自我放逐,来惩罚自己的懦弱。欧阳建就是活在这么一个朝代,欧阳建熟读圣贤书,明君君臣臣之封建大义,则挡不住锦衣玉食,也不舍用蔑视世俗来反抗。对这个世界看不起,却不敢去改变,甚至不敢去说。于是只能转向无用、无害而且可以有名的清谈。欧阳建是玄学圈子中的佼佼者,言尽意论一出,"形不待名而圆方已著,色不俟称而黑白已彰",而世人服。现实中,欧阳建与舅舅石崇都是站在贾后船上的。贾后有三恶,在当女儿时候就被人诟病,而靠控制傻瓜皇帝控制了大权。而欧阳建却为之效力,成为"二十四友"之一。

　　欧阳建著有《言尽意论》,其中明确地说明了唯物主义的认识论的基本原则反映论。在当时玄学贵无论的影响下,欧阳建肯定了客观事物及其规律的客观性。欧阳建在《言尽意论》中提及:"形不待名而方圆已著,色不俟称而黑白已彰。"客观事物的属性是客观存在的,并没有其他玄幻的因素影响着其属性。在古代传统社会,这种唯物主义精神难能可贵。欧阳建的《言尽意论》,虽然很短,但是,明确地说明了唯物主义的认识论的基本原则反映论。在当时玄学贵无论的影响下,很多人都主张言不尽意,这些人就是欧阳建所说的"雷同君子"。在这篇论文中,欧阳建首先明确地肯定了客观事物及其规律的客观性。

　　在中国哲学史中,"名"与"实"的关系是一个传统的问题。在这个问题上,欧阳建坚持了唯物主义的路线。欧阳建在这里对于"名"和"言"作了区别。名所指的是一种一种的事物,言所讲的是关于一个一个理的判断。名的对象是事物,其内容是概念。言的对象是事物的规律,其内容是关于规律的判断。在这篇的结尾,欧阳建再一次说明,在主观和客观这两个对立面中,客观是主要的。为了攻破玄学家们虚玄的"谈证",欧阳建把醉熏熏的言意关系问题还原为心物(名实)关系问题,即认识的主体和客体的关系问题。与何晏正相反对,他认为:"形不待名,而方圆已著;色不俟称,而黑白以彰。"先有方圆之形,然后才有方圆之名;先有黑白之色,然后才有黑白之称。客观的形色是第一性的,而主观的名称是第二性的。

欧阳建《言尽意论》的价值。言意之辩,即文字语言与文字语言所要表达的意义(此意义非文字语言的表面意义,而是其内含的根本思想或道理等)的关系,是中国哲学史上的一个重要问题,至魏晋南北朝时期,则更是玄学家们关注的一个主要问题。他提出"言尽意"的学说,认为"形不待名而圆方已著,色不俟称而黑白已彰","诚以理得于心,非言不畅,物定彼,非名不辨。"就是说,客观世界是离开人的概念和语言而独立存在的,但语言概念又是人们用以说明客观世界的工具。这驳斥了当时玄学家认为语言概念无法表达事物真相的一种看法("言不尽意",如后来不久南朝佛教之"不可说"论)。

欧阳建的《言尽意论》是一篇小小的文章,在中国哲学史中,讲到它时一般也只有很小的篇幅。欧阳建的这篇《言尽意论》哲学论文,在当时的唯物主义反映论和唯心主义先验论两条路线斗争中,阐明了反映论,批判了先验论具有时代意义。在中国的哲学史中,欧阳建的《言尽意论》和裴頠的《崇有论》,同是唯物主义路线中的重要著作。

(3)颜元唯物主义"习行"教育思想

颜元其人。颜元(1635年—1704年),清初儒家、思想家、教育家,颜李学派创始人。原字易直,更字浑然,号习斋,直隶博野县北杨村(今属河北省)人。颜李学派创始人。颜元一生以行医、教学为业,继承和发扬了孔子的教育思想,主张"习动""实学""习行""致用"几方面并重,亦即德育、智育、体育三者并重,主张培养文武兼备、经世致用的人才,猛烈抨击宋明理学家"穷理居敬""静坐冥想"的主张。

其主要著述为《四存编》《习斋记余》。

明崇祯八年（1635 年），颜元出生。因自中年后倡导习行学说，书屋名曰"习斋"，世人尊称为习斋先生。颜元祖籍直隶博野县北杨村，父名颜昶，因家境贫寒，幼时过继到蠡县刘村朱九祚家为养子，改姓朱。颜元出生在朱家，取名朱邦良。时值家中园内凿林，取乳名园儿。后来颜元归宗，取此字音为名。颜昶在朱家，常受到歧视和虐待，愤懑抑郁至极，萌生了逃离这个家庭的念头。明崇祯十一年（1638 年）冬，皇太极率清兵入关，掠掳京畿地区，颜昶乘机随军逃往关外，自此音讯断绝。这一年，颜元才 4 岁。8 年以后，生母王氏又改嫁，留下他孤身一人在朱家。颜元的养祖父朱九祚，号盛轩，多年在地方任武职。崇祯十二年（1639 年），朱九祚任兵备道稟事官，携颜元移居于蠡县城内。当时，国事日非。他曾上言："今日之兵，皆市井滑徒，顶名食粮。出则抢掠，战则奔逃。且逃后并不知其为谁，此所以仓库日空而战无一卒也。"他提出一种办法，认为可不费粮饷，而得可战之兵数万。其法是："编各州县富民子弟习弓马者，十家共一兵，复其杂役，马甲器刃令自备。居常训练，每兵一副卒，正兵伤则提副卒补。伍兵土著不可逃。且一身勤王，十家安枕，其孰肯逃？兵利粮给，取之不穷。"顺治元年（1644 年），清军入关，朱九祚并无反抗的表示。顺治四年（1647 年），蠡县生员蒋尔恂曾以"反清复明"为号召，聚众杀死知县，称大明中兴元年，朱九祚却"率众守里"，对抗蒋尔恂的义军。蒋失败后，清廷驻蠡县兵备授予朱九祚巡捕官职务。不过，他有时也表现出一种正义感。顺治初年，"刘里被圈，旗奴韩某恣横，率意耕田，失产者日众"。九祚"伺其窝盗，围而擒之，鸣于县府"。按律，韩某本应问斩，虽遇赦得脱，但不敢再行肆虐，"里闾穷民不受满人侮，得各租祖田"。顺治八、九年时，地方粗安，清廷裁革省南道，朱九祚便谢任。不久，又因事被人控告，一度逃遁，颜元亦被系讯。讼案完结,家产日落。由于在城内居住费用较大,便返乡居住。晚年"恬退自牧,不入城市。教其子晃及养孙元耕读,是事不与世局"。颜元8岁起受启蒙教育,从学于吴洞云。洞云先生善骑射、剑戟,又感慨明季国事日非,曾著有攻战守事宜之书,同时也长于医术和术数。这使颜元从小时起,便受到与众不同的教育。可惜在12岁时,因遭吴妻怨怒,不能再从先生游。颜元十四五岁时,又看寇氏丹法,学运气术,娶妻不近,欲学仙。后来知仙不可学,"乃谐琴瑟,遂耽内,又有比匪之伤,习染轻薄"。19岁时,又从贾端惠先生学。端惠禁受业弟子结社酗歌、私通馈遗,颜元遵其教,力改前非,习染顿洗。为了科举功名,颜元从10岁起,还学习八股时文。养祖父朱九祚曾想为他赂买一秀才头衔。颜元哭泣不食,说:"宁为真白丁,不作假秀才!"结果,19岁时,自己考中秀才。颜元20岁时,讼后家落,回乡居住后由他担负起全家生活费用。"耕田灌园,劳苦淬砺。初食薯秫如蒺藜,后甘之,体益丰,见者不以为贫也。"为谋生计,开始学医。同时开设家塾,训育子弟。21岁时,阅《资治通鉴》,废寝忘食,于是以博古今、晓兴废邪正为己任,并决心废弃举业。后来他虽入文社、应岁试,只是取悦老亲而已,不愿以此误终身。23岁时,又见七家兵书,便学兵法,究战守事宜,尝彻夜不眠,技击之术亦常练习。这个时期,颜元还深喜陆九渊及王阳明学说,以为圣人之道在是,曾亲手摘抄要语一册,反复体味。颜元二十五六岁时,思想又有较大变化。这时他得《性理大全》读之,此书集宋代理学家思想之大成。他深深地为周、张、程、朱等人的学说所折服,从此屹然以道自任。"农圃忧劳中必日静坐五六次,必读讲《近思录》、《太极图》、《西铭》等书。"他乘间静坐,目的是主敬存诚,但周围的人"有笑为狂者,有鄙为愚者,有斥为妄者,有皆为迂阔、目为古板、指为好异者",他都毫不介意。康熙三年(1664年),颜元听说蠡县北泗村有位王法乾,此人恶僧道,斥佛老,焚时文,读五经,居必衣冠,持身以敬,教家以礼,乡人有目为"狂癫"者,颜元却瞿然惊喜,大呼:"士皆如此癫,儒道幸矣!"遂与其纳交。两人每十日一会,每会,相互"规过辨学,声色胥厉,如临子弟。少顷,和敬依然"。同时各立日记,"心之所思,身之所行,俱逐日逐时记之。心自不得一时放,身自不得一时闲。会日彼此交质,功可以勉,过可以惩"。后来,颜元与王法乾在对待宋儒的态度上发生歧异。颜元个人家世虽屡遭不幸,但始终以匡时济世为己任。他目睹明季政治日坏,风俗日降,兵专而弱,士腐而靡,极为痛切。据李塨回忆:"先生自幼而壮,孤苦备尝,只身几无栖泊。而心血屏营,则无一刻不流注民物。每酒阑灯炮,抵掌天下事,辄浩歌泣下。"颜元 24 岁时,便著有《王道论》,后来更名《存治篇》,阐述了他的政治理想。

颜元的政治理想。颜元认为要开万世之太平,必须恢复"唐虞三代"的政治,"井田、封建、学校,皆斟酌复之,则无一民一物之不得其所,是之谓王道"。康熙七年(1668 年),养祖母刘氏病卒。因感祖母恩深,父亲又出走,不能归来殓葬,他哀痛至极。三日不食,朝夕祭奠,鼻血与泪俱下,葬后亦朝夕哭,生了大病。朱氏一老翁见到此情景,十分怜悯他,说:"嘻!尔哀毁,死徒死耳。汝祖母自幼不孕,安有尔父?尔父,乃异姓乞养者。"颜元听后大为惊异,到已改嫁的生母处询问,果得实情,因而减。颜元居养祖母丧,恪守朱子家礼,尺寸不敢违。连病带饿,几乎致死。虽觉得有许多违背性情处,但认为圣人之礼如此,不敢多疑。后来,他校以古礼,竟发现朱子家礼削删、不当之处甚多。"初丧礼朝一溢米,夕一溢米,食之无算。宋儒家礼删去无算句,致当日居丧,过朝夕不敢食。当朝夕遇哀至,又不能食,几乎杀我。""乃叹先王制礼,尽人之性。宋人无德无位,不可作也。"由此发端,他对宋儒学说进行了全面的反省,"因悟周公之六德、六行、六艺,孔子之四教,正学也。静坐读书,乃程朱陆王为禅学、俗学所浸淫,非正务也"。次年,便著《存性》、《存学》两篇,学术上自成一个体系。

思想转变后,更体会到"思不如学,学必以习",故改"思古斋"为"习斋"。此后教授弟子,也是让其立志学礼、乐、射、御、书、数及兵、农、钱、谷、水、火、工虞诸学,并习射、习骑、习歌舞及拳法武艺,力戒静坐空谈。康熙二十三年(1684 年),颜元 50 岁时,只身往关外,寻找父亲下落。原来,颜元的父亲颜昶随清军出关后,到了沈阳,有位镶白旗董千总给了他些本钱,开了个糖店,先后娶妻王氏及妾刘氏,刘氏生两女,名银孩、金孩。颜昶也曾想返里探亲,因入关被阻未能实现,于康熙十一年病故,葬于沈阳附近的韩英屯。颜元到关外沿途寻父,艰苦备尝。当他在沈阳张贴寻人报贴后,被银孩所知。兄妹相见,面对痛哭。颜元祭奠父茔后,亲自御车,奉先父牌位归博野。

宣传自己的政治主张。从关外归来后,颜元自叹:"苍生休戚,圣道明晦,敢以天生之身,偷安自私乎!"于是在康熙三十年,告别亲友,南游中州。行程二千余里,拜访河南诸儒。在各地,他结交士人,出示所著《存性》《存学》《唤迷途》等,宣传自己的政治主张,率直地抨击理学家空谈心性、以著述讲读为务、不问实学实习的倾向。寓居开封时,曾与名士张天章研讨学术。天章叹道:"礼乐亡矣,《存学》诚不容不作!"又研讨水政,天章曰:"先生何不著《礼仪水政书》?"颜元答道:"元之著《存学》也,病后儒之著书也,尤而效之乎?且纸墨功多,恐习行之精力少也。"因此,来问学者日众。在商水,访李木天,与言经济。李见颜元佩一短刀,便离座为他演诸家拳法。颜元笑曰:"如此可与君一试。"两人遂折竹为刀,对舞不数合,颜元击中木天手腕。木天大惊曰:"技至此乎!"又与深言经济,木天倾倒下拜。次日,令其子从先生游。颜元通过此次南游,愈发感到程朱之学为害的严重。他说自己当年从关外归来时,"医术渐行,声气渐通,乃知圣人之道绝传矣。

然犹不敢犯宋儒赫赫之势焰,不忍悖少年引我之初步"。但是,"迨辛未游中州,就正于名下士,见人人禅宗,家家训诂,确信宋室诸儒即孔孟,牢不可破,口澈舌罢。去一分程朱,方见一分孔孟。不然终此乾坤,圣道不明,苍生无命矣"。因此,他一方面著《四书正误偶笔》等,辨析朱熹学说的谬误,一方面以更多的时间和精力,向友人及门生申明训诂、理学、科学的危害,尝大声疾呼:"仙佛之害,止蔽庸人。程朱之害,遍迷贤知。""非去帖括制艺与读著主静之道,祸终此乾坤矣。"

颜元 62 岁时,肥乡郝公函(字文灿)三次礼聘,请他前往主持漳南书院。颜元到肥乡后,准备很好地施展自己的抱负,亲自拟定各种规章,构想书院规划,并手书"习讲堂"对联云:"聊存孔绪励习行,脱去乡愿禅宗训诂帖括之套"、"恭体天心学经济,斡旋人才政事道统气数之机"。可惜数月之后,该地大雨成灾,漳水泛滥,书院堂舍悉被淹没,他只好告辞归里。后来,因水患益甚,郝公函屡请未往。不久,郝公函来书问安,并附一契纸云:"颜习斋先生生为漳南书院师,没为书院先师。文灿所赠庄一所,田五十亩。生为习斋产,没为习斋遗产。"从肥乡返回后 8 年,即康熙四十三年(1704 年)九月初二日,颜元病故。逝世前犹谓门人曰:"天下事尚可为,汝等当积学待用。"死后葬于博野北杨村,门人私谥为"文孝先生"。

"宁粗而实,勿妄而虚"的教育思想。颜元毕生从事教育活动,主张以周公的六德、六行、六艺和孔子的四教来教育学生。在他开设的讲堂上,安放着琴、竽、弓、矢、筹、管,每日带领学生从事礼、乐、射、书、数的学习,探究兵、农、水、火等实用之学。颜元不仅教育学生"习动",而且身体力行。他武艺出众,57 岁时与商水大侠李子青比武,"数合,中子青腕",足见他老年时仍保持着矫健的身手。62 岁时,应郝公函之聘,主持肥乡漳南书院。他亲自规划书院规模,制定了"宁粗而实,勿妄而虚"的办学宗旨,这比较集中地反映了他的教育主张。

颜元一生培养了众多的学生,其中有记录可查者达100多人。高足李塨(1650—1733年),字刚主,号恕谷,继承和发展了颜元的学说,形成了当时一个较为著名的学派,后人称为"颜李学派"。

批判传统教育。尤其是批判宋明理学教育,这是实学教育思潮的一个显著特征,颜元是这一思潮中的重要代表。

颜元极力批判自汉以来二千年的重文轻实的教育传统,包括玄学、佛学、道学以及宋明理学。他提倡实学,亦有其历史依据。他认为尧、舜、周、孔就是实学教育的代表者,如孔子之实学注重考习实际活动,其弟子或习礼,或鼓瑟,或学舞,或问仁孝,或谈商兵政事,于己于世皆有益,而宋儒理学教育却相反,主静主敬,手持书本闭目呆坐有如泥塑,在讲堂上侧重于讲解和静坐、读书或顿悟,其害有三:一是"坏人才"。即理学教育所培养的人才柔弱如妇人女子,无经天纬地之才,他指出,如果学生的学习与实际生活相脱离,即使读书万卷,也是毫无用处的。这种教育不仅害己,而且害国。二是"灭圣学"。他认为理学家只从章句训诂、注解讲读上用功,从而陷入了一种文墨世界,国家取士、教师授课、父兄提示、朋友切磋,皆以文字为准,这就丢弃了尧舜周孔的实学精神。尤其是倡行八股取士后,为害更大。三是"厄世运"。汉儒宋儒之学败坏了学术与社会风气。学术完全成了一种文字游戏,统治者更是利用科举八股把士人囿于文字之中,造成了极大的危害,社会道德、经济、人才的腐败与衰竭,皆与此有关。所以他主张以实学代理学。

颜元对传统教育的批评:

第一,揭露传统教育严重脱离实际的弊端。颜元指出,传统教育一个最突出的弊病就是脱离实际,把读书求学误以为是训诂,或是清谈,或是佛老,而程朱理学更是兼而有之,故其脱离实际更为严重。传统教育培养出的人既不能担荷圣道,又不能济世救民。所以他认为,这种教育"中于心则害心,中于身则害身,中于家国则害家国"。他指出:"误人才,败天下事者,宋人之学也。"这表示了他对传统教育,尤其是程朱理学教育严重脱离实际的深恶痛绝。

第二,批判传统教育的义、利对立观。传统教育的另一个弊病,就是在伦理道德教育方面,把"义"和"利"、"理"和"欲"对立起来。颜元针对这种偏见,继承和发展了南宋事功学派的思想,明确提出了"正其谊(义)以谋其利,明其道而计其功"的命题。他认为"利"和"义"两者并非决然对立,而是能够统一起来的,其中,"利"是"义"的基础,"正谊""明道"的目的,就是为了"谋利"和"计功"。同时,"利"也不能离开"义",而且"利"必须符合"义"。颜元的这种思想,冲破了传统的禁锢,使中国古代对于义、利关问题的认识近乎科学。

第三,对八股取士制度的批判。颜元深刻揭露了八股取士制度对于学校教育的危害,对八股取士制度进行了猛烈抨击。他认为学校是培养人才的正当途径,而那种传统的科举制度,以时文(八股文)取士,是用八股文代替实学,不仅不能选拔真才,反而会引学者入歧途,贻误人才。所以他指出:"天下尽八股,中何用乎!故八股行而天下无学术,无学术则无政事,无政事则无治功,无治功则无升平矣。故八股之害,甚于焚坑。"

诚然,颜元是打着古人的旗号批判传统教育的,即所谓"必破一分程、朱,始入一分孔、孟"。然而,在当时"非朱子之传义不敢言,非朱子之家礼不敢行"的社会条件下,他无惧"身命之虞",而敢于猛烈批判传统教育,尤其把抨击的矛头集中指向程朱理学,这是一种大无畏的勇敢精神。这在当时的思想界引起了巨大震动。梁启超说颜元是当时思想界的大炸弹,这是颇有见地的。(然若联系任公本人之主张与当世之情形可知任公之推崇习斋亦是欲借此广变革之学,破理学之流弊。并非欲以习斋之说全废程朱王陆诸贤之说。)颜元十分重

视人才对于治理国家的重要作用,指出:"人才者,政事之本也","无
人才则无政事,无政事则无治平,无民命"。把人才视为治国安民的
根本。因而,他在"九字安天下"的方针中,把"举人才"列为首位。他
说:"如天不废予,则以七字富天下:垦荒,均田,兴水利;以六字强天
下:人皆兵、官皆将;以九字安天下:举人才,正大经,兴礼乐。"颜元
不仅重视人才,而且进一步指出人才主要依靠学校教育培养,在他看
来,"朝廷,政之本也;学校,人才之本也,无人才则无政事矣","人才
为政事之本,而学校尤为人才之本也"。所以,从人才的角度来分析,
颜元的上述见解确有道理,它正确地揭示了学校、人才、治国三者之
间的关系,突出了学校教育的重要地位,它对于当前我们正确认识教
育在社会主义现代化建设事业中的战略地位,不无意义。颜元对学
校教育的培养目标也有具体主张。他认为,"令天下之学校皆实才德
之士,则他日列之朝廷者皆经济臣",若"令天下之学校皆无才无德之
士,则他日列之朝廷者皆庸碌臣"。可见,他主张学校应培养"实才实
德之士",即是品德高尚,有真才实学的经世致用人才。颜元的这种
主张目的虽然是为了维护封建统治,即他说的"他日列之朝廷者皆经
济臣",能够"佐王治,以辅扶天地",这是颜元思想的局限性。然而,
他重视人才对于治国的重要作用,强调人才主要依靠学校教育培养,
这些都是正确的。同时,他提出的"实才实德之士"的培养目标,显然
已冲破了理学教育的桎梏,具有鲜明的经世致用的特性,反映了要求
发展社会生产的新兴市民阶层对于人才的新要求,在当时无疑是具
有进步意义的。

　　颜元关于教育内容的主张,是以反传统、反教条、反程朱理学脱
离实际的书本课题字教育的战斗姿态出现的。因而,为培养"实才实
德之士",在教育内容上,颜元提出了"真学""实学"的主张。它的特
点是崇"实"而卑"虚",与传统教育,特别是与程朱理学教育,针锋相

对,"彼以其虚,我以其实",以"实"代"虚",以有用代无用。颜元认为尧舜周孔时代的学术便是"真学""实学",所以大力提倡当时的"六府""三事""三物"。这里所说的"六府""三事",即《尚书·大禹漠》所云的"水,火,金,木,土,谷"和"正德、利用、厚生";"三物"即《周礼·地官》所云的"六德"(知、仁、圣、义、忠、和)、"六行"(孝、友、睦、姻、任、恤)、"六艺"(礼、乐、射、御、书、数)。在颜元看来,"三物"与"三事"是异名同实。"三物"之中。又以"六艺"为根本,"六德"、"六行"分别是"六艺"的作用和体现。所以,颜元提倡"六府"、"三事"、"三物"。其核心是在于强调"六艺"教育。

"习行"教学法。强调"习行"教学法,这是颜元在学术思想转变后关于教学方法的一个最基本也是最主要的主张。他35岁时,"觉思不如学,而学必以习",便将家塾之名由"思古斋"改为"习斋"。颜元认为,要获得真正有用的知识必须通过自己亲身的"习行","躬行而实践之",求诸客观的实际事物。因而他所说的"习行"教学法,就是强调在教学过程中要联系实际,要坚持练习和躬行实践,惟有如此,学得的知识才是真正有用的,否则,不和自己的躬行实践相结合的知识是无用的。

颜元重视"习行"教学法,一方面同他朴素的唯物主义认识论有密切关系,他主张"见理于事,因行得知",认为"理"存在于客观事物之中,只有接触事物,躬行实践,才能获得真正有用的知识。另一方面,他重视"习行"教学法的直接原因是为了反对理学家静坐读书、空谈心性的教学方法。在他看来,"从静坐讲书中讨来识见议论",一是由于脱离实际,不能解决实际问题;二是终日冗坐书房中,影响健康。为了改变理学家这种把道全看在书上,把学全看在读和讲上的教学方法,颜元大力提倡"习行"教学法。但是,需要指出的是,颜元强调"习行",并非排斥通过读和讲学习书本知识。他认为书本记载的"原是穷理之文,处事之道,岂可全不读书"。因而通过读书获得知识,"乃致知中一事"。但"将学全看在读上","专为之则浮学",而且书读得愈多,愈缺乏实际办事能力。同样,讲说也不能废除,但不可脱离实际空讲。因而他主张读书、讲说必须与"习行"相结合,而且要在"习行"上下更多的工夫,化更大的精力。颜元所说的"习行",虽然讲的是个人行动,忽视了"知"对"行"的指导作用,看轻了理论思维的重要性,因而没有社会实践的意义。但他强调接触实际,重视练习,从亲身躬行实践中获得知识,这可说是中国古代教学法发展上一次手足解放的运动,它一反脱离实际的、注入式的、背诵教条的教学方法。可以说是教学法理论和实践上的一次重大革新。这在当时以读书为穷理功夫,讲说著述为穷理事业,脱离实际的"文墨世界"中,无疑是吹进了一股清新之风,令人耳目一新,具有进步意义。

重视农业知识的传授,注重劳动在培育人才中的作用,这是颜元教育思想的又一个重要特点。颜元长期生活在农村,亲自参加农业生产劳动。后来虽从事教育和学术研究活动,但从未脱离劳动。像他这样一生不脱离农业生产劳动的著名教育家,在中国古代教育史上是不多见的。正因为他自己一生长期参加农业生产劳动,因此,对劳动有一深刻清楚的认识,不仅认为人人应该劳动,而且还重视对学生进行劳动教育。这种劳动教育思想,主要表现在以下两方面。重视传统农业知识。颜元始终把向学生传授农业知识置于其教育活动的重要地位。他曾说:"以礼、乐、兵、农,心意身世,一致加功,是为正学。"在亲自制订的"习斋教条"中,规定"凡为吾徒者,当立志学礼、乐、射、御、书、数及兵、农、钱、谷、水、火、工、虞"。注重劳动对于育才的作用。颜元认为,劳动不仅可以促进经济的发展,有利于国家社会的强盛,而且对人也有教育作用。首先劳动具有德育的意义。它不仅能使人"正心""修身",去除邪念,还有使人勤劳,克服怠惰、疲沓。

其次,劳动还具有体育的意义。劳动可以增强体魄,是重要的养生之道。

颜元是明清实学思潮中实体实学的代表人物之一,实体实学是基于明清实学的哲学基础之上,"它包括以气这一物质实体为本的本体论,以实践(力行)为基础的认识论等多方面内容"[157]。颜元主张"见理于事,因行得知",认为事物的客观规律要在充分实践之后才能获得;他在《存学编》中提及:"力(行)之所至,见(知)斯至矣。"可见,颜元主张行动先于认识,在社会生活中,要积极实践,发挥主观能动性;他提出的"实才实德之士"的培养目标,冲破了理学教育的桎梏,具有鲜明的经世致用的特性,在当时无疑是具有进步意义的。

从荀子、欧阳建再到颜元,他们推崇的都是唯物主义观点。唯物主义观念在冀域古代的传播使得冀域古代人们有着实际、实证的意识理念,同时也培养了贴近社会生活的思维观念。这些观念为冀域古代科技活动嵌入了实践、实用的因素,正是冀域古代这种突出的"唯物主义"观念为其古代科技的发展奠定了哲学基础。

但是,在封建社会存在的主流价值导向对科技的发展有一定的阻碍作用,科学理论伦理化和技术化趋向限制了科技的健康发展。在传统封建社会里,伦理是为政治统治服务的,在意识形态影响下的科技也受封建意识的支配,科技一旦不能满足统治阶级的需要,其发展道路就被阻塞;例如,一些不为现实生产服务的理论与技术则被斥为"屠龙之术",这就造成理论的技术化倾向,对于独立于技术之外的纯粹理论结构形成很不利。于是,"天文学附属于历法,生物学知识几乎完全存在于农学与医学之中。历法越来越精确,到元代《授时历》出现,已达到第谷·布拉埃的水平。但天文学理论几乎是停滞的"[158]。在封建社会中,强大的主流意识影响了所有社会活动进行,科技活动受封建主流意识影响也较为深刻。

9.4.2 "仁德重生"价值追求

冀域古代作为政治中心,封建意识对大众的影响较深,儒家思想作为中国两千多年封建社会的主流意识形态,其仁政的思想也早已深入人心,由"仁"而引申出来的仁德、重生的价值观念也在历朝历代的更迭中延续下来。

(1) 荀子"天人相分"的主张

《荀子》主要为荀子所著,共三十二篇,是儒家学说的代表作。其主旨是揭示自然界的运动变化有其客观规律,和人事没有什么关系。其主要思想是,社会是清明富足还是动乱不堪,也全是人事的结果,和自然界(所谓的"天")也没有什么关系。荀子的这种思想,有力地否定了当时的各种迷信,强调了人力的作用,放到战国时期看,具有很强的进步意义。战国末期的荀子,在其《天论》一文中阐明了自己在自然观方面的主张,"故明于天人之分,则可谓至人矣。"这就是"天人相分"的主张,荀子指出,自然界与人类社会是两人各自独立又相互联系的系统,自然界的运动不以人的意志为转移,所以这就要求人们要积极主动地去改变自然界,这种"天人相分"的主张就为推动冀域古代科技的进步发展奠定了哲学基础;其次,在《荀子·王制》中提及:"力不若牛,走不若马,而牛马为用,何也? 曰:人能羣,彼不能羣也。""人能群"("羣"同"群"),指出人能够结合成社会群体,而牛、马等则不能结合成社会群体,另一方面,"能群"也反映出人相对于动物而言的更高的生存要求,而更高的生存要求则需要更好的科技成果来保证,这也激发了冀域古代科技,特别是医学的进步发展;最后,在《荀子·劝学》篇讲:"《礼》者,法之大分,群类之纲纪也,故学至乎《礼》而至矣。"在荀子的思想中,是十分重视礼乐的,这也带动了人们的人心向善。所以,一方面,"天人相分"的哲学思想为冀域古代科技的发展奠定了哲学基础;另一方面,荀子思想中的"人能群""礼乐"的部分又作为价值追求影响了大众的价值观,这两方面的影响就决定了冀域古代"仁德重生"的价值追求,随着朝代的不断变化,这个价值追求始终是统治者治国理政的信念。

"仁德重生"的价值追求引领了传统医学进步。《论语·公冶长》中提及,"老者安之,朋友信之,少者怀之。"意思是:孔子说:"我就盼望着有那么一天,所有人在晚年的时候都能够安享幸福,朋友之间都能够相互信任,年轻的子弟们都能够怀有远大的理想。"这表现了孔子以仁信对待所有人的志向,这也成为中国古代封建社会实行仁政的具体要求。仁政是一种儒家思想,是儒家代表人物孟子从孔子的"仁学"继承发展而来,仁政的思想在很多朝代也都作为统治者的思想。

(2)董仲舒的"德治"思想

董仲舒(公元前 179 年—前 104 年),西汉思想家、政治家、教育家,唯心主义哲学家和今文经学大师,汉族,汉广川郡(今河北枣强县旧县村)人。(大体在晋代,广川划归枣强专治)明代嘉靖《枣强县志》曾记载,古汉之广川为今之枣强,董仲舒为枣强旧县村人。《春秋公羊传》记载,汉景帝时任博士,讲授《公羊春秋》。汉武帝元光元年(前134),武帝下诏征求治国方略,董仲舒在著名的《举贤良对策》中系统地提出了"天人感应""大一统"学说和"诸不在六艺之科、孔子之术者,皆绝其道,勿使并进。"、"罢黜百家,独尊儒术"的主张为武帝所采纳,使儒学成为中国社会正统思想,影响长达二千多年。其学以儒家宗法思想为中心,杂以阴阳五行说,把神权、君权、父权、夫权贯串在一起,形成帝制神学体系。他提出了天人感应、三纲五常等重要儒家理论。其后,董仲舒任江都易王刘非国相 10 年;元朔四年(前 125),任胶西王刘端国相,4 年后辞职回家,著书写作。这以后,朝廷每有大事商议,皇帝即会下令使者和廷尉前去董家问他的建议,表明董仲舒仍受武帝尊重。董仲舒一生历经四朝,度过了西汉王朝的极盛时期,公元前 104 年病故,享年约 75 岁。死后得武帝眷顾,被赐葬于长安下马陵。

董仲舒以《公羊春秋》为依据,将周代以来的宗教天道观和阴阳、五行学说结合起来,吸收法家、道家、阴阳家思想,建立了一个新的思想体系,成为汉代的官方统治哲学,对当时社会所提出的一系列哲学、政治、社会、历史问题,给予了较为系统的回答。汉初实行黄老之学,无为而治。经济发展很快,出现了文景盛世。但在景帝时代出现了吴楚七国之乱。统一的国家将面临分裂的危险。景帝时任博士的董仲舒认为,重要的问题是要巩固集中统一的政权,防止分裂割据的局面出现。董仲舒从儒学经传中寻找统一的理由,他从《公羊春秋》中找到了"大一统"。董仲舒就根据《公羊春秋》的记载,提出了"大一统"论。他在《天人三策》中说:"《春秋》所主张的大一统,是天地的常理,适合古今任何时代的道理。""大一统"既然是宇宙间最一般的法则,那么封建王朝当然要遵循。这就是董仲舒所要设立的政治哲学的核心。他根据"大一统"的普遍法则,提出了思想也要"大一统"的论点。董仲舒在《天人三策》中说:"只要不是在六艺之列的,(所谓"六艺",就是过去读书人必备的六种才能,"礼","乐","射","御","书","数")和孔子那一套儒家思想的人。都不许其发展下去,不允许和儒家思想一起存在。那些乱七八糟的教派和学说就不会再来迷惑百姓,国家的法律和制度才能显示出地位。老百姓也才知道用什么样的方式去教育子孙后代"。只有思想统一才能有统一的法度,百姓才有行为的准则,这样才能维护与巩固政治的统一。用思想统一来巩固政治统一,思想应该统一于以孔子为代表的儒家上,百姓也知道该遵循什么,怎么做了。只有政治统一才能长治久安,当时汉代的政治是统一了,但不稳固。统一思想成了大一统的关键。于是,董仲舒多次强调要用孔子儒学统一天下的思想。采纳了董仲舒思想要大一统的建议之后,施行了"罢黜百家,独尊儒术"政策,将儒学作为正统思想,从此汉代思想界树起了儒学的权威,产生了中国特有的经学以及经学传统。汉代立五经博士,明经取士,形成经学思潮,董仲舒被视为"儒者宗"。

董仲舒"天人感应"论,是以社会、政治来说的。他把《春秋》中所记载的自然现象,都用来解释社会政治衰败的症结。他认为,人君为政应"法天"行"德政","为政而宜于民";否则,"天"就会降下种种"灾异"以"谴告"人君。如果这时人君仍不知悔改,"天"就会使人君失去天下。通过秦末农民大起义,董仲舒认识到农民阶级的政治力量可决定一个封建王朝的兴亡。董仲舒在这里所说的"天",是指秦末农民起义的武装力量。他要借用这一象征农民阶级政治力量的"天",来戒惧皇帝,使之自敛。用"天"来限制他。当时董仲舒为什么要采用"天人感应"的形式来戒惧皇帝呢? 原因是: 西汉时期社会科学水平低,天命论在人们思想中的影响极深。董仲舒就采用了"天"来限制皇帝个人的私欲,制约他至高无上的权力。并把秦始皇权力不受制约,引发农民起义,速亡国的惨痛教训,变成皇帝的精神枷锁,来限制皇帝的权力。从这方面看,董仲舒"天人感应"的思想限制了皇帝的私欲和权力,为整个封建社会的长治久安做出了重要的贡献,其意义是深远的。西汉王朝统治人民虽然奉行黄老的"无为而治"的思想,实质上仍因袭秦制,以严刑峻法统治人民。武帝好法术、刑名,重用酷吏,以严刑峻法来加强统治,给人民带来了极大的灾难和痛苦。为了社会秩序的稳定,为了封建统治的长治久安,董仲舒认为要缩小贫富差别,协调各种社会矛盾,提出"调均"的主张。上疏汉武帝"限制私人占有土地的数额的主张,限制豪强兼并土地,不允许官吏与百姓争抢利益,盐业、金属业都有百姓自己掌控,除去奴婢制度、擅自斩杀的威严,降低赋税,减少徭役,让人民休养生息,减少民力消耗"。这些主张,首先,打击豪强势力,加强中央政权的力量;其次,暂时缓和地主阶级和农民之间的阶级矛盾,加强了封建统治阶级专政,防止社会进一步动乱,防止农民起义。

董仲舒吸取秦灭亡教训,为了缓和地主阶级和农民的矛盾,提倡德治,革除秦时的弊政,进行"更化"。他的"更化"思想,就是以儒家的礼义仁德来限制对人民剥削,维持和巩固汉王朝统治阶级专政。他认为,严刑峻法,给统治阶级带不来稳定的统治秩序,不能维持和巩固封建地主阶级的政权。他提出:实行礼义,布施仁德的政策,以德治理为主,重视"教化",主张用仁德代替严刑。他视"德治"主张为巩固封建统治的基本治国原则。并上疏汉武帝:作为帝王应该秉承上天的意思进行办事,因此,应该用仁德的教化而不是用刑法治理,以"德治"为主,"法治"为辅。

儒学大师董仲舒在《必仁且智》中提及:"仁而不智,则爱而不别也;智而不仁,则智而不为也。故仁者,所以爱人类也。"而他在《仁义法》中又提及:"质于爱民以下,至于鸟兽、昆虫莫不爱,不爱奚足谓仁。"董仲舒主张的仁的范围比孔子的范围大很多,甚至包括了鸟兽等。从孔子、孟子、荀子再到董仲舒,儒家思想也一直都以"仁"立本。而荀子和董仲舒更是属于冀域古代的哲学家,"仁德重生"的价值理念在冀域古代也影响较为深刻,而这种价值理念正完全符合医学中医德的标准,"仁德重生"的价值标准符合医学的发展理念,重视生命、尊重生命正是医学得以不断向前发展的源源动力,冀域古代"仁德重生"的价值标准引领了传统医学科技的进步。

9.4.3 "实用思维"实践特色

(1)明清实学思潮

"实用思维"保证了科技成果对社会生产的贡献。由于冀域古代

"以农为本"思想深刻的影响,使得农耕经济占绝对优势,这样就导致了科技发展的目的性极强,科技活动是围绕着农业生产而展开的,这种"目的性"进而演变为"实用性",即科技成果的产生是要及时投入到农业生产中去,科技活动的成果要直接与农业生产相联系或间接联系,所以这就造成了冀域古代科技活动的实用性极强,这种"实用思维"或与冀域古代的农业生产有关系,或与维护封建统治有关系。"实用思维"一方面造成了科技发展体系的不完整,冀域古代科技的理论性欠缺,但是,另一方面,"实用思维"很大程度上保证了沿用"实用思维"而产生的科技成果对社会生产的贡献。同时,从思想文化的大环境上看,虽然个别历史发展阶段中"务实"的文化基因会有所遗失,但这种文化基因却始终贯穿于中华民族的历史发展脉络中。中国从明朝正德年间至清代鸦片战争前夕,从宋明理学中分化出一股新的社会进步思潮,叫作"明清实学思潮",是明清之际一种新的儒学形态。

明清实学,是我国学术史上特定历史时期的产物,是含有特定历史内容的学术思想形态。它最初主要是针对宋明理学的日趋空疏衰败,尤其是阳明"心学"的禅化而提出,至明代后期而蔚然形成了一股内容深刻丰富、影响广泛而又深远的学术思潮——"明清实学思潮",将中国儒学由宋明理学推进至又一新的阶段。这一学术思潮,由17世纪初的明末东林学派开其端绪,至19世纪60年代初的清朝道光、咸丰年间(1821—1861年)遂告结束而进入近代的"新学"思潮。这二百数十年它经历了三个阶段:明清之际以"经世致用"、倡导"实学"为主要特征的实学思潮的兴盛时期,乾嘉时期实证学风的高度发扬,道咸时期实学思潮的再度高涨。在这一思潮的前后两个阶段中,都把儒学经世传统发展到了一个新的高度,为救亡图存而务实革新。而且,从这一进步思潮的高涨而波及的范围说,由学术而遍及政治、经济、科学和文化艺术等领域。从其学术思想的深刻和尖锐程度说，它由批评理学而发展为对封建专制主义和蒙昧主义的抨击；终结了以宋明理学为主流的长期统治，冲击着旧礼教、旧传统的束缚，闪烁着早期启蒙思想的光彩。

（2）崇实黜虚

冀域古代科技的冶炼技术起源较早，在商周时期淬火技术就已经广泛应用，今河北的邯郸市在战国时期是著名的冶铁手工业中心，铁器就已经推广到社会生活的各个方面。冶炼技术使得铁器的使用普及开来，提高了耕作的效率，直接加快了农业生产的速度。历法的改革也为农业耕作提供了更为有效的指导，提高了农业收成。冀域古代水利工程的建设也方便了农业灌溉，解决了水患问题，对社会生产的贡献不言而喻。但是，"实用思维"的价值引领导致了重视技术经验、轻视理论科学的科技研究缺点，导致了冀域古代科理论科学的相对欠缺，没有科技活动中"进行理论概括和分析"这一环节。但在当时冀域古代的封建社会中，这种"实用思维"在一定程度上保证由此而产生的科技成果对社会生产的贡献。

"明清实学的主要代表人物有王廷相、李时珍、张居正、颜元、魏源等人。明清实学的基本特征是'崇实黜虚'。"[159] 所谓"崇实黜虚"，就是鄙弃空谈心性，在社会文化领域提倡"崇实"，认为士大夫应有"居庙堂之高，则忧其民，处江湖之远，则忧其君"的胸襟，应该更加关注社会现实问题，如果只讲道德性命之学，没有对天文、地理、兵农、水火及一代典章之故的详细研究，不但于己无益，对国家也无帮助。

"崇实黜虚"的特征表现为：一是批判精神。这一社会批判的思潮，不仅表现在意识形态领域，不止限于哲学领域，还表现于文学艺术、经学、自然科学等方面，在传统封建社会的大环境下，批判精神是促进古代科学技术发展的一个重要的思想文化因素。二是科学精神。"崇实黜虚"的精神为自然科学发展提供了重要的文化思想渊源,重视实践、重视考察、重视实测的学风逐渐被确立。"明初,由于宋明理学空谈性命,不务实学,遂使自然科学处于冷落、沉寂时期。尔后,由于经济发展的需要和资本主义萌芽的发展,再加上'西学东渐',自然科学开始由沉寂转向复兴。"[160]同时,明清实学的"舍虚就实"和经世致用的学风也为明清之际产生的科技成果奠定了哲学基础。明清实学作为影响社会的文化思潮,在大环境的推动作用下,科技活动亦会受到这种思潮的作用影响。

　　总而言之,从地理环境特征看:冀域辽阔平原的自然环境导致了农耕文明的发展;从经济发展状况看;平原地理带来的农业发达引发了天文地理学的发展;从社会政治影响看:六朝古都的封建政治统治的需要,带来了人口的繁荣,进而催生了医学的发达;从思想文化元素看:朴素的唯物主义哲学思想,明清"崇实黜虚"的实用思潮又锻造了冀域科技文化实证、实用的基本特质。可见,科技文化作为社会的上层建筑受诸多因素的影响和制约,是由一个社会或地区的地理环境、经济发展、政治制度和思想文化共同影响和制约所决定的。

10　冀域古代科技文化的现代启示

冀域古代的科技文化成就大放异彩,也有难以规避的时代局限。以史为鉴,借鉴冀域古代科技文化优秀成果,克服或减少其负面因素,可以服务当今科技文化建设。从冀域古代科技文化的研究中,我们可以得到诸多启示。

10.1　思维方式层面

10.1.1　创新性思维

科技进步是一个国家繁荣、兴旺和安全的保证,科技创新是取得核心竞争地位的关键。创新思维是科技不断发展的不竭动力,培育创新思维,需要加强创新文化建设。先进的文化理念对创新有重要作用,创新思维的培育离不开文化建设。也正是不断地探索与创新,才是科技文化得以存在与提升的关键所在。

在京津冀协同发展战略中,北京的定位是全国的科技创新中心,科技文化是科技创新的基础。纵览冀域古代的科技成就,其创新思维对于我们今天的科技创新仍有着深刻的启迪。然而,冀域古代特殊的农耕环境也会导致封闭的村舍环境,加上古代中国的封建制度,造成的冀域古代文化具有很大的封闭性。在今天的京津冀文化协同发展过程中,我们要避免狭隘的目光,营造一个开放的文化协同氛围。

京津冀三地毗邻,文化有着交汇融通的地理优势。但三地所代表的京派文化、津门文化和燕赵文化却难以整合,这对京津冀文化协同发展有一定阻碍。如何建设属于京津冀独特的、统一的、优秀的科技文化对于文化协同发展也有着重要作用,创新思维是当代科技文化建设重要的灵魂,把握好这一点,有利于打破传统科技文化中的桎梏,整合优秀的文化特色,提高京津冀科技文化的影响力。

10.1.2　整体性思维

冀域古代的中医成就斐然:扁鹊是中医诊断法的奠基人,刘完素、李杲则是"金元医学四大家"其中的两位,而刘完素更是四大家之首,他们对中医学科的贡献更是巨大。第一位获得诺贝尔生理医学奖的中国科学家屠呦呦在获奖感言中就直言中国传统医学和药物学对她发现青蒿素的重要性。

中医非常强调系统与整体,历来主张由表及里、由此及彼病症的相关联系性,用辩证的整体性思维诊断病情。在科技发展的今天,科技的再发展面临着不小的挑战,发展思路是制约科技发展的瓶颈,辩证的整体性思维不失为一个有效的途径。况且,整体思维与现代科学具有相通性。日本诺贝尔奖得主江崎玲在《读卖新闻》上撰文,认为量子力学、基因科学和电脑技术是 20 世纪的三大科学技术杰出成就,这三大学说都与阴阳学说有联系。[161] 同时,现代科技发展在不断分化,也在不断综合。科技不同学科之间逐渐地相互渗透,学科分类越来越细化,学科之间界限不再明显,自然科学和社会科学之间也在相互渗透,彼此结合,形成了一个有机的整体。所以,现代科技的发展思路应该立足于整体,注重把握科技发展的本质,注重科技发展各个环节之间的整体联系,辩证的整体性思维应该作为科技发展积极性的指导方法。

10.2　发展理念层面

10.2.1　"实证性"与"理论性"相统一

从科技目的上看,西方科技追求的是客观世界中的"理",而中国古代科技则更重视现实生产中的"实用性",从而忽略了理论上的探讨。科技发展离不开"实证性"的科学精神,以冀域古代天文学家郭守敬为代表的实证性科学精神是优异科技成果的保证,而冀域古代数学家们的"理论性"科学精神则是严谨、规范的代表,也推动了古代中国数学不断向前发展。以史为鉴,当代科技的发展也应将"实证性"与"理论性"的科学精神融为一体,在科技发展中,单纯地强调"实证性"或者"理论性"中的任何一个,都会导致科技发展的不均衡,将两者统筹兼顾,既能保证科技成果转化为生产力,为现实服务,又能促进科学理论的发展,二者的统一对科技发展大有裨益。

10.2.2　相关学科的交叉联系与继承发展

现代科学技术发展突飞猛进,科技学科的分类也越来越细化,各学科之间的相互联系也越来越紧密,单一学科技术的进步往往离不开相关领域研究的突破,因此,注重相关学科之间的交叉联系十分重要。并且,跨学科研究的"涌现"在当代科技发展中并不陌生。冀域古代科技成果的研究表明,由于统治者的重视和冀域古代的优势地理环境,在冀域古代科技中,与农业相关学科之间的联系十分紧密、也推动了一批学科的进步,这也是冀域古代科技繁荣的一个重要原因。同时,我们也要意识到,由于受到大一统社会组织形态和相应的小农经济所决定,中国古代的技术结构系统较为封闭,技术被长期封闭在一个个具体的行业中,靠自身经验积累发展着,很难对其他部门产生革命性影响。所以,在现代科技发展中,若想突破某一科技的发展瓶颈,与此相关科技的学科研究也至关重要,科技学科之间错综复杂的联系使得突破科技发展的思维要相应地做出改变。

此外,科技的继承与发展也十分重要。在古代,技术的继承往往是由父子"秘传"、行会师授或官营垄断的。受到地域和时间的严格限制,技术的继承十分脆弱,极易失传。我国文献和传说中的许多器械,后人已难以制造。"中国的指南车就曾几次失传,诸葛亮的木牛流马也不复重见,考古发现的古代一些精致的织物,其织法也久不流传了。"[162]前人的经验和教训为后来发展提供了借鉴,纵观历史,发展的提前在于继承,人类文明也是在不断继承中得到发展的,不断继承前人的成果和经验,才能得到不断地发展。

10.2.3 科技发展兼具技术理性与价值理性

价值是一个关系范畴,是表示客体的属性和功能与主体需要间的一种效用、效益或效应关系的哲学范畴。价值作为哲学范畴具有最高的普遍性和概括性。辩证唯物主义认为:人类的大脑及机体也是物质世界高度进化的产物,也是物质的特殊的、复杂的表现形式,人类社会的一切经济的、政治的与文化的运动是一般物质运动特殊的、复杂的表现形式,因此用以衡量人类一切社会运动的运动规模的统一客观尺度也必然是能量。人类社会中的一切作用力(如管理能力、综合国力、战斗力、权力等)最终都是自然力量特殊的、复杂的表现形式;维持和推动人类社会生存与发展的动力源——价值,必然也是能量特殊的、复杂的表现形式。科技文化的价值体现在对科技活动的指导、对科技制度的完善、对科技精神和思想的传播等等方面。优秀的科技文化价值应该渗透到大众的生活中去,并影响大众的理念。

冀域古代科技文化的价值体现在对当今科技文化建设上,冀域古代科技文化有着灿烂的成就,也有其发展的缺陷,这些共同构成了冀域古代科技文化的价值。冀域古代科技文化中优秀的科技精神和科技理念可以服务于当今科技文化建设；冀域古代科技文化中的时代局限和消极因素可以为当前的科技文化建设提供警示作用。

"历史表明：近代科技文化不是最理想的文化形态。近代两次技术革命大大提高了社会生产力和人类改造自然的能力，但是，人又在一定程度上成为机器的附属品。因此，早在18世纪卢梭就批评科技发展泯灭了人的本性，使人性受到压制，只是这种思潮当时不可能引起什么反响。"[163]现代科技发展带来的生态环境破坏、资源危机等全球性问题的爆发，使我们意识到：科技发展带来的效果并不都是我们认为的那么美好，法兰克福学派代表人物弗洛姆惊呼："过去的危险是人成为奴隶，将来的危险是人可能成为机器人。"[164]现在科技发展迅速，科技成果也在不断地改变着人们生活的方方面面，但现代科技文化绝不是十全十美的，由于现代科技文化中的人文取向价值并未完全尚未渗入到科技成果的实现之中、技术理性与价值理性的不协调等等原因，使得现代科技文化的弊端日益显现出来，我们应该充分认识到这一点，才不至于使人类精神家园因现代科技成果的工具理性的过分扩张而丧失，过于追求工具理性是现代科技发展中的一个缺陷。

现代科学技术突飞猛进，科技文化对人类文化的影响主要还是表现于器物层次，价值观层次的科技文化建设还有待完善，另外，过于注重科技文化的器物层面影响，则会导致工具理性的膨胀和价值理性的缺失，影响科技文化的健康发展。

冀域古代科技文化成果璀璨辉煌，中国古代哲学的思想融入科技发展之中，人与自然和谐相处的先进思想由来已久，这恰恰是现代科技文化中价值理性的精神之所在。健康、全面的科技文化应该是兼具技术理性与价值理性的，在现代科技的发展过程中，技术理性与价值理性应该相互协调发展。

10.3　制度环境层面

10.3.1　制度建设为科技发展提供保障

"制度层次的科技文化是在长期的历史发展过程中逐步形成了一套规范体系。"[165]制度是规范化的保证,科技文化制度对科技活动有规范的效应,科技文化制度建设对科技发展的作用不言而喻。在冀域古代,科技文化制度体系尚未完善,这也就制约了冀域古代科技的规范化发展。在京津冀文化协同发展过程中,科技人才管理制度、科技成果的转化与应用、科技成果奖励制度等等都属于科技文化制度,这些都应该进一步建立并完善。

科技文化制度应该是基于科技文化底蕴的存在,冀域古代的文化历史底蕴颇深,具有培育科技文化的土壤,科技制度产生于科技活动之中,不同地区的科技活动也有着一定的差异,所以,在现代科技发展中,对于科技制度的完善也应该建立起相应的地区特色。同时,对冀域古代科技文化的研究还启示我们:对冀域古代科技文化资源不应该是流于少数人的学术研究,还应该注重对它的普及,大众科技文化素质的欠缺会阻碍科技文化的向前发展。

10.3.2　政治环境为科技发展保驾护航

在冀域古代科技发展的过程中,很大一部分科技成果的产生是依附于当时高度集权的封建统治,这种封建的政治制度对于当时的科技发展有利有弊:集权的封建统治有利于集中优势资源发展与统治阶级直接利益相关的科技学科,形成冀域古代天文学、地理学、数学等学科璀璨的局面;同时,这也造成了科技学科发展的极不平衡,与统治阶级利益不相关的科技学科在冀域古代发展相对滞后,造成了冀域古代科技体系的不完整。在现代科技文化建设中,国家应该为科技的发展创造优良的政治环境,通过各种政策和措施激励和鼓

励科技创新。科技的发展应该是基于人类社会发展的需要。"任何
社会要想接纳科学并发挥其社会功能,都必须做出种种调整,创造适
应科学发展的社会条件。这些条件在权势社会中是不充分的。"[166]
在现代科学技术史上的前苏联"李森科事件"正是由于前苏联共产党
和政府直接干预科学争端,使得前苏联生物学界遭受到了严重的损
失。我们是社会主义国家,科技发展的最终目的是为人民谋幸福,我
们今天的社会政治制度也为科技发展提供了最好的政治环境。

　　总而言之,冀域古代有着丰富的科技文化遗产。不仅有丰厚的
学术成果、物质文化成果,也有着制度文化和精神文化成果。这些科
技文化成果的产生和形成,与这一区域的地理环境特征、经济发展状
况、社会政治影响与思想文化元素有着密切的关系。"古为今用"研
究和探索冀域古代科技文化的发展过程、主要成就、基本特质,就是
为了挖掘历史宝库,总结经验,为今天的社会现实服务。

　　当今京津冀协同发展的大背景下,文化协同发展缺乏凝聚力。
京、津、冀三地都有各自的文化脉络:京派文化,津门文化,燕赵文
化。在三地各自推出具有自己特色的文化时,这些文化显示出各自
为战的局面,虽然三地各有文化特色,但缺乏在全国范围内有绝对影
响优势的整体城市文化。冀域古代科技文化是一个有待发掘的宝
库,借鉴冀域古代科技文化的优秀品质,对推动京津冀协同发展战略
的重要性不言而喻。

　　纵观冀域古代科技文化内容,既有丰硕的科技成果,也有不可避
免的时代局限。我们应当取其精华,弃其糟粕。必须对冀域古代科
技文化进行全面的研究,才能对其有正确的认识,然后服务于京津冀
文化协同发展。今天,在京津冀协同发展的大背景下,我们应该充分
吸收借鉴冀域优秀的科技文化成果,弘扬科技文化精神,为建设当代
优秀的科技文化提供可借鉴的理论支撑和经验总结。

参考文献

［1］［166］董光璧.二十世纪中国科学[M].北京：北京大学出版社，2007（06）：06，12.

［2］［12］汪劼.浙江科技文化的历史演进及当代价值(D).杭州：浙江大学，2014：5，5.

［3］［49］吕乃基等.科技文化与中国现代化[M].合肥：安徽教育出版社，1993：29，29.

［4］［48］［51］［52］［53］［158］［162］［163］李建珊.科技文化的起源与发展[M].天津：南开大学出版社，2004：01，01，02，03，03，109，108—109，05.

［5］杨怀中，裴志刚.科技文化：中国社会现代化的必然选择(J).武汉理工大学学报，2007(03)，298.

［6］冯辉.关于文化的分类[J].中州大学学报，2005，(04)，40—41＋47.

［7］杨藻镜.从第二语言教学看语言与文化——论语言文化教学原则在中国俄语教学中的贯彻[J].解放军外语学院学报，1991(05)，3—8.

［8］［10］刘雪.文化分类问题研究综述[J].泰安教育学院学报岱宗学刊，2006(04)，9—11.

［9］栗志刚.民族认同的精神文化内涵[J].世界民族，2010(02)，1—5.

［11］［165］潘建红.科技文化：内涵、层次与特质[J].理论月刊，2007(03)，93—95.

［13］［14］［18］［21］［24］［54］洪晓楠.中国古代科技文化的特质[J].自然辩证法研究，1998(01)，43—46.

[15] [25] 张馨元.中国古代科技文化及其当代价值[D],武汉：武汉理工大学，2013：19,9—10.

[16] 王渝生.传统文化与中国科技发展[N].光明日报.2012,05,14(005).

[17] 张丽,儒家人本科观对我国古代科学技术发展的影响研究[D],长沙：湖南大学,2007：21—22.

[19] 徐成蛟.儒家价值观对中国古代科技发展的影响研究[D],武汉：武汉理工大学,2009：27.

[20] 张洁,钟学敏.论中国古代科技发展的文化缺陷[J].人文杂志.1998(02),114.

[22] 张卫平.浅谈中国古代科学技术发展的缺陷[J].云南师范大学学报,1997(05),39,40.

[23] 者丽艳.浅谈中国传统科技观及其对中国古代科技发展的影响[J],文山师范高等专科学校学报,2008(03),114.

[26] [27] [28] 张志巧."天人合一"思想对中国古代科技的消极影响[J].大庆师范学院学报,2006(03),19—21.

[29] 刘炯忠,叶险明.从马克思对"生产力"概念的分类看科学与技术的关系[J].马克思主义研究,1995(06),31—38.

[30] (德)恩斯特·卡西尔.人论[M].甘阳译.上海：上海译文出版社,1985：37.

[31] (英)J.D.贝尔纳.科学的社会功能[M].陈体芳译.北京：商务印书馆,1982：542.

[32] (英)C.斯诺.两种文化[M].纪树立译,上海：上海三联书店.1994：9.

[33] 程宏燕.马克思恩格斯科技文化观研究[D],武汉：武汉理工大学.2012：22.

[34] Picking A. From science as knowledge to science as practice. In: pickering A,ed. Science as practice and culture. Chicago University Press,1992：35.

[35] (德)哈贝马斯.作为意识形态的技术与科学[M].李黎,郭官义译.上海：学林出版社,2002：64.

[36] (英)迈克尔·马尔凯.科学与知识社会学[M].林聚任译.北京：东方出版社,2001：145.

[37] (英)李约瑟.中国科学技术史(第一卷、第二卷)[M],北京：科学出版社,1990：335.

[38] 马克思、恩格斯.中共中央马克思恩格斯列宁斯大林著作编译局(第二版).马克思恩格斯全集(第47卷)[M].北京:人民出版社,1977:359.

[39] (英)劳埃德.古代世界的现在思考——透视希腊、中国的科学文化[M].上海:上海科技教育出版社,2008:92.

[40] 贾建梅,杨国玉,王紫璇.冀域演变及京津冀文化圈考略[J].河北工业大学学报(社会科学版),2014(02),17—21.

[41] 尚书·禹贡(第四卷)[M].北京:九州出版社,2012:879.

[42] 河北省政协文史资料委员会(编),河北文史集粹(民族宗教卷)[M],石家庄:河北人民出版社.1991(08):319.

[43] 河北概况.河北省政府门户网站[EB/OL].[2015-03-29].http://www.hebei.gov.cn/hebei/10731222/10751792/index.html.

[44] [101][125][126][129][149][150][152]董海林,李广.邯郸文化脉系[M].石家庄:河北人民出版社.2010(02):78,395.33,34,35,392,393,394.

[45] 杨生,肖学杰.论科学和技术的关系[J].云南师范大学学报(哲学社会科学版),2001(01),60—63.

[46] 眭纪刚.科学与技术:关系演进与政策涵义[J].科学学研究,2009(06),801—807.

[47] 吕达,陈北宁,赵江波.从科学与技术的关系中看人与自然的和谐发展[J].河北理工大学学报(社会科学版),2008(04),58—59+62.

[50] (英)迈克尔·马尔凯.科学与知识社会学[M].林聚任,译.北京:东方出版社,2001:145.

[55] [56][57][59][60][63][64][65][66][67][68][74][76][80][81][82][83][84][85][88][89][90][91][118][138][139][145][147][153]王玉仓.科学技术史[M].北京:中国人民大学出版社,1993(03):25.39.39.40.34.84—86.84.125.124.126.86.87.125—126.59.132.132.132.103—105.149.150.155.147.130.149.149.105.105—106.131.

[58] [133][140][141]吾淳.古代中国科学范型[M].北京:中华书局,2002(02):120.113—114.137.137.

[61] [124][137][156]高奇.走进中国科技殿堂[M],济南:山东大学出版社,2008:69—70.224.182.153.

［62］ ［70］ 梁宗巨,王青建,孙宏安.世界数学通史(下册・一)［M］.沈阳：辽宁教育出版社,2000(07)：279.378.

［69］ E. T. Bell,The Development of Mathematics . 1945：37.

［71］ ［103］［107］［108］［110］(明)宋濂,元史・郭守敬传［M］.北京：中华书局.1976：1153—1156.

［72］ ［73］［106］［109］［111］［112］［116］［119］［123］陈美东.郭守敬评传［M］.南京：南京大学出版社,2011(04)：08.340.329.29—30.119.286.231—255.293.96.

［75］ ［77］［78］［146］王成组.中国地理学史［M］.北京：商务印书馆,1988(02)：278.316.317.164.

［79］ 于孔宝.扁鹊与中国医学［J］.管子学刊,2013(01),17—19＋95.

［86］ 杨玉荣.隋代桥梁工匠李春与其赵州桥的历史意义［J］.兰台世界,2014(24),87—88.

［87］ 王小兰.桥［M］.中国人民大学出版社,2007(07)：96.

［92］ 王文成.中国古代成文法规考试制度的形成与文化科技发展的关系［J］,信阳师范学院学报(哲学社会科学版).2007(03),95.

［93］ 吴恺.我国科技奖励制度研究［D］,武汉：武汉大学.2010：25.

［94］ (东汉)郑玄注：周礼注疏(卷一,天官冢宰)［M］,十三经注疏,北京：中华书局,1990：641.

［95］ (晋)司马彪.后汉书志(第二十六,百官三)［M］,北京：中华书局,1965：3592.

［96］ ［97］郭昌远.明代太医院研究［D］.福州：福建师范大学,2014：6,19.

［98］ 任锡庚.太医院志［M］.上海：上海古籍出版社.2000：387.

［99］ 姚春鹏,姚丹.刘完素医易思想初探［J］.周易研究,2011(02),88—93.

［100］［114］何燕.图说中医［M］.北京：华文出版社.2009：10.16.

［102］蔡蕃.郭守敬对元大都水利的贡献,郭守敬及其师友研究论文集［G］,邢台市郭守敬纪念馆编,邢台：郭守敬纪念馆.1996：121.

［104］(明)宋濂.元史・河渠志一［M］.北京：中华书局.1976：1150.

［105］蔡蕃.北京古运河与城市供水研究［M］,北京：北京出版社.1987：152.

［113］华林甫.论郦道元《水经注》的地名学贡献［J］.地理研究,1998(02),82—89.

［115］葛琪,张扬,周小儒.浅谈隋代赵州桥设计的文化内涵［J］.美与时代(中),

2012(11),82.

[117] 王修智,马来平.通俗科技发展史[M].济南：山东科学技术出版社,2007(04)：316.

[120] 王忠强,金开诚.中国文化知识读本——赵州桥[M].长春：吉林文史出版社,2009(12)：74.

[121] 陈美东.郭守敬评传[M].南京：南京大学出版社,2011(04)：155.

[122] 王立兴.民间计时器"香漏"考[M],中国天文学史文集编辑组：中国天文学史文集第五集,北京：科学出版社,1989：258—259.

[127][131][134][135][136][154] 邹逸麟.中国历史地理概述[M].上海：上海教育出版社.2007(07)：242.243.242.243.243.343—345.

[128][151] 董海林,李广,李亚.邯郸名胜古迹[M].石家庄：河北人民出版社.2011(09)：16.80.

[130] (晋)陈寿.三国志(卷1)[M](魏志·武帝纪).裴注引(英雄记).太原：山西古籍出版社.2008：69.

[132] 程美东.中国现代化思想史[M],北京：高等教育出版社,2006(05)：07.

[142][143] 董金华.科学技术与政治之间的社会契约关系[M].北京：知识产权出版社,2010(05)：01.214.

[144] 罗骞政,任建国.走向交融：科技与政治互动关系[M].北京：兵器工业出版社,2009(08)：05.

[148] 张全明.中国历史地理学导论[M],武汉：华中师范大学出版社,2006(06)：432.

[155] (清)张廷玉.明史(卷85)[M],河渠志三·运河上.北京：中华书局.1976：1275.

[157][159][160] 葛荣晋.宋明理学与近代新学之间的桥梁,文史知识编辑部编[G],儒·佛·道与传统文化[M],北京：中华书局,1990(01)：51.48.49.

[161] 张可喜.读卖新闻(新华社,东京)[EB/OL].[1999-02-26].http：//wenku.baidu.com/link? url＝DSz_3qcspzu_qbHF3GPqJhGwgr tmxCmj6iJ5RmV993klySGQaRTHLlugzFpwokRLxCfHRX8Ku2FJkSdCx L6Hb0zJIr4Pswuh5prchvBW77.

[164] (美)弗洛姆.健全的社会[M].欧阳谦译.北京：中国文联出版公司,1998：370.

后 记

　　冀文化研究开展几年来,尤其是河北省高校人文社会科学重点研究基地"河北工业大学京津冀文化融合与创新研究中心"成立以来,自觉进行了京津冀整体思想内容的体系构建和京津冀特色文化研究,相继组织力量开展了冀域法制文化研究、冀域军事文化研究、冀域金融文化研究、冀域商邦文化研究、冀域宗教文化研究、冀域科技文化研究、冀域生态文明研究、冀域水文化研究、冀域陶瓷文化研究、冀域旅游文化研究、冀域红色文化研究、冀文化之燕文化研究、冀文化之赵文化研究、冀文化之中山文化研究、冀域京文化研究、冀域津文化研究、北学研究等等。《冀域古代科技文化研究》是"河北工业大学京津冀文化融合与创新研究中心"陆续完成的研究成果之一。

　　《冀域古代科技文化研究》是贾建梅教授指导 2014 级硕士研究生王儒同学花费两年多时间完成的。本书由贾建梅教授总体设计,全书的主要内容是由王儒同学研究完成的,冯石岗教授在课题研究过程提出了很多宝贵意见,并对书稿进行了多处修改,最后由贾建梅整理定稿。

　　《冀域古代科技文化研究》吸取借鉴了大量专家学者的成果,有些可能遗漏标注,在此深表歉意。

图书在版编目(CIP)数据

冀域古代科技文化研究/贾建梅,王儒著.—上海:上海三联
书店,2017.11
  ISBN 978-7-5426-6018-3

  Ⅰ.①冀… Ⅱ.①贾…②王… Ⅲ.①科学技术-文化研究-
河北-古代 Ⅳ.①G322.9

  中国版本图书馆CIP数据核字(2017)第179696号

冀域古代科技文化研究

著   者 / 贾建梅 王 儒

责任编辑 / 郑秀艳
装帧设计 / 一本好书
监   制 / 姚 军
责任校对 / 张大伟

出版发行 / 上海三联书店
           (201199)中国上海市都市路4855号2座10楼
邮购电话 / 021-22895557
印   刷 / 上海盛通时代印刷有限公司

版   次 / 2017年11月第1版
印   次 / 2017年11月第1次印刷
开   本 / 890×1240 1/32
字   数 / 200千字
印   张 / 8.5
书   号 / ISBN 978-7-5426-6018-3/G·1464
定   价 / 30.00元

敬启读者,如发现本书有印装质量问题,请与印刷厂联系 021-37910000